工业和信息化精品系列教材

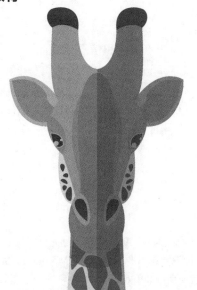

# Python

## 数据可视化

黑马程序员◎编著

人民邮电出版社

北　京

**图书在版编目（CIP）数据**

Python 数据可视化 / 黑马程序员编著. -- 2 版.
北京：人民邮电出版社，2025. --（工业和信息化精品
系列教材）. -- ISBN 978-7-115-65656-8

Ⅰ. TP312.8

中国国家版本馆 CIP 数据核字第 2024QF8435 号

## 内 容 提 要

本书采用理论与实例相结合的形式，以 Anaconda3 为主要开发工具，详细讲解 Python 数据可视化
的相关知识。全书共 9 章，第 1 章介绍数据可视化与 Matplotlib 的入门知识；第 2～7 章全面讲解
Matplotlib 的核心知识，内容包括使用 Matplotlib 绘制简单图表、图表辅助元素的定制、图表样式的美
化、子图的绘制及坐标轴共享、坐标轴的定制、高级图表绘制；第 8 章和第 9 章分别介绍 Seaborn 和
pyecharts 的基础知识。

本书配套丰富的教学资源，包括教学 PPT、教学大纲、源代码、课后习题及答案等。为帮助读者
更好地学习本书中的内容，编者团队还提供了在线答疑服务。

本书既可作为高等教育本、专科院校计算机相关专业的教材，也可作为数据可视化技术爱好者的
自学参考书。

◆ 编　　著　黑马程序员
　　责任编辑　范博涛
　　责任印制　焦志炜

◆ 人民邮电出版社出版发行　　北京市丰台区成寿寺路 11 号
　　邮编　100164　电子邮件　315@ptpress.com.cn
　　网址　https://www.ptpress.com.cn
　　北京市艺辉印刷有限公司印刷

◆ 开本：787×1092　1/16
　　印张：15.75　　　　　　　　　　　2025 年 5 月第 2 版
　　字数：382 千字　　　　　　　　　2025 年 7 月北京第 2 次印刷

定价：59.80 元

读者服务热线：(010)81055256　印装质量热线：(010)81055316
反盗版热线：(010)81055315

# 前 言

本书在编写的过程中，结合党的二十大精神"进教材、进课堂、进头脑"的要求，将知识教育与素质教育相结合。书中很多实例使用国家统计局的数据，以确保内容的准确性和权威性，让学生在学习新兴技术的同时了解社会和经济的相关情况，提高学生的社会责任感和参与意识，落实德才兼备、高素质、高技能的人才培养要求。

在大数据时代，数据在数量和维度上都较以前有了很大变化，人们想要从海量数据中快速获取有效信息变得越发困难。数据可视化可以很好地解决上述问题，它遵循"数据图示化"的理念，通过饼图、柱形图、散点图等图表展示数据，帮助用户快速挖掘数据中隐藏的重要信息。

Python 在数据可视化方面有非常成熟的库，比如基础的数据可视化库 Matplotlib、绘制统计图表的可视化库 Seaborn、近来兴起的可视化库 pyecharts 等，使用这些库可以轻松绘制丰富的图表。

## ◆ 为什么要学习本书

数据可视化是数据分析的重要环节。本书站在初学者的角度，循序渐进地介绍数据可视化的基础知识及数据可视化库，帮助读者理解数据可视化的原理。

在内容编排上，本书采用"知识介绍+代码示例+实例练习"的模式，既有理论知识的讲解，又提供充足的动手实例，帮助读者在学习知识的同时增强实际应用能力。在内容配置上，本书涵盖数据可视化的基础知识、Matplotlib 的核心知识，以及 Seaborn、pyecharts 的基础知识。通过学习本书，读者可以理解数据可视化的概念，掌握数据可视化库的使用方法，从而具备综合运用数据可视化库的能力。

## ◆ 如何使用本书

本书基于 Windows 平台上的 Anaconda3 讲解数据可视化的相关知识。全书共 9 章，各章内容分别如下。

第 1 章主要介绍数据可视化与 Matplotlib 的入门知识，内容包括数据可视化概述、常见的数据可视化库、开发环境搭建、初识 Matplotlib。通过学习本章的内容，读者可以熟悉数据可视化的过程和方式，能够独立搭建开发环境，并对 Matplotlib 形成初步的认识，为后续的学习做好铺垫。

第 2 章主要介绍如何使用 Matplotlib 绘制简单图表，内容包括绘制折线图、绘制柱形图或堆积柱形图、绘制条形图或堆积条形图、绘制堆积面积图、绘制直方图、绘制饼图或圆环图、绘制散点图或气泡图、绘制箱形图、绘制雷达图、绘制误差棒图。通过学习本章的内容，读者可以掌握绘图函数的基本用法，能够使用这些函数绘制简单的图表，从而为后续的学习打好扎实的基础。

第 3 章主要介绍图表辅助元素的定制，内容包括认识常用的图表辅助元素，设置坐标轴的标签、刻度范围和刻度标签，添加标题和图例，显示网格，添加参考线和参考区域，添加注释文本，添加表格。通过学习本章的内容，读者可以熟悉常见图表辅助元素的用途和用法，可以为图表选择合适的辅助元素。

第 4 章主要介绍图表样式的美化，内容包括图表样式概述、使用颜色、选择线型、添加或修改数据标记、设置字体、切换主题风格和填充区域。通过学习本章的内容，读者可以了解图表美化的意义，并能够采用适当的方式对图表的元素进行美化。

第 5 章主要介绍子图的绘制及坐标轴共享，内容包括子图概述、绘制等分区域的子图、绘制跨越区域的子图、绘制自定义区域的子图、共享子图的坐标轴、子图的布局技巧。通过学习本章的内容，读者能够了解子图的作用，并可以熟练地规划子图的布局。

第 6 章主要介绍坐标轴的定制，内容包括坐标轴概述、在任意位置添加坐标轴、定制刻度、隐藏轴脊和移动轴脊等。通过学习本章的内容，读者能够掌握坐标轴的定制方法，从而使坐标轴更好地服务于图表。

第 7 章主要介绍高级图表绘制，内容包括绘制三维图表、绘制动态图表、绘制热力图、绘制桑基图。通过学习本章的内容，读者能够了解常用的高级图表的特点，并可以绘制高级图表。

第 8 章主要介绍 Seaborn 库的相关知识，首先带领读者认识 Seaborn 库及其内置的数据集，然后讲解如何使用 Seaborn 的函数绘制分布图和分类图，接着讲解如何定制图表主题。通过学习本章的内容，读者可以掌握 Seaborn 库的基本使用，能够通过该库绘制统计图表。

第 9 章主要介绍数据可视化库 pyecharts，内容包括 pyecharts 概述、pyecharts 初体验、绘制常用图表、绘制组合图表、定制图表主题、整合 Web 框架，并完成一个实战演练——虎扑社区分析。通过学习本章的内容，读者可以体会到 pyecharts 的神奇之处，学会使用 pyecharts 绘制简单的 ECharts 图表。

在学习的过程中，读者要多动手实践，如果在实践的过程中遇到问题，一定要多思考，厘清思路，认真分析问题发生的原因，并在问题解决后总结经验。

## ◆ 致谢

本书的编写和整理工作由江苏传智播客教育科技股份有限公司完成，全体人员在近一年的编写过程中付出了很多努力，在此一并表示衷心的感谢。

## ◆ 意见反馈

尽管编者付出了最大的努力，但书中难免会有不妥之处，欢迎读者来信提出宝贵意见，编者将不胜感激。电子邮箱：itcast_book@vip.sina.com。

黑马程序员

2025 年 4 月于北京

# 目 录

# 第 1 章

# 数据可视化与Matplotlib

在大数据时代，数据正在以前所未有的速度增加，且变得越来越多样化，传统的处理方式已经无法满足人们对海量数据的处理需求。数据可视化应运而生，它通过图形、图表等视觉表现形式直观展示比较抽象的数据，使用户更容易理解和分析数据。Python 作为数据分析领域的重要语言，提供了许多优秀且功能强大的数据可视化库，其中 Matplotlib 是众多数据可视化库的"鼻祖"，因其灵活性、定制性等特点备受推崇。本章将带领大家了解数据可视化的前置知识，搭建好开发环境，并学会使用 Matplotlib 绘制图表。

## 1.1 数据可视化概述

### 1.1.1 什么是数据可视化

数据可视化其实有着非常久远的历史，最早可以追溯至 20 世纪 50 年代，当时人们利用计算机创建出了首批图表。到了 20 世纪 80 年代，随着计算机运算能力的提升和数据集规模的扩大，人们需要高级的计算机图形学技术来处理和可视化庞大的数据集。进入 21 世纪后，随着数据产生速度的加快和计算机处理能力的快速提升，数据可视化的应用范围不断扩大，涉及的技术也不断发展和创新，从简单的静态图表发展至交互式图形应用，从传统的二维图形发展至复杂的三维图像。

如今，借助先进的计算机图形学和可视化技术，人们能够更高效地理解和分析数据。无论是静态图表、图像，还是交互式的动态工具，都能直观地呈现数据，帮助用户识别模式、发现趋势，并进行精准的预测分析。研究表明，相对于记忆所阅读的文字，大多数人往往能更准确地记住他们所看到的图形。由此可见，人类视觉系统对于图形的敏感度较高，并且通常能够记忆更久。

数据可视化是指将大型数据集中的数据以图形、图像的形式表示，并利用数据分析和开发工具发现其中未知信息的处理过程。数据可视化要求美学形式与功能齐头并进，它既不会因为要实现功能而令人感到枯燥乏味，也不会因为要实现绚丽多彩的效果而使图形过于复杂，而是追求两者之间的平衡。

数据可视化其实是一个抽象的过程，简单来说就是将不易描述的事物变成可感知画面的过程，即从数据空间到图形空间的映射。数据可视化的基本过程如图 1-1 所示。

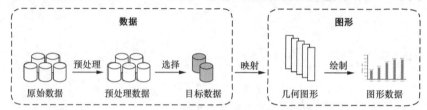

图1-1　数据可视化的基本过程

无论原始数据被映射为哪种图形数据，最终要达到的目的只有一个——准确、高效、全面地传递信息，进而建立起数据间的关系，使人们发现数据间的规律和特征，并从数据中挖掘出有价值的信息，从而提高数据沟通的效率。换言之，数据可视化能实现让数据"说话"的目的。

为了使读者切身体会到数据可视化的优势，下面通过一个 KPI（Key Performance Indicator，关键绩效指标）报告的示例来比较文字数据与图形数据之间的差异。为了了解部门全年的销售额情况，某公司部门领导小明对全年的工作情况进行了汇总，并在整理报告时分别使用表格和图形这两种形式展示数据，具体如图 1-2 和图 1-3 所示。

| 月份 | 1月 | 2月 | 3月 | 4月 | 5月 | 6月 | 7月 | 8月 | 9月 | 10月 | 11月 | 12月 | 合计 |
|---|---|---|---|---|---|---|---|---|---|---|---|---|---|
| 去年销售额（元） | 148922 | 134192 | 128213 | 130410 | 142798 | 139696 | 143099 | 141687 | 139165 | 140739 | 101773 | 120056 | 1610750 |
| 今年销售额（元） | 140504 | 160000 | 132004 | 126004 | 103966 | 119983 | 115637 | 117585 | 108922 | 124580 | 117594 | 100000 | 1466779 |
| 同比增减值 | -8418 | 25808 | 3791 | -4406 | 38832 | -19713 | -27462 | -24102 | -30243 | -16159 | 15821 | -20956 | -143971 |

图1-2　KPI报告——表格

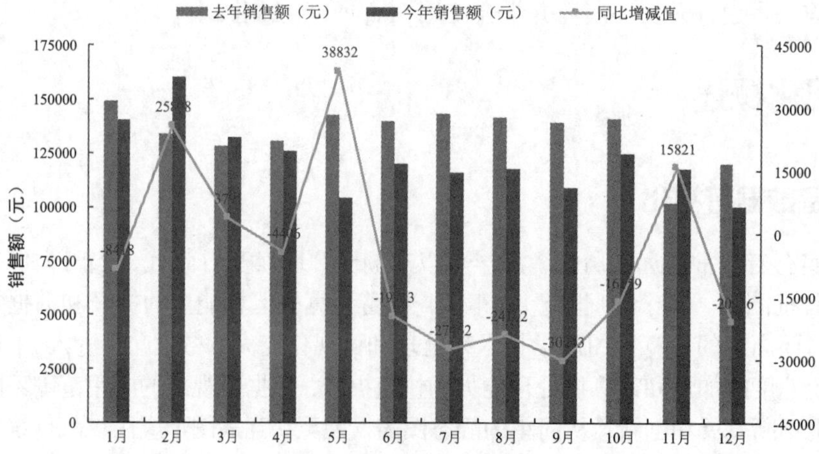

图1-3　KPI报告——图形

　　在图 1-2 中，表格从上到下依次罗列了去年每月的销售额、今年每月的销售额和同比增减值，这样虽然能方便公司领导查看每月的具体数值，但是无法快速地让人了解去年每月的销售额与今年每月的销售额的差异情况，以及增减趋势与规律。

　　在图 1-3 中，两组柱形的高度分别代表去年当月的销售额和今年当月的销售额，柱形上的线条描述了同比增减值的变化情况。公司领导通过柱形的高低可以轻松对比不同月份的销售额，并且通过线条的走势可以快速了解全年的销售情况，根据具体情况总结发展规律，以便对公司下一年的工作做出有效决策。

　　总而言之，数据可视化是数据分析工作中必不可少的一部分，它对数据潜在价值的挖掘有着深远的影响。随着数据可视化平台的拓展、表现形式的变化，以及实时动态效果、用户交互使用等功能的增加，数据可视化的应用领域将会不断扩大，数据可视化有着不可估量的潜力。

### 1.1.2　数据可视化的方式

　　通常所说的数据可视化是指狭义的数据可视化，即将数据以图表的方式进行呈现。图表是数据可视化最基本的形式之一，它通过使用各种图形元素展示数据之间的关系、趋势、分布等，使抽象的数据形象化。不同类型的图表具有不同的特点，适用于不同的应用场景。下面为大家介绍一些常见的图表，并结合一些应用场景给出图表示例。

#### 1. 折线图

【扫描看图】

　　折线图是日常工作中常见的图表，用于展示数据随时间、类别或其他连续变量的变化趋势，便于用户清晰观察数据的周期性、关联性等特征，比如股票价格、气温变化、销售趋势等。例如，海口市 2023 年 12 月 1 日至 12 月 7 日最高气温和最低气温的变化情况如图 1-4 所示。

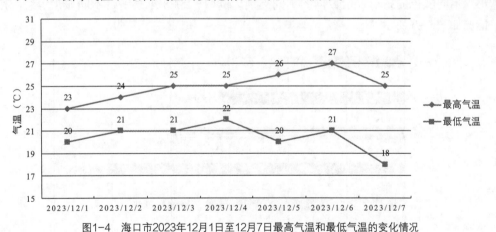

图1-4　海口市2023年12月1日至12月7日最高气温和最低气温的变化情况

　　在图 1-4 中，一个日期对应两个分别用菱形和正方形标记的数据点，这些数据点按照时间的先后顺序连接起来，形成了曲折变化的两条线，分别反映这一周最高气温和最低气温的变化趋势。

#### 2. 柱形图

　　柱形图也是日常工作中常见的图表，它通常用于比较不同类别或分组之间的数据大小差异。柱形图中使用柱形表示数值大小，柱形越高则表示数值越大，反之则表示数值越小。不同颜色的柱形表示数据的不同类别。例如，某公司 2019—2023 年的营业收入情况如图 1-5 所示。

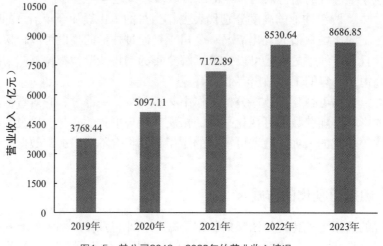

图1-5　某公司2019—2023年的营业收入情况

在图 1-5 中，一个年份对应一个独立的柱形，柱形的宽度相等，高度随数值的增加而增加。观察图 1-5 的柱形可知，2019 年到 2023 年的营业收入呈现逐年递增的趋势，2023 年的营业收入最高，达到 8686.85 亿元。

**3. 条形图**

条形图被称为横向柱形图，也用于比较不同类别或分组之间的数据大小差异。与柱形图相比，它使用横向排列的条形表示数值大小，条形越长则表示数值越大，反之则表示数值越小。不同颜色的条形表示数据的不同类别。例如，2023 年某平台不同城市等级的用户分布情况如图 1-6 所示。

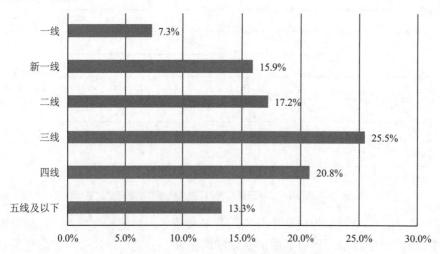

图1-6　2023年某平台不同城市等级的用户分布情况

在图 1-6 中，一个城市等级对应一个条形，条形的长度随数值的增加而增加。观察图 1-6 的条形可知，三线城市对应的条形最长，说明三线城市的用户是最多的，具体比例为 25.5%；四线城市的用户人数仅次于三线城市，具体比例为 20.8%。

#### 4. 堆积图

堆积图用于比较不同类别或分组中各子部分的差异，并展示它们在整体中的比例关系。堆积图根据图形的不同可以分为堆积面积图、堆积柱形图和堆积条形图。其中堆积面积图使用面积曲线表示数据类别或者分组的子部分，每个类别或分组的子部分对应的面积曲线纵向叠加形成整体的面积图形，从而展示每个类别或分组的子部分在总量中的占比情况；堆积柱形图和堆积条形图分别使用堆积在一起的柱形或条形表示数据的总量，每个堆积的柱形或条形内部又包含多个填充了不同颜色或图案的柱形或条形，每种颜色或图案的柱形或条形代表不同的类别或分组的子部分所占的比例。例如，某年全球及各地区一次性能源的消费结构如图1-7所示。

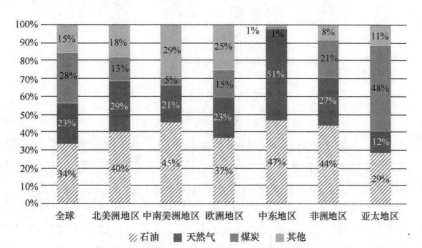

图1-7　某年全球及各地区一次性能源的消费结构

在图 1-7 中，每个地区对应一列柱形，每列柱形的总高度相等，其内部是多个不同填充风格的柱形，每个柱形由下至上分别代表石油、天然气、煤炭和其他所占的比例。观察图 1-7 的柱形可知，在全球消费结构中，石油在 4 种资源中所占的比例最大，具体为 34%；而其他在 4 种资源中所占的比例最小，具体为 15%。

#### 5. 直方图

直方图又称质量分布图，是一种用于统计数据分布情况的图表，主要用于展示数据在不同区间内的频率分布情况。例如，某厂商对 100 个抽样产品的质量级别评定情况如图 1-8 所示。

在图 1-8 中，质量级别被划分为 5 个等宽的区间，分别是[0,2)、[2,4)、[4,6)、[6,8)、[8,10]，每个区间对应一个矩形，每个矩形的高度代表当前区间对应的出现频率。观察图 1-8 的矩形可知，区间[6,8)对应的

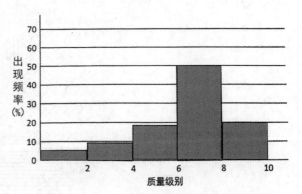

图1-8　某厂商对100个抽样产品的质量级别评定情况

矩形最高，说明质量级别为 6~8（不包含）的产品是最多的，出现频率为 50%。

#### 6．箱形图

箱形图又称盒须图、箱线图，是一种利用 5 个统计量（最小值、下四分位数、中位数、上四分位数和最大值）描述数据的图表，主要用于反映一组或多组数据的对称性、分布情况，也能够识别异常值和判断偏态与尾重。例如，某厂家所产 4 种类型地毯的面重如图 1-9 所示。

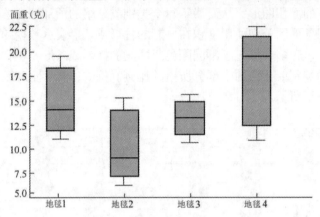

图1-9　某厂家所产4种类型地毯的面重

在图 1-9 中，每种地毯对应一个图形，该图形用于展示该类型下所有地毯的面重分布情况。每个图形的基本结构相同，包括一个矩形箱体、上下两条竖线、上下两条横线，其中箱体代表数据的集中范围，上下两条竖线分别代表数据向上和向下的延伸范围，上下两条横线分别代表最大值和最小值，箱体中的一条线代表中位线。观察图 1-9 的矩形箱体可知，地毯 1 的面重大部分约位于 12.5 ～ 17.5 克的范围内，地毯 2 的面重大部分约位于 7.5 ～ 15.0 克的范围内，地毯 3 的面重大部分约位于 10.0 ～ 15.0 克的范围内，地毯 4 的面重大部分约位于 12.5 ～ 20.0 克的范围内。

#### 7．饼图

饼图也是日常工作中常见的图表，用于展示数据中各个部分的占比情况。在饼图中，所有类别对应的数据总量表示为一个完整的圆形，整个圆形划分为不同的扇区，每个扇区的面积大小表示一个类别在数据总量中的相对比例大小。例如，2022 年居民人均消费支出及构成情况如图 1-10 所示。

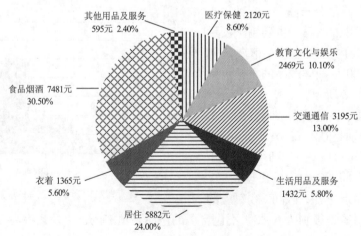

图1-10　2022年居民人均消费支出及构成情况

在图 1-10 中，整个图形的形状是一个圆形，圆形内部的一个扇区对应一个类别，每个扇区被填充为不同的图案。观察图 1-10 的扇区可知，食品烟酒对应的扇区面积最大，说明食品烟酒的占比最大，具体为 30.50%。

值得一提的是，圆环图与饼图的功能类似，也能展示数据中各个部分的占比情况，只不过它在饼图的基础上增加了一个内环，使图形整体变成了一个环形结构。圆环图通常用于显示多个数据集之间的比较，以及它们与整体的关系，内环表示总体数据，而外环表示各个数据子集的相对比例大小。

### 8. 散点图

散点图用于展示两个变量之间的关系，或者总结数据点的分布模式，它通过在坐标系中离散的点表示数据，将一个变量作为横坐标，另一个变量作为纵坐标。用户通过观察数据点的分布情况，可以初步了解两个变量之间可能存在的关系，或者总结数据点的分布模式。在散点图中数据点的分布情况可以体现两个变量之间的相关性：若所有数据点呈一个紧密的直线状分布，则表明两个变量之间存在线性关系；若所有数据点呈类似于曲线、抛物线等非线性形状分布，则表明两个变量之间存在非线性关系；若所有数据点分布的位置随机，且没有明显的趋势或模式，表明两个变量之间不存在相关关系。例如，股票与基金的投资时间与回报率的关系如图 1-11 所示。

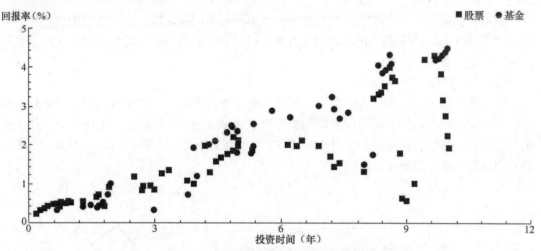

图1-11　股票与基金的投资时间与回报率的关系

在图 1-11 中，方形和圆形的数据点分别表示股票和基金，它们的位置表示当前投资时间对应的股票回报率或者基金回报率。由图 1-11 可知，当投资时间小于 6 年时，所有的数据点呈现出比较强的直线状分布，且相对比较密集；当投资时间超过 6 年时，所有数据点的分布呈现出随机性，时高时低，表明股票与基金的投资时间与回报率之间并没有显著的关联。因此，股票与基金的投资时间越长，并不一定会获得更高的回报率。

### 9. 气泡图

气泡图是散点图的扩展图表，与散点图不同的是，它使用气泡表示数据点，用于展示 3 个变量之间的关系，其中两个变量分别作为横坐标和纵坐标，而第 3 个变量用不同颜色、图案或不同大小的气泡表示。例如，第 1 梯队和第 2 梯队主流 App 用户量与上线时间的分布情况如图 1-12 所示。

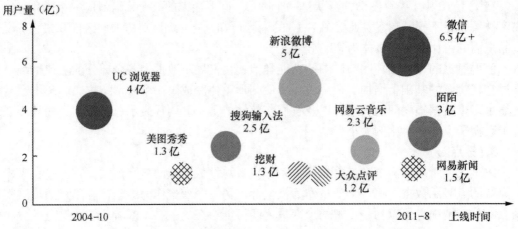

图1-12    第1梯队和第2梯队主流App用户量与上线时间的分布情况

在图 1-12 中，每个气泡代表不同的 App，气泡的位置代表当前 App 的上线时间和用户量，气泡的大小代表当前 App 的用户量，越靠近横轴的气泡越小，越远离横轴的气泡越大。由图 1-12 可知，UC 浏览器是 2004 年上线的，它的用户量为 4 亿；微信是 2011 年左右上线的，它的用户量超过 6.5 亿。

值得一提的是，气泡图中的气泡过多会增加图表的阅读难度，因此气泡的数量不宜过多。为了能在有限的气泡中展示更多的信息，可以给气泡图中的气泡加入交互功能，例如单击该气泡查看其隐藏的信息。

**10. 误差棒图**

误差棒图用于显示数据点的变异范围和不确定性，它通过在每个数据点上绘制误差棒来表示数据的误差范围，每个误差棒的长度表示数据点的误差范围。一般情况下，误差范围可以是标准偏差、标准误差、置信区间或其他与误差相关的度量。例如，2013—2022 年北京市的降水量如图 1-13 所示。

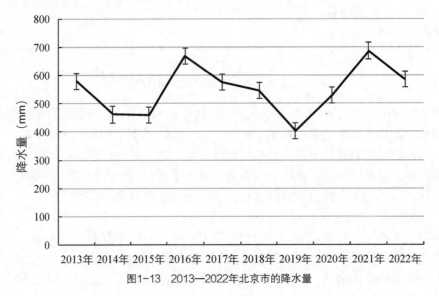

图1-13    2013—2022年北京市的降水量

在图 1-13 中，每个月份对应的数据点上面都有一个工字形的图形，这个图形就是误差棒，误差棒的长度表示数据点的误差范围。由图 1-13 可知，2022 年的降水量约为 600mm。

**11. 雷达图**

雷达图又称蜘蛛网图、星形图或极坐标图，用于在极坐标系内比较多个变量或维度之间的关系，对于查看哪些维度具有相似的值、维度之间是否有异常值是十分有效的。在雷达图中有多条从一个共同的中心点向外延伸的射线，一条射线代表一个维度或变量，每条射线上的数据点到原点的距离表示该变量的值，将这些数据点依次连接起来可以形成一个闭合的多边形，此多边形的形状和尺寸可以反映出每个变量的相对重要性和数值大小。例如，某用户进行霍兰德职业兴趣测试的结果如图 1-14 所示。

在图 1-14 中，雷达图有同心圆和多边形两部分，其中同心圆表示极坐标系，

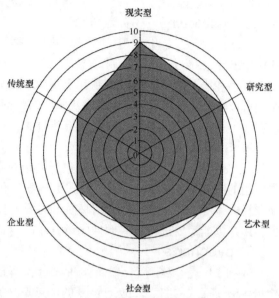

图1-14　某用户进行霍兰德职业兴趣测试的结果

其内部的每条射线代表不同的维度，有现实型、传统型、企业型、社会型、艺术型和研究型 6 个维度；多边形中每个顶点到原点的距离表示该维度对应的数值大小，距离越长则数值越大。观察图 1-14 的多边形可知，多边形的形状是不规则的，总体偏向现实型、艺术型和研究型。

**多学一招：柱形图与直方图的区别**

尽管柱形图与直方图在外观上看起来非常相似，但它们的主要用途和支持的数据类型却有着很大的区别，具体如下。

（1）柱形图通常用于比较不同类别或分组之间的数据差异，每个类别的数据用一个柱形表示，柱形的高度代表的是数值大小；直方图用于统计数据的分布情况，它主要关注数据在不同区间内的频率分布。

（2）柱形图适用于离散数据，离散数据是指其数值只能用自然数或整数单位计算的数据，例如企业个数、职工人数、设备台数等；而直方图适用于连续数据，连续数据指在一定区间内可以任意取值，数值是连续不断的、相邻两个数值可做无限分割的数据，例如生产零件的规格尺寸、人的身高、体重等。

此外，柱形图和直方图在数据展示上也有一些差异。柱形图的柱形通常是独立分离的，而直方图的矩形是连续、相邻的，没有空隙。

## 1.2　常见的数据可视化库

在数据分析领域中，数据可视化是一项必不可少的技能，因为要直接在大量数据中发

现模式、趋势和关系是非常复杂和困难的。为了帮助用户高效地探索数据，Python 社区衍生了很多用于数据可视化的库，常见的数据可视化库包括 Matplotlib、Seaborn、pyecharts、Bokeh、Plotly、ggplot，下面分别对这几个库进行介绍。

### 1. Matplotlib

Matplotlib 是 Python 中一款流行的数据可视化库，它的设计风格与商业程序语言 MATLAB 十分接近，能够绘制静态、动态和交互式的图表。Matplotlib 的优点是拥有丰富的图表类型和绘图选项，可以绘制和定制简单和复杂的图表，另外还有丰富的文档和社区，用户可以轻松地找到示例代码和解决方案。然而，Matplotlib 在处理大量数据时的性能不高，这在一定程度上会影响一些数据分析项目的工作效率。

### 2. Seaborn

Seaborn 是一个基于 Matplotlib 进行高级封装的数据可视化库，主要用于绘制统计分析中使用的图表，且图表的主题和样式更加美观和专业。Seaborn 的优点在于它拥有丰富的选项和样式，使用户能够轻松绘制高质量的图表。然而，Seaborn 的缺点是个性化选项相对较少，用户可能需要进行一些额外的设置才能达到需要的输出效果。

### 3. pyecharts

pyecharts 是一款基于 ECharts JavaScript 库的数据可视化库，它提供了简单灵活的方式绘制各种交互式的图表。pyecharts 的优点是其拥有丰富的图表类型和强大的交互性，适合追求视觉效果的用户使用，另外还提供了丰富的文档和示例，方便用户上手。由于 pyecharts 是基于 JavaScript 库构建的，因此在使用过程中需要先了解一些 JavaScript 概念，从而引入正确的 JavaScript 库。

### 4. Bokeh

Bokeh 是一款交互式的数据可视化库，可以通过简单的方式根据大型数据集绘制交互式图表。Bokeh 的优点在于其拥有出色的交互性，能够实现各种交互操作。然而，Bokeh 的文档和示例代码相对较少，可能需要用户花费一定的时间学习。此外，随着数据集的增大，Bokeh 的性能可能会受到影响。

### 5. Plotly

Plotly 是一款面向 Web 的数据可视化库，它不仅提供了丰富的图表类型，还提供了一个在线编辑器，用户通过编辑器可以在 Web 上创建、分享和发布漂亮且高质量的图表。Plotly 的优点是有较强的灵活性和交互性，可以创建高度交互式的图表，缺点是其提供的功能比较复杂，需要用户投入一定的时间和精力学习。

### 6. ggplot

ggplot 是基于 Matplotlib 构建的数据可视化库，它的设计灵感来自 R 语言中的 ggplot2 包。ggplot 的核心理念是将数据可视化视为一系列图形，通过逐层的方式组合这些图形，从而灵活地绘制出各种复杂的图表。ggplot 的优点是其提供了一种简洁且具有可重复性的语法，使得用户能够以直观的方式绘制图表。

尽管 Python 在 Matplotlib 库的基础上封装了很多轻量级的数据可视化库，但万变不离其宗，掌握基础库 Matplotlib 的使用既可以使读者理解数据可视化的底层原理，也可以使读者具备快速学习其他数据可视化库的能力。本书主要详细介绍 Matplotlib 库的功能，第 8 章、第 9 章会简单介绍 Seaborn 库和 pyecharts 库的部分功能。

## 1.3　开发环境搭建

要使用前面提到的数据可视化库，首先需要在当前的开发环境中安装这些库。尽管可以通过 pip 工具安装数据可视化库，但一些库常常依赖其他库，因此在安装数据可视化库的同时必须下载这些依赖项。为了一次性完成所有安装步骤，本书选择使用 Anaconda 工具安装。Anaconda 不仅包含了许多流行的数据分析和可视化库，还集成了便于用户进行交互式编程的Jupyter Notebook 工具。接下来将带领大家搭建开发环境，在计算机上安装 Anaconda 工具，并使用 Jupyter Notebook 工具编写与运行代码。

### 1.3.1　安装 Anaconda 工具

Anaconda 是目前比较流行的用于数据分析的开发工具，它包含了 Conda（开源的包管理器和环境管理器）和 Python 环境，以及诸如 NumPy、SciPy、Pandas、Matplotlib 等超过180 个科学计算包及其依赖项，允许在同一台计算机上安装不同版本的包和依赖项。另外 Anaconda 默认安装了很多工具，包括 IPython、Jupyter Notebook 等，非常适合初学者使用。

截至 2024 年 2 月 23 日，Anaconda 的最新版本为 Anaconda3 2023.09-0，本书将选择此版本的 Anaconda 工具进行安装。下面以 Windows 10 系统为例，为大家演示如何在计算机上安装 Anaconda 工具，具体步骤如下。

（1）右击安装包，以管理员身份运行安装程序，打开 Welcome to Anaconda3 2023.09-0 (64-bit) Setup 界面，如图 1-15 所示。

（2）在图 1-15 中，单击"Next"按钮进入 License Agreement 界面，如图 1-16 所示。

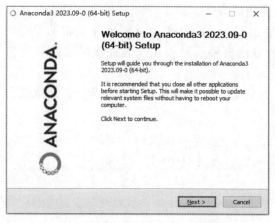

图1-15　Welcome to Anaconda3 2023.09-0 (64-bit) Setup界面

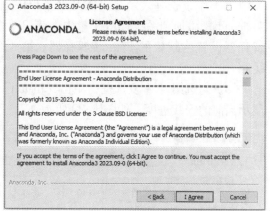

图1-16　License Agreement界面

（3）在图 1-16 中，单击"I Agree"按钮同意最终用户许可协议，进入 Select Installation Type 界面，如图 1-17 所示。

在该界面中有 Just Me(recommended)和 All Users(requires admin privileges)两个选项,其中 Just Me(recommended)是推荐的选项，表示仅为当前用户安装 Anaconda 工具，All Users 表示为计算机中所有用户安装 Anaconda 工具，需要拥有管理员权限。大家可以根据自己的需要选择。

（4）选择 Just Me(recommended)选项，单击"Next"按钮进入 Choose Install Location 界面，如图 1-18 所示。

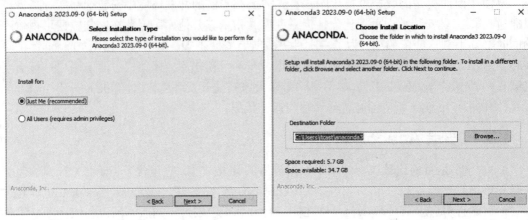

图1-17　Select Installation Type界面　　　　图1-18　Choose Install Location界面

在图 1-18 中，Destination Folder 文本框默认显示了建议 Anaconda 工具安装的目标文件夹，即 C:\Users\itcast\anaconda3。如果大家想安装到其他位置，则可以单击文本框右侧的"Browse"按钮，在弹出的浏览文件夹窗口中选择目标文件夹。

（5）此处保持默认配置，单击"Next"按钮进入 Advanced Installation Options 界面，如图 1-19 所示。

图 1-19 所示界面中共有 4 个复选框，用于定制 Anaconda 与 Windows 的集成方式，其中第 1 个复选框表示是否在开发菜单中创建快捷方式；第 2 个复选框表示是否允许将 Anaconda3 添加到系统环境变量中；第 3 个复选框表示是否将 Anaconda 中自带的 Python 解释器设置为默认的 Python 解释器；第 4 个复选框表示是否在安装完成后清除软件包缓存。

（6）勾选第 4 个复选框，单击"Install"按钮进入 Installing 界面，该界面的进度条会显示当前的安装进度，如图 1-20 所示。

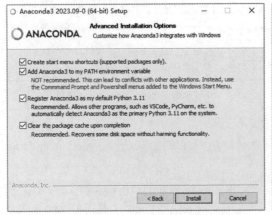
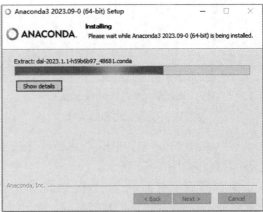

图1-19　Advanced Installation Options界面　　　　图1-20　Installing界面

（7）等待片刻后会自动进入 Installation Complete 界面，如图 1-21 所示。

（8）单击"Next"按钮进入 Anaconda3 2023.09-0 (64-bit)界面，如图 1-22 所示。

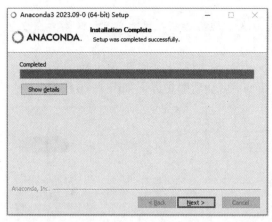
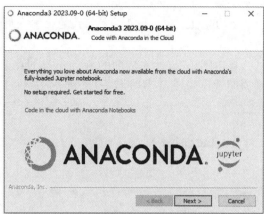

图1-21　Installation Complete界面　　　　　图1-22　Anaconda3 2023.09-0 (64-bit)界面

（9）单击"Next"按钮进入 Completing Anaconda3 2023.09-0(64-bit) Setup 界面，如图 1-23 所示。

图 1-23 所示界面中共有两个复选框，分别是 Launch Anaconda Navigator 和 Getting Started with Anaconda Distribution。其中 Launch Anaconda Navigator 表示是否启动 Anaconda Navigator；Getting Started with Anaconda Distribution 表示是否获取并开始使用 Anaconda Distribution 的入门指南。

（10）此处取消勾选两个复选框，单击"Finish"按钮完成安装，关闭 Completing Anaconda3 2023.09-0 (64-bit) Setup 界面。至此，Anaconda 工具安装完成。

为了验证计算机中已经安装了 Anaconda 工具，我们可以查看 Anaconda 工具是否能够正常运行。在计算机的开始菜单中找到 Anaconda3 (64-bit)文件夹，单击该文件夹后可以看到该文件夹下包含了几个组件，如图 1-24 所示。

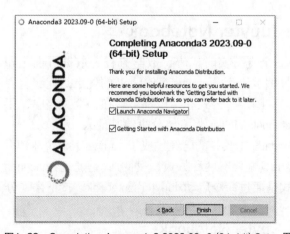
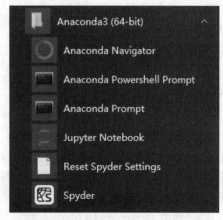

图1-23　Completing Anaconda3 2023.09-0 (64-bit) Setup界面　　图1-24　Anaconda3 (64-bit)文件夹

关于图 1-24 所示常用组件的说明如下。

● **Anaconda Navigator**：用于管理包和环境的图形用户界面。

- Anaconda Prompt：Anaconda 自带的命令行工具，类似于常规的命令提示符窗口，但它已经预先配置好了 Anaconda 的环境变量，用户可以在其中执行各种 conda 或 pip 命令，例如安装、更新和管理 Python 库。
- Jupyter Notebook：交互式笔记本，用于编写、运行和共享包含代码、文本和图表等内容。

单击图 1-24 所示界面的 Anaconda Navigator 图标，若能够正常启动 Anaconda Navigator，则说明 Anaconda 工具安装成功。Anaconda Navigator 启动后的主界面如图 1-25 所示。

图1-25　Anaconda Navigator启动后的主界面

### 1.3.2　启动 Anaconda 自带的 Jupyter Notebook

Jupyter Notebook（交互式笔记本）是一个支持实时代码、数学方程、数据可视化和 Markdown 的 Web 应用程序，它支持 40 多种编程语言。Jupyter Notebook 的优点是能够重现数据分析的完整过程，并将说明文字、代码、图表、公式和结论都整合在一个文档中，用户可以通过电子邮件、GitHub 和 Jupyter Notebook Viewer 将文档分享给其他人。

默认情况下，只要计算机中安装了 Anaconda 工具，就已经集成了 Jupyter Notebook，不需要另行下载和安装。启动 Jupyter Notebook 工具主要有两种方式，一种方式是通过 Anaconda Navigator 启动 Jupyter Notebook，另一种方式是通过命令启动 Jupyter Notebook。接下来，分别为大家介绍如何通过这两种方式启动 Jupyter Notebook，具体内容如下。

#### 1. 通过 Anaconda Navigator 启动 Jupyter Notebook

打开 Anaconda Navigator 主界面，在主界面右侧找到 Jupyter Notebook，单击该工具下面对应的"Launch"按钮，等待片刻之后会在系统默认的浏览器窗口中展示 Jupyter Notebook 的首页，如图 1-26 所示。

图1-26　Jupyter Notebook的首页

从图 1-26 可以看出，首页展示了计算机中某个目录的结构。默认打开和保存的目录为"C:\Users\用户名"。

### 2.　通过命令启动 Jupyter Notebook

除了通过 Anaconda Navigator 启动 Jupyter Notebook，还可以通过命令启动。与第一种方式相比，通过命令启动可以控制 Jupyter Notebook 显示目录和保存文件的路径，是推荐的启动方式。

打开 Anaconda Prompt 工具的命令提示符窗口，在提示符的后面输入命令"jupyter notebook"，执行该命令后便会打开图 1-26 所示的页面。

若希望 Jupyter Notebook 展示其他目录，则需要先通过 cd 命令将当前路径切换至指定的目录，然后在此目录下输入命令"jupyter notebook"，执行该命令后会在 Jupyter Notebook 首页看到指定目录下的目录结构。这样一来，显示项目目录和保存代码文件都将在此目录下进行。

需要注意的是，启动 Jupyter Notebook 时，用户设置的工作目录应尽量避免使用汉字或特殊字符，否则可能会导致 Jupyter Notebook 内核在解析路径时出现无法识别的问题。

## 1.3.3　Jupyter Notebook 的基本使用

在 Jupyter Notebook 的首页中，单击页面右侧的"New"按钮会打开新建文件的下拉列表，如图 1-27 所示。

在图 1-27 所示的下拉列表中罗列了可供用户选择的新建文件类型。其中 Python 3(ipykernel)表示运行 Python 脚本文件，文件的扩展名为.ipynb。在下拉列表中选择 Python 3(ipykernel)选项，会在新的窗口中打开新创建的 Python 脚本文件，如图 1-28 所示。

由图 1-28 可知，Python 脚本文件窗口主要分为 4 个部分，分别是标题栏、菜单栏、快捷键区域和编辑区域。

图1-27　新建文件的下拉列表

打开 Jupyter Notebook 的首页，默认已经有一个单元格。接下来，为大家演示如何使用 Jupyter Notebook 进行一些简单的操作，包括编辑和运行代码、设置标题、导出文件，具体内容如下。

图1-28　新创建的Python脚本文件

### 1. 编辑和运行代码

选中单元格，按 Enter 键进入单元格的编辑模式，此时可以在单元格中输入代码并运行。例如，在单元格中输入 "1+2"，然后按 Shift + Enter 组合键或单击 "运行" 按钮运行代码，如图 1-29 所示。

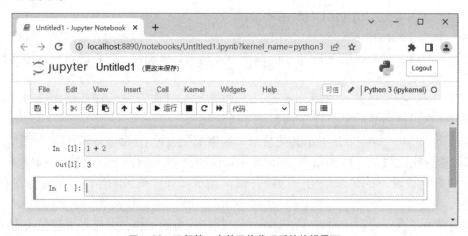

图1-29　运行第一个单元格代码后的编辑界面

从图 1-29 的编辑界面可以看出，单元格中的代码执行了加法运算，并将运算结果显示到单元格的下方，运行结果以 "Out [1]:" 开头，另外光标会移动到一个新的单元格中。注意，"Out [1]:" 中的 "1" 表示单元格运行的次数，而不是单元格所在的行号。

在新的单元格中继续编写代码，例如，在新的单元格中输入如下代码。

```
for i in range(5):
    print(i)
```

输入完成后再次运行代码，此时的编辑界面如图 1-30 所示。

从图 1-30 中可以看出，第二个单元格下方显示了输出结果，并且光标再次移动到新的单元格中。不过，这次运行结果的左侧没有出现任何标注，这是因为运行结果是调用 print() 函数输出的。

除此之外，还可以修改并重新运行单元格里面的代码。例如，把光标移回第一个单元格，并将该单元格的内容修改为 "2 + 3"，之后重新运行该单元格中的代码，可以在单元格下方看到运算结果已经更新为 "5"，如图 1-31 所示。

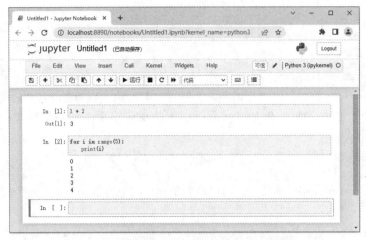

图1-30　运行第二个单元格代码后的编辑界面

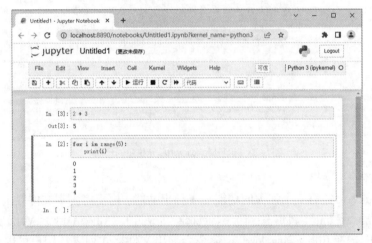

图1-31　重新运行第一个单元格代码后的编辑界面

### 2．设置标题

选中第一个单元格，在该单元格的上方插入一个新的单元格，之后在快捷键区域单击设置单元格类型的下拉列表 代码 ，在下拉列表中选择"Heading"以将单元格的类型变为 Heading 单元格，此时会弹出图 1-32 所示的窗口。

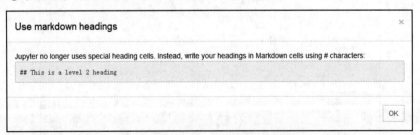

图1-32　使用Heading单元格的提示窗口

根据图 1-32 提示信息可知，Jupyter Notebook 已经不再使用 Heading 单元格了，而是使用 Markdown 单元格替代，此时可以直接在 Markdown 单元格中使用"#"字符作为标记编写标题。为了区分标题的级别，可以采用以下标注方式。

```
# 一级标题
## 二级标题
### 三级标题
#### 四级标题
##### 五级标题
```

在 Markdown 单元格中，以一个#字符开头的文本表示一级标题，以两个#字符开头的文本表示二级标题，以此类推。例如，在刚刚插入的单元格中添加一级标题和二级标题，插入的内容具体如下。

```
# 第一个标题
## 简单示例
```

运行 Markdown 单元格中的代码，可以看到单元格的上方成功添加了两个标题，如图 1-33 所示。

图1-33　运行Markdown单元格中的代码

### 3. 导出文件

Jupyter Notebook 还有一个强大的功能——导出功能，用于将脚本文件导出为多种格式的文件，比如 HTML（.html）、PDF（.pdf）、Notebook（.ipynb）、Python（.py）、Markdown（.md）等。

在菜单栏中选择 File→Download as 命令会弹出文件格式列表，用户可以在该列表中选择自己想要导出的文件格式，具体如图 1-34 所示。

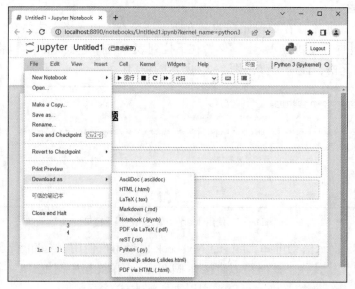

图1-34　文件格式列表

## 1.4　初识 Matplotlib

### 1.4.1　Matplotlib 概述

Matplotlib 是一个用于生成高品质的二维图表和图形的库，它提供了一套完整的绘图工具，配合 NumPy、SciPy 和 Pandas 等科学计算库使用，不仅可以绘制一些简单的图表，比如折线图、柱形图、散点图、饼图，还可以绘制一些高级图表，比如桑基图、热力图等，甚至可以为图表添加动画效果。Matplotlib 具有高度的灵活性和自定义性，用户可以随意调整颜色、标签、图例、坐标轴和图形等各个方面的细节，以满足自己的需求。

为了便于用户通过多种方式绘制图表，Matplotlib 提供了两种不同的 API（Application Program Interface，应用程序接口），分别是 pyplot API 和 object-oriented API，其中 pyplot API 是比较简单的 API，它仿照 MATLAB 命令提供了一系列高级函数，适合想快速绘制图表的用户使用；object-oriented API 是面向对象的 API，它可以更加灵活地控制图表的细节，适合需要绘制复杂图表和定制化图表的用户使用。下面分别对这两种 API 进行详细介绍。

#### 1. pyplot API

pyplot API 是使用 pyplot 模块开发的接口，该接口的底层封装了一系列与 MATLAB 命令同名的函数，使用这些函数可以像使用 MATLAB 命令一样快速地绘制图表。

当使用 pyplot API 绘制图表时，用户首先需要导入 pyplot 模块，然后使用该模块提供的函数绘制图表和定制图表，最后展示完整的图表。需要说明的是，pyplot API 屏蔽了底层画布和绘图区域的创建细节，会直接在当前的画布和绘图区域中进行绘图操作，并自动管理画布和绘图区域的创建和显示，无须用户手动创建和管理画布及绘图区域。

对于熟悉 MATLAB 的用户而言，使用 pyplot API 会非常得心应手；对于不熟悉 MATLAB 的用户而言，只需花费少量的学习时间就可以掌握 pyplot API。虽然 pyplot API 的用法极其简单，但是 pyplot API 隐藏了 Matplotlib 中一系列具有隶属关系的绘图对象，使初学者十分容易产生混淆。

#### 2. object-oriented API

object-oriented API 是面向对象的接口，该接口包含一系列对应图表元素的类，只有创建这些类的对象并将其按照隶属关系组合到一起才能完成一次完整的绘图。

当使用 object-oriented API 绘制图表时，用户首先需要创建画布，然后在该画布上添加绘图区域，接着在该绘图区域中绘制图表和定制图表，最后展示完整的图表。在整个过程中所有产生的事物都是对象，比如画布、绘图区域等。

与使用 pyplot API 的方式相比，object-oriented API 使用户不仅能明确绘图过程中所有对象的隶属关系，而且可以自由地定制对象，但 object-oriented API 接近 Matplotlib 底层，有着一定的学习难度，仅仅实现一个简单的功能就需要编写不少的代码。

用户在使用时可以根据自身的实际情况进行选择，若只是需要快速地绘制图表，可以选择 pyplot API 进行开发；若需要自定义图表，可以选择 object-oriented API 进行开发。由于两种 API 兼容，用户也可以根据自己的需求混合使用。

### 1.4.2  Matplotlib 初体验

Matplotlib 库仅需开发人员编写几行代码即可绘制一个图表。下面结合 object-oriented API 的基本用法，使用 Matplotlib 库绘制一个简单的图表，示例代码如下。

```
1   import numpy as np
2   import matplotlib.pyplot as plt
3   # 1.创建画布
4   fig = plt.figure()
5   # 2.在画布上添加绘图区域
6   ax = fig.add_subplot()
7   # 3.在绘图区域绘制图形
8   data = np.array([1, 2, 3, 4, 5])
9   ax.plot(data)
10  # 4.展示完整图表
11  plt.show()
```

上述代码中，第 1~2 行代码分别导入了 NumPy 模块和 pyplot 模块，并将这两个模块重命名为 np、plt；第 4 行代码调用 figure()函数创建默认大小和样式的画布；第 6 行代码调用 add_subplot()方法在画布上添加了一个绘图区域；第 8~9 行代码创建了一个数组 data，将其作为绘制图形使用的数据，调用 plot()方法在绘图区域中根据数据绘制图形；第 11 行代码调用 show()函数展示完整图表。

运行代码，效果如图 1-35 所示。

从图 1-35 中可以看出，折线图中有一条直线，这条线位于两个坐标轴及边框围成的区域中，坐标轴的刻度是自动根据数据生成的，样式和风格也是默认的。

下面结合 pyplot API 的基本用

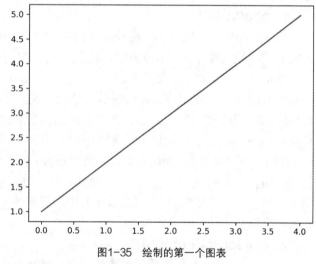

图1-35　绘制的第一个图表

法，直接使用 pyplot 模块的函数绘制同一个图表，示例代码如下。

```
1   import numpy as np
2   import matplotlib.pyplot as plt
3   # 1.在当前画布和绘图区域中绘制图形
4   data = np.array([1, 2, 3, 4, 5])
5   plt.plot(data)
6   # 2.展示完整图表
7   plt.show()
```

上述代码中，第 1~2 行代码分别导入了 NumPy 模块和 pyplot 模块，并将这两个模块重命名为 np、plt；第 4~5 行代码创建了一个数组 data，将其作为绘制图形使用的数据，之后通过 plt 模块调用 plot()函数在当前的绘图区域中根据数据绘制图形；第 7 行代码调用 show()函数展示完整图表。

运行代码，效果与图 1-35 完全相同。

比较前面的两种示例代码可以发现，第二个示例使用更少的代码绘制了同一个图表。

### 1.4.3  Matplotlib 的核心类

Matplotlib 中提供了两个非常核心的类，分别是 Figure 类和 Axes 类，关于它们的介绍如下。

#### 1. Figure 类

Figure 类是 Matplotlib 中顶层的图表容器类，用于创建绘图窗口或画布，以承载和管理图表的所有元素。通过 pyplot 模块的 figure()函数可以创建一个 Figure 类的对象，生成一个新的画布。figure()函数的语法格式如下所示。

```
figure(num=None, figsize=None, dpi=None, *, facecolor=None,
       edgecolor=None, frameon=True,
       FigureClass=<class 'matplotlib.figure.Figure'>,
       clear=False, **kwargs)
```

上述函数中常用参数的含义如下。

① num：表示画布的编号，如果未指定，则会自动分配一个编号。

② figsize：表示画布的尺寸，该参数需要接收一个形如[width, height]的列表，列表中 width 和 height 分别表示画布的宽度和高度，取值为浮点数，以英寸为单位。默认画布的尺寸为[6.4, 4.8]。

③ dpi：表示画布的分辨率，以像素/英寸为单位。默认画布的分辨率为 100.0。

④ facecolor：表示画布的背景颜色，默认背景颜色为白色。

⑤ edgecolor：表示画布的边框颜色，默认边框颜色为白色。

例如，通过 figure()函数创建一个 Figure 类的对象，生成宽度为 10 英寸、高度为 6 英寸、分辨率为 300 像素/英寸的画布，具体代码如下所示。

```
import matplotlib.pyplot as plt
# 创建 Figure 类的对象，生成一个指定尺寸和分辨率的画布
fig = plt.figure(figsize=[10.0, 6.0], dpi=300)
```

#### 2. Axes 类

Axes 类是 Matplotlib 中非常重要的类，表示一个绘图区域，用于容纳和管理图表中所有可见的一个或多个图表元素，包括坐标轴、点、线、文字、图形等。通过 Figure 对象的 add_subplot()方法可以给当前画布添加绘图区域。add_subplot()方法的语法格式如下所示。

```
add_subplot(*args, **kwargs)
```

上述函数中，*args 参数用于指定绘图区域的位置，默认会在画布上创建一个绘图区域，该区域将占据整个画布的空间；**kwargs 参数表示其他可选的关键字参数，用于设置绘图区域的属性，比如颜色、透明度等。

例如，通过 add_subplot()方法给 fig 对象添加绘图区域，具体代码如下。

```
ax = fig.add_subplot()
```

上述代码运行后，默认情况下会在当前画布内部添加一个绘图区域，如图 1-36 所示。

从图 1-36 可以看出，绘图区域是两个坐标轴和两条边围起来的区域，用于界定图形显示区域的范围，两个坐标轴分别是 $x$ 轴和 $y$ 轴，相交于原点(0.0, 0.0)，每个坐标轴上的刻度是默认的。

总而言之，Axes 类的对象属于 Figure 类对象的一部分，一个 Figure 类的对象可以包含

一个或多个 Axes 类的对象。

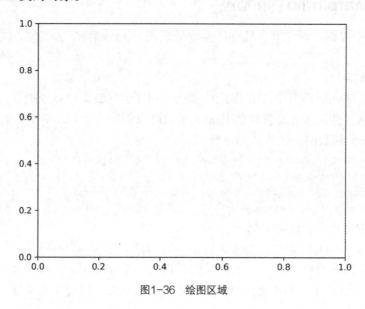

图1-36 绘图区域

## 1.5 本章小结

本章主要介绍了数据可视化和 Matplotlib 的入门知识，包括数据可视化概述、常见的数据可视化库、开发环境搭建、初识 Matplotlib。通过学习本章的内容，读者可以熟悉数据可视化的过程和方式，能够独立搭建开发环境，并对 Matplotlib 开发形成初步的认识，为后续的学习做好铺垫。

## 1.6 习题

**一、填空题**

1. _____是指将大型数据集中的数据以图形、图像的形式表示，并利用数据分析和开发工具发现其中未知信息的处理过程。

2. _____Notebook 是一个支持实时代码、数学方程、数据可视化和 Markdown 的 Web 应用程序。

3. _____是一种利用数据中的 5 个统计量描述数据的图表。

4. pyplot API 是使用_____模块开发的接口，该接口底层封装了一系列与 MATLAB 命令同名的函数。

5. Matplotlib 中_____类是顶层的容器类，用于创建绘图窗口或画布。

**二、判断题**

1. 一个 Figure 类的对象可以包含一个或多个 Axes 类的对象。（      ）

2. 散点图可以清晰地展示数据增减的趋势、速率、规律、峰值等特征。（      ）

3. 柱形图与直方图展示的效果完全相同。（      ）

4. Matplotlib 只能采用面向对象的方式开发程序。（      ）

5.　Jupyter Notebook 不能将代码文件导出为 PDF 文件。（　　）

**三、选择题**

1.　下列选项中，关于数据可视化描述错误的是（　　）。

A.　数据可视化可以简单地理解为将不易描述的事物转换成可感知画面的过程

B.　数据可视化的目的是准确地、高效地、全面地传递信息

C.　数据表格是数据可视化最基础的应用

D.　数据可视化对后期数据挖掘具有深远的影响

2.　关于常见图表的说法，下列描述正确的是（　　）。

A.　柱形图可以反映数据增减的趋势

B.　条形图是横置的直方图

C.　饼图用于显示数据中各项大小与各项总和的比例

D.　雷达图是一种可以展示多变量关系的图表

3.　下列图表中，可以反映 3 个变量之间关系的是（　　）。

A.　折线图　　　　　　B.　柱形图　　　　　　C.　散点图　　　　　D.　气泡图

4.　下列选项中，哪个可视化库可以创建 ECharts 图表？（　　）

A.　Matplotlib　　　　B.　Seaborn　　　　　C.　Bokeh　　　　　D.　pyecharts

5.　下列选项中，用于创建画布的是（　　）。

A.　figure( )　　　　　B.　add_subplot( )　　　C.　plot( )　　　　　D.　show()

**四、简答题**

1.　列举 3 种常见的可视化图表及其特点。

2.　简述 pyplot API 和 object-oriented API 的基本用法。

**五、编程题**

编写程序，分别通过 pyplot API 和 object-oriented API 两种方式绘制正弦曲线和余弦曲线。提示：

（1）使用 NumPy 的 linspace()函数生成-π～π 的 256 个数，将它们作为 $x$ 坐标；

（2）使用 sin()或 cos()函数生成正弦值或余弦值，将这些值作为 $y$ 坐标；

（3）使用 plot()函数分别绘制正弦曲线和余弦曲线。

# 第2章

# 使用Matplotlib绘制简单图表

★ 掌握 plot()函数的基本使用，能够使用 plot()函数绘制折线图。

★ 掌握 bar()函数的基本使用，能够使用 bar()函数绘制柱形图或堆积柱形图。

★ 掌握 barh()函数的基本使用，能够使用 barh()函数绘制条形图或堆积条形图。

★ 掌握 stackplot()函数的基本使用，能够使用 stackplot()函数绘制堆积面积图。

★ 掌握 hist()函数的基本使用，能够使用 hist()函数绘制直方图。

★ 掌握 pie()函数的基本使用，能够使用 pie()函数绘制饼图或圆环图。

★ 掌握 scatter()函数的基本使用，能够使用 scatter()函数绘制散点图或气泡图。

★ 掌握 boxplot()函数的基本使用，能够使用 boxplot()函数绘制箱形图。

★ 掌握 polar()函数的基本使用，能够使用 polar()函数绘制雷达图。

★ 掌握 errorbar()函数的基本使用，能够使用 errorbar()函数绘制误差棒图。

第 1 章使用 Matplotlib 快速绘制了一个图表，让读者真切体会到 Matplotlib 的强大之处。Matplotlib 之所以能成为如此优秀的数据可视化工具，离不开其提供的丰富 API，通过这些 API 可以轻松地绘制想要的图表，使数据可视化变得简单高效。本章将带领大家了解 pyplot 模块提供的快捷绘图函数，并使用这些函数快速绘制一些简单的图表，包括折线图、柱形图或堆积柱形图、条形图或堆积条形图、堆积面积图、直方图、饼图或圆环图、散点图或气泡图、箱形图、雷达图、误差棒图。注意，本章只介绍如何根据数据绘制图表，暂时先不设置图表里面的其他元素或样式。

## 2.1 绘制折线图

### 2.1.1 使用 plot()函数绘制折线图

折线图是日常生活中比较常见的基础图表，用于展示数据随时间或有序类别的变化而变化的趋势，比如一周内气温的变化、收盘价的变化等。在折线图中，图形主要由数据点和连接线组成。其中数据点是具体数值，通常用圆点或者其他形状表示，可以根据需要显示或隐藏；连接线是把所有数据点按照先后顺序连接后形成的线段，用于揭示数据随自变量变化而变化的趋势。

为了方便开发人员绘制折线图，pyplot 模块中提供了一个快捷绘图函数 plot()，使用该函数能够根据一组或多组数据绘制数据点，之后将这些数据点通过线段连接起来，并将最终的图形绘制到当前绘图区域，从而生成一张折线图。plot() 函数的语法格式如下。

```
plot(*args, scalex=True, scaley=True, data=None, **kwargs)
```

上述函数中常用参数的含义如下。

① *args：表示数据点的 $x$ 坐标、$y$ 坐标及线的样式，支持以如下形式传递值。

● 传递单个列表或数组，例如 plot(list_a)，此时会将 list_a 作为一组 $y$ 坐标，并将 range(len(list_a)) 返回的结果作为一组 $x$ 坐标。

● 同时传递两个列表或数组，例如 plot(list_a, list_b)，此时会将 list_a 和 list_b 分别作为 $x$ 坐标和 $y$ 坐标。

● 传递多个列表或数组，例如 plot(list_a1, list_b1, list_a2, list_b2)，此时会将 list_a1 和 list_b1 作为一组 $x$ 坐标和 $y$ 坐标，将 list_a2 和 list_b2 作为另一组 $x$ 坐标和 $y$ 坐标。

② scalex、scaley：表示是否在 $x$ 轴或 $y$ 轴上自动缩放，默认值为 True，即 $x$ 轴或 $y$ 轴会根据数据的具体情况自适应调整。若将这两个参数的值设置为 False，则 $x$ 轴或 $y$ 轴的坐标范围将根据当前绘图区域的大小自动进行缩放。

plot() 函数会返回一个 Line2D 类的对象或者包含一组 Line2D 类对象的列表，Line2D 类的对象代表绘制的线。如果使用 plot() 函数绘制的折线图中只有一条线，则 plot() 函数会返回一个 Line2D 类的对象；如果有多条线，则 plot() 函数会返回一个列表，该列表中包含了多个 Line2D 类的对象。

例如，使用 plot() 函数绘制只有一条线的折线图，具体代码如下。

```
1  import numpy as np
2  import matplotlib.pyplot as plt
3  # 创建一个数组，将该数组作为一组 y 坐标
4  y_data = np.array([32, 33, 34, 34, 33])
5  # 根据 y_data 和自动生成的 x 坐标绘制一条线
6  plt.plot(y_data)
7  plt.show()
```

上述代码中，第 4 行代码创建了一个包含 5 个元素的一维数组，第 6 行代码调用 plot() 函数绘制折线图，该函数会将 range(len(y_data)) 返回的结果作为 $x$ 坐标，将 y_data 作为 $y$ 坐标，并根据它们绘制一条线。

运行代码，效果如图 2-1 所示。

从图 2-1 中可以看出，绘图区域内部只有一条线，这条线是实线，且没有标出任何数据点。

此外，可以通过 plot() 函数根据多组数据绘制有多条线的折线图，具体可以使用以下任意一种方式完成。

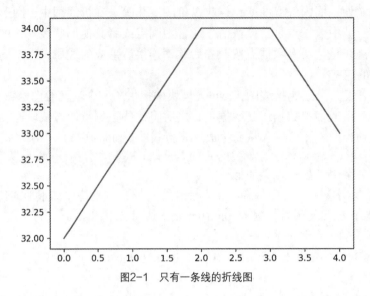

图2-1    只有一条线的折线图

（1）多次调用 plot()函数绘制多条线，每次传入一组数据，示例代码如下。

```
plt.plot(x1, y1)
plt.plot(x2, y2)
```

（2）调用 plot()函数时传入一个二维数组，将二维数组的第一个元素作为 $x$ 坐标，将二维数组的其他元素作为 $y$ 坐标，根据它们绘制多条线，示例代码如下。

```
arr_2d = np.array([[1, 2, 3], [4, 5, 6], [7, 8, 9], [10, 11, 12]])
plt.plot(arr_2d[0], arr_2d[1:])
```

（3）调用 plot()函数时同时传入多组数据，根据多组数据绘制多条线，示例代码如下。

```
plt.plot(x1, y1, x2, y2)
```

例如，使用上述第一种方式绘制有两条线的折线图，具体代码如下。

```
1   import numpy as np
2   import matplotlib.pyplot as plt
3   # 创建数组，将其分别作为 x 坐标和两组 y 坐标
4   x_data = np.array([10, 20, 30, 40, 50])
5   y1 = np.array([32, 33, 34, 34, 33])
6   y2 = np.array([25, 25, 26, 28, 28])
7   # 根据 x_data 和 y1 绘制一条线
8   plt.plot(x_data, y1)
9   # 根据 x_data 和 y2 绘制另一条线
10  plt.plot(x_data, y2)
11  plt.show()
```

上述代码中，第 4～6 行代码依次创建了 3 个一维数组，它们的长度是相等的，第 8 行代码调用 plot()函数根据 x_data 和 y1 绘制一条线，第 10 行代码再次调用 plot()函数根据 x_data 和 y2 绘制另一条线。

运行代码，效果如图 2-2 所示。

从图 2-2 中可以看出，绘图区域内部有两条不同颜色的实线。

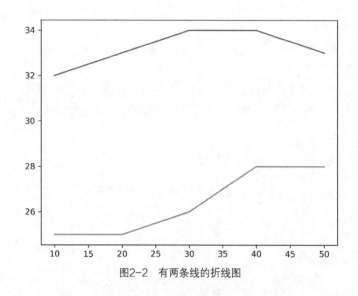

【扫描看图】

图2-2　有两条线的折线图

### 2.1.2　实例 1：未来 15 天的最高气温和最低气温

　　在现代社会，天气预报已经成为人们日常生活中不可或缺的一部分，人们依赖天气预报来做出决策，比如选择穿什么衣服，决定是否需要带伞，甚至安排旅行计划。为了帮助人们根据天气情况规划日常生活和活动，很多天气预报应用程序和网站会提供未来 15 天的最高气温和最低气温。已知 9 月 4 日预测的北京市未来 15 天的最高气温和最低气温，具体如表 2-1 所示。

表 2-1　北京市未来 15 天的最高气温和最低气温

| 日期（月/日） | 最高气温（℃） | 最低气温（℃） |
| --- | --- | --- |
| 9/4 | 32 | 19 |
| 9/5 | 33 | 19 |
| 9/6 | 34 | 20 |
| 9/7 | 34 | 22 |
| 9/8 | 33 | 22 |
| 9/9 | 31 | 21 |
| 9/10 | 30 | 22 |
| 9/11 | 29 | 16 |
| 9/12 | 30 | 18 |
| 9/13 | 29 | 18 |
| 9/14 | 26 | 17 |
| 9/15 | 23 | 14 |
| 9/16 | 21 | 15 |
| 9/17 | 25 | 16 |
| 9/18 | 31 | 16 |

　　下面根据表 2-1 的数据绘制一张折线图，将日期一列的数值作为一组 $x$ 坐标，将最高气温和最低气温两列的数据分别作为两组 $y$ 坐标，通过折线图展示未来 15 天最高气温和最

低气温的变化趋势，具体代码如下。

```python
import matplotlib.pyplot as plt
import numpy as np
# 未来 15 天的日期
x = np.array(['9/4', '9/5', '9/6', '9/7', '9/8', '9/9', '9/10',
              '9/11', '9/12', '9/13', '9/14', '9/15', '9/16',
              '9/17', '9/18'])
# 未来 15 天的最高气温和最低气温
y_max = np.array([32, 33, 34, 34, 33, 31, 30, 29, 30, 29, 26, 23,
                  21, 25, 31])
y_min = np.array([19, 19, 20, 22, 22, 21, 22, 16, 18, 18, 17, 14,
                  15, 16, 16])
# 根据日期和最高气温绘制一条线
plt.plot(x, y_max)
# 根据日期和最低气温绘制一条线
plt.plot(x, y_min)
plt.show()
```

运行代码，效果如图 2-3 所示。

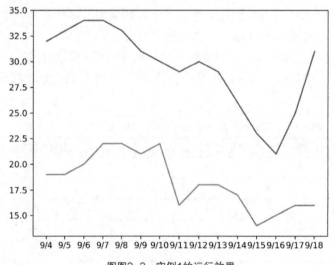

【扫描看图】

图图2-3    实例1的运行效果

在图 2-3 中，$x$ 轴代表日期，$y$ 轴代表气温（℃），位于上方的线和下方的线分别代表最高气温和最低气温。由图 2-3 可知，未来 15 天的最高气温和最低气温的变化趋势。

## 2.2    绘制柱形图或堆积柱形图

### 2.2.1    使用 bar()函数绘制柱形图或堆积柱形图

柱形图和堆积柱形图都使用柱形展示数据之间的关系，其中柱形图适用于比较数据中不同类别的差异，而堆积柱形图可以显示各个类别内部的组成部分，进一步对比不同类别之间的整体差异。

在柱形图中，图形主要由若干个独立的柱形组成，每个柱形通常代表一个类别，柱形的高度表示该类别的数值大小；在堆积柱形图中，图形主要由若干列堆叠的柱形组成，每列柱形代表不同的类别，其内部以堆叠的方式呈现该类别的组成部分。

为了方便开发人员快速绘制柱形图或堆积柱形图，pyplot 模块中提供了一个快捷绘图函数 bar()，使用该函数能够根据数据绘制指定样式的一组或多组柱形，将这些柱形绘制到当前的绘图区域，从而生成一张柱形图或堆积柱形图。bar()函数的语法格式如下。

```
bar(x, height, width=0.8, bottom=None, *, align='center', data=None,
    **kwargs)
```

上述函数中常用参数的含义如下。

① x：表示柱形的 x 坐标，它支持以如下几种形式取值。

● 数字数组或序列，例如[1, 2, 3]，表示柱形从左到右的 x 坐标是 1、2、3。

● 类别数组或序列，例如['A', 'B', 'C']，表示柱形从左到右的 x 坐标是 A、B、C。

② height：表示柱形的高度，接收一个数字数组或序列。

③ width：表示柱形的宽度，默认值为 0.8，表示柱形宽度和绘图区域总宽度的比值，且所有柱形的宽度相等。如果该参数的值是一个数字数组或序列，则会对每个柱形的宽度进行单独设置。

④ bottom：表示柱形底部的 y 坐标，默认值为 None，表示柱形底部与 x 轴对齐。该参数的取值可以是一个数字，也可以是一个数字数组或序列。

⑤ align：表示柱形的对齐方式，该参数的取值有'center'和'edge'，'center'表示将柱形与刻度线居中对齐，'edge'表示将柱形的左边缘与刻度线对齐。

⑥ **kwargs：表示其他关键字参数，用于设置柱形的外观和属性。例如，参数 tick_label 表示柱形对应刻度的刻度标签，默认值为 None，代表使用数值标签，即 x 轴的刻度标签为从 0 开始的整数。如果希望自定义刻度标签，则可以传入一个字符串或字符串列表；参数 xerr、yerr 分别表示水平或垂直方向的误差棒数据，默认值为 None，表示没有水平或垂直方向的误差棒。

bar()函数会返回一个 BarContainer 类的对象，该对象其实相当于一个容器，它内部存放了柱形图里面的所有柱形或误差棒。为了方便开发人员获取柱形和误差棒并进行单独的设置，BarContainer 类提供了 patches 属性和 errorbar 属性，其中 patches 属性的值是一个列表，该列表中包含了 Rectangle 类的对象，每个 Rectangle 类的对象对应一个单独的柱形。errorbar 属性的值是一个 ErrorbarContainer 类的对象，该对象包含了与误差棒相关的所有信息。

例如，使用 bar()函数绘制只有一组柱形的柱形图，具体代码如下。

```
import numpy as np
import matplotlib.pyplot as plt
# 创建两个数组，分别表示柱形的 x 坐标和高度
x = np.arange(5)
height1 = np.array([10, 8, 7, 11, 13])
# 柱形的宽度
bar_width = 0.3
# 绘制一组柱形，并指定柱形的刻度标签和宽度
plt.bar(x, height1, tick_label=['a', 'b', 'c', 'd', 'e'],
        width=bar_width)
plt.show()
```

运行代码，效果如图 2-4 所示。

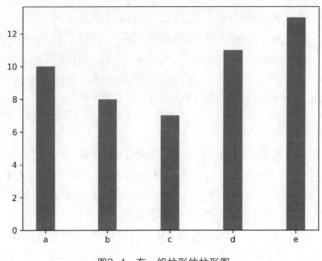

图2-4　有一组柱形的柱形图

从图 2-4 中可以看出，绘图区域内部总共有 5 个柱形，每个柱形代表一个类别，它们的宽度是相等的，高度是不等的。

此外还可以在柱形图中绘制另一组柱形，生成包含两组柱形的柱形图。要想实现这个效果，只需要再次调用 bar()函数绘制一组柱形，并在该函数中通过参数 x 控制新绘制的柱形的位置。在上个示例的基础上增加代码，使用 bar()函数绘制另一组柱形，生成有两组柱形的柱形图，修改后的代码如下。

```
1   import numpy as np
2   import matplotlib.pyplot as plt
3   # 创建 3 个数组，分别表示两组柱形的 x 坐标和高度
4   x = np.arange(5)
5   height1 = np.array([10, 8, 7, 11, 13])
6   height2 = np.array([9, 6, 5, 10, 12])
7   # 柱形的宽度
8   bar_width = 0.3
9   # 绘制一组柱形
10  plt.bar(x, height1, tick_label=['a', 'b', 'c', 'd', 'e'],
11         width=bar_width)
12  # 绘制另一组柱形
13  plt.bar(x + bar_width, height2, width=bar_width)
14  plt.show()
```

上述代码中，第 6 行代码创建了一个数组 height2，表示另一组柱形的高度，第 13 行代码再次调用 bar()函数绘制另外一组柱形，该函数中第一个参数用于设置柱形的 x 坐标，此处传入的值为 x + bar_width，说明两组柱形的 x 坐标相差一个柱形的宽度，这样能避免两组柱形重叠在一起。

运行代码，效果如图 2-5 所示。

从图 2-5 中可以看出，后绘制的柱形位于先绘制的柱形的右侧，它们之间没有间隙。

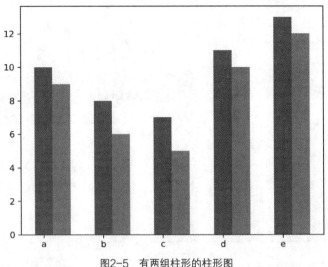

【扫描看图】

图2-5　有两组柱形的柱形图

　　此外还可以将另一组柱形绘制到之前一组柱形的上方，生成由两组柱形堆叠形成的堆积柱形图。要想实现这个效果，只需要在再次调用 bar()函数绘制另一组柱形时，通过参数 bottom 控制柱形的 $y$ 坐标。在上个示例中修改 bar()函数的代码，设置另一组柱形的 $y$ 坐标，将另一组柱形放到之前一组柱形的上方，具体代码如下。

```
# 绘制另一组柱形,指定柱形底部的 y 坐标
plt.bar(x, height2, bottom=height1, width=bar_width)
```

运行代码，效果如图 2-6 所示。

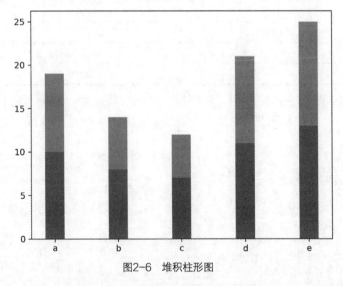

【扫描看图】

图2-6　堆积柱形图

　　此外，使用 bar()函数绘制柱形图时可以通过给 xerr、yerr 参数传值的方式为柱形添加误差棒。在上个示例中修改 bar()函数的代码，添加垂直方向的误差棒，具体代码如下。

```
# 误差棒数据
error = [2, 1, 2.5, 2, 1.5]
# 绘制另一组柱形,设置垂直方向误差棒的数据
plt.bar(x, height2, bottom=height1, width=bar_width, yerr=error)
```

运行代码，效果如图 2-7 所示。

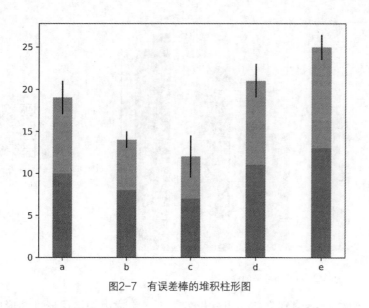

【扫描看图】

图2-7  有误差棒的堆积柱形图

### 2.2.2  实例 2：2018—2022 年国内生产总值

据国家统计局初步核算，2018-2022 年全国国内生产总值具体如表 2-2 所示。

表 2-2  2018—2022 年全国国内生产总值

| 年份 | 生产总值（亿元） |
| --- | --- |
| 2018 | 919281 |
| 2019 | 986515 |
| 2020 | 1013567 |
| 2021 | 1149237 |
| 2022 | 1210207 |

下面根据表 2-2 的数据绘制一张柱形图，将年份一列的数值作为 $x$ 坐标，将生产总值一列的数据作为 $y$ 坐标，通过柱形图展示 2018-2022 年对应的生产总值情况，具体代码如下：

```
1   import numpy as np
2   import matplotlib.pyplot as plt
3   x = np.arange(1, 6)
4   y = np.array([919281, 986515, 1013567, 1149237, 1210207])  # 生产总值
5   # 根据 x 和生产总值 y 绘制一组柱形
6   plt.bar(x, y, tick_label=["2018 年", "2019 年", "2020 年",
7        "2021 年", "2022 年"], width=0.5)
8   # 设置字体，保证中文文本能够正常显示
9   plt.rcParams['font.sans-serif'] = ['SimHei']
10  # 设置 y 轴的刻度标签显示为原始数字
11  plt.ticklabel_format(style='plain', axis='y')
12  plt.show()
```

上述代码中，第 4 行代码创建了一个包含 5 个元素的数组，表示全国国内生产总值。第 6 行代码调用 bar()函数绘制柱形图，该函数中的参数 tick_label 用于指定每个柱形对应的刻度标签，也就是年份；参数 width 用于指定每个柱形的宽度，此处设置的宽度为 0.5。第 9 行代

码设置了图表中使用的字体，保证中文文本能够正常显示。第 11 行代码用于将刻度标签的文本按照原始数字的形式显示，避免因数字过大而将数字自动转换为科学记数法形式。

运行代码，效果如图 2-8 所示。

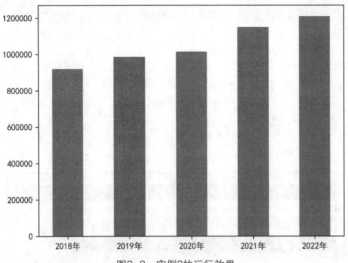

图2-8　实例2的运行效果

在图 2-8 中，$x$ 轴代表年份，$y$ 轴代表生产总值（亿元），柱形的高度代表当前年份对应的生产总值。由图 2-8 可知，生产总值呈现逐年增长的趋势，且 2022 年达到最高值。

## 2.3　绘制条形图或堆积条形图

### 2.3.1　使用 barh()函数绘制条形图或堆积条形图

在条形图中，图形主要由若干个相互独立的条形组成，每个条形通常代表一个类别，条形的长度表示该类别的数值大小；在堆积条形图中，图形主要由若干行堆叠的条形组成，一行条形代表不同的类别，其内部以堆叠的方式呈现相应类别的组成部分。

为了方便开发人员快速绘制条形图或堆积条形图，pyplot 模块中提供了一个快捷绘图函数 barh()，使用该函数能够依据数据绘制指定样式的一组或多组条形，之后将这些条形绘制到当前的绘图区域，从而生成一张条形图或堆积条形图。barh()函数的语法格式如下。

```
barh(y, width, height=0.8, left=None, *, align='center', data=None,
    **kwargs)
```

上述函数中常用参数的含义如下。

① y：表示条形的 $y$ 坐标，取值可以为数字数组或序列、类别数组或序列。

② width：表示条形的宽度，取值为一个数字数组或序列。

③ height：表示条形的高度，默认值为 0.8。

④ left：表示条形左侧的 $x$ 坐标，默认值为 None，表示条形左侧与 $y$ 轴对齐。它的取值可以是一个数字，也可以是一个数字数组或序列。

⑤ align：表示条形的对齐方式，取值有'center'和'edge'，其中'center'表示将条形与刻度线居中对齐，'edge' 表示将条形的底边与刻度线对齐。

barh()函数也会返回一个 BarContainer 类的对象。

例如，使用 barh()函数绘制只有一组条形的条形图，具体代码如下。

```
import numpy as np
import matplotlib.pyplot as plt
# 创建两个数组，分别表示条形的 y 坐标和宽度
y = np.arange(5)
width1 = np.array([10, 8, 7, 11, 13])
# 条形的高度
bar_height = 0.3
# 绘制一组条形
plt.barh(y, width1, tick_label=['a', 'b', 'c', 'd', 'e'],
         height=bar_height)
plt.show()
```

运行代码，效果如图 2-9 所示。

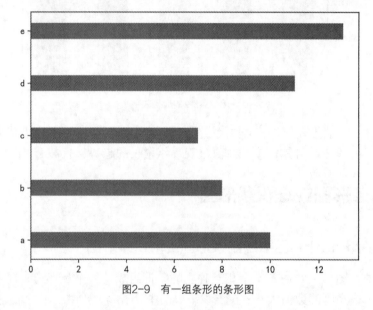

图2-9　有一组条形的条形图

此外还可以在条形图中再绘制一组条形，生成包含两组条形的条形图。要想实现这个效果，只需要再次调用 barh()函数绘制一组条形，并在该函数中通过参数 y 控制新绘制的条形的位置。在上个示例的基础上增加代码，使用 barh()函数再另外绘制一组条形，生成有两组条形的条形图，增加后的完整代码如下。

```
1   import numpy as np
2   import matplotlib.pyplot as plt
3   # 创建 3 个数组，分别表示条形的 y 坐标和宽度
4   y = np.arange(5)
5   width1 = np.array([10, 8, 7, 11, 13])
6   width2 = np.array([9, 6, 5, 10, 12])
7   # 条形的高度
8   bar_height = 0.3
9   # 绘制一组条形
10  plt.barh(y, width1, tick_label=['a', 'b', 'c', 'd', 'e'], height=bar_height)
11  # 绘制另一组条形
12  plt.barh(y + bar_height, width2, height=bar_height)
13  plt.show()
```

上述代码中，第 6 行代码创建了一个数组 width2，表示另一组条形的宽度。第 12 行代码调用 barh()函数绘制另外一组条形，该函数中第一个参数用于设置条形的 $y$ 坐标，此处传入的值为 y+bar_height，说明两组条形的 $y$ 坐标相差一个条形的高度，这样能避免两组条形重叠在一起。

运行代码，效果如图 2-10 所示。

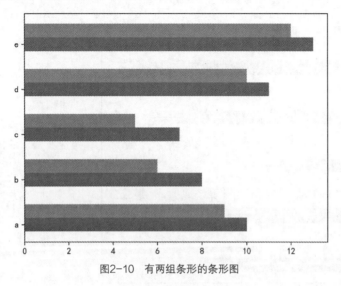

【扫描看图】

图2-10　有两组条形的条形图

从图 2-10 中可以看出，后绘制的条形位于先绘制的条形的上方，它们之间没有间隙。

此外还可以在一组条形的右侧再另外绘制一组条形，生成由两组条形堆叠形成的堆积条形图。要想实现这个效果，只需要在再次调用 barh()函数绘制条形时，通过参数 left 控制条形的 $x$ 坐标。在上个示例中修改 barh()函数的代码，设置另一组条形的 $x$ 坐标，将另一组条形放到之前一组条形的右方，具体代码如下。

```python
# 绘制另一组条形，指定条形左侧的 x 坐标
plt.barh(y, width2, left=width1, height=bar_height)
```

运行代码，效果如图 2-11 所示。

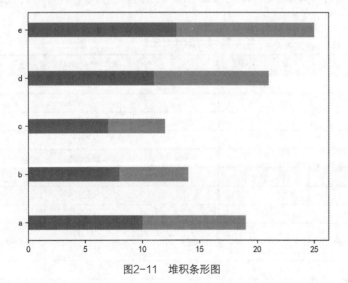

【扫描看图】

图2-11　堆积条形图

此外，在使用 barh()函数绘制条形时可以通过给 xerr、yerr 参数传值的方式为条形添加误差棒。修改上述示例中 barh()函数的代码，在后绘制的条形的右侧添加水平方向的误差棒，具体代码如下。

```
# 误差棒数据
error = [2, 1, 2.5, 2, 1.5]
# 绘制另一组条形，设置水平方向误差棒的数据
plt.barh(y, width2, left=width1, height=bar_height, xerr=error)
```

运行代码，效果如图 2-12 所示。

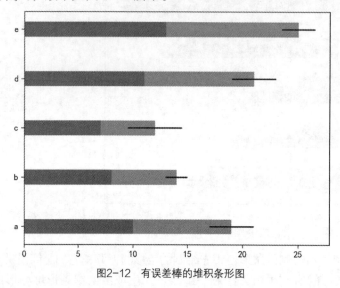

【扫描看图】

图2-12  有误差棒的堆积条形图

### 2.3.2  实例 3: 网购替代率

如今网络购物已经成为人们日常生活的一部分，改变着人们的消费模式和习惯，成为拉动居民消费的重要渠道。因此，研究网购消费对于研判经济形势、促进经济转型升级有着重要的意义。已知国家统计局从网购的活跃人群中抽取了 700 多个样本，并根据这些样本测算各商品种类的网购替代率，网购替代率即用户线上消费对线下消费的替代比率，具体如表 2-3 所示。

表 2-3  各商品种类的网购替代率

| 商品种类 | 替代率 |
| --- | --- |
| 家政、家教等生活服务 | 95.9% |
| 飞机票、火车票 | 95.1% |
| 家具 | 93.5% |
| 手机、手机配件 | 92.4% |
| 计算机及其配套产品 | 89.3% |
| 汽车用品 | 89.2% |
| 通信充值、游戏充值 | 86.5% |
| 个人护理用品 | 86.3% |
| 书报杂志及音像制品 | 86.0% |
| 餐饮、旅游、住宿 | 85.6% |
| 家用电器 | 85.4% |

续表

| 商品种类 | 替代率 |
|---|---|
| 食品、饮料、烟酒、保健品 | 83.5% |
| 家庭日杂用品 | 82.6% |
| 保险、演出票务 | 81.6% |
| 服装、鞋帽、家用纺织品 | 79.8% |
| 其他数码产品 | 76.5% |
| 其他商品和服务 | 76.3% |
| 工艺品、收藏品 | 67.0% |

下面根据表 2-3 的数据绘制一张条形图，将商品种类一列的数据作为一组 $y$ 坐标，将替代率一列的数据作为 $x$ 坐标，通过条形图展示各商品种类的网购替代率，具体代码如下。

```
import numpy as np
import matplotlib.pyplot as plt
# 网购替代率
x = np.array([0.959, 0.951, 0.935, 0.924, 0.893, 0.892,
              0.865, 0.863, 0.860, 0.856, 0.854, 0.835,
              0.826, 0.816, 0.798, 0.765, 0.763, 0.67])
y = np.arange(1, 19)
# 商品种类
labels = ["家政、家教等生活服务", "飞机票、火车票", "家具",
          "手机、手机配件", "计算机及其配套产品", "汽车用品",
          "通信充值、游戏充值", "个人护理用品", "书报杂志及音像制品",
          "餐饮、旅游、住宿", "家用电器", "食品、饮料、烟酒、保健品",
          "家庭日杂用品", "保险、演出票务", "服装、鞋帽、家用纺织品",
          "其他数码产品", "其他商品和服务", "工艺品、收藏品"]
# 绘制条形
plt.barh(y, x, tick_label=labels, align="center", height=0.6)
plt.rcParams['font.sans-serif'] = ['SimHei']
plt.show()
```

运行代码，效果如图 2-13 所示。

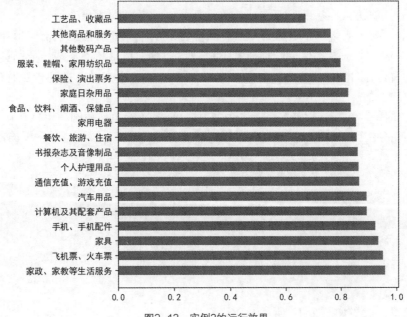

图2-13　实例3的运行效果

在图 2-13 中，x 轴代表网购替代率，y 轴代表商品种类。由图 2-13 可知，工艺品、收藏品的网购替代率最低，家政、家教等生活服务的网购替代率最高。

## 2.4　绘制堆积面积图

### 2.4.1　使用 stackplot()函数绘制堆积面积图

在堆积面积图中，图形整体看起来如同多个不同颜色的面积曲线相互叠放，并呈现出渐变的色彩效果，每个面积曲线代表不同的类别或者分组。需要注意的是，面积曲线是按照自下而上的顺序逐个堆叠的，因此先绘制的面积曲线位于底部，后绘制的面积曲线位于上方。

为了方便开发人员快速绘制堆积面积图，pyplot 模块中提供了一个快捷绘图函数 stackplot()，使用该函数能够根据数据绘制指定样式的面积曲线，之后将面积曲线绘制到当前的绘图区域，生成一张堆积面积图。stackplot()函数的语法格式如下。

```
stackplot(x, *args, labels=(), colors=None, baseline='zero',
          data=None, **kwargs)
```

上述函数中常用参数的含义如下。

① x：表示面积曲线的 x 坐标，取值是长度为 N 的一维数组。

② *args：表示面积曲线的 y 坐标，支持以如下两种形式传递值。

● 传递二维数组，二维数组的形状必须为 (M, N)，其内部的每行元素代表一组坐标。

● 传递多个一维数组，例如 stackplot(x, y1, y2, y3)，则会将 y1, y2, y3 作为三组 y 坐标，它们的长度必须为 N。

③ labels：用于指定每个面积曲线的标签。

④ baseline：用于指定堆积面积图的基线位置，该参数支持以下 4 个取值。

● 'zero'：默认值，基线位于零处，堆叠区域从零开始向上堆叠。

● 'sym'：表示基线位于数据的中线，堆叠区域从中线开始向上下两侧堆叠。

● 'wiggle'：表示基线根据数据的最小值动态调整，使得堆叠区域的波动最小化。

● 'weighted_wiggle'：基线根据数据的加权平均值动态调整，进一步优化堆叠区域的波动。

例如，使用 stackplot()函数绘制包含 3 个面积曲线的堆积面积图，具体代码如下。

```python
import numpy as np
import matplotlib.pyplot as plt
# 创建 4 个数组，分别表示面积曲线的 x 坐标和 y 坐标
x = np.arange(6)
y1 = np.array([1, 4, 3, 5, 6, 7])
y2 = np.array([1, 3, 4, 2, 7, 6])
y3 = np.array([3, 4, 3, 6, 5, 5])
# 绘制面积曲线
plt.stackplot(x, y1, y2, y3)
plt.show()
```

运行代码，效果如图 2-14 所示。

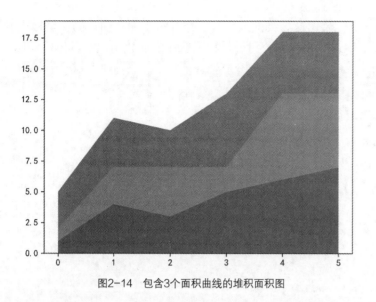

【扫描看图】

图2-14　包含3个面积曲线的堆积面积图

从图 2-14 中可以看出，绘图区域内部总共有 3 个面积曲线，它们是从 $x$ 轴开始逐个叠加的，底部的图形是最先绘制的，中间的图形在底部图形的基础上绘制，最上面的图形在中间图形的基础上绘制。

### 2.4.2　实例 4：物流公司物流费用统计

近些年我国的物流行业蓬勃发展，涌现了成千上万家物流公司。这些物流公司积极参与市场竞争，采取不同的策略吸引客户，其中一些公司采取了价格战的方式，以更低的价格吸引客户并争夺市场份额，这种竞争对于物流行业的整体发展起到了一定的推动作用。已知现在有 A、B、C 3 家物流公司，它们分别对公司去年每月的物流费用进行了统计，具体如表 2-4 所示。

表 2-4　A、B、C 物流公司的物流费用（万元）

| 月份 | A 公司 | B 公司 | C 公司 |
| --- | --- | --- | --- |
| 1 月 | 198 | 203 | 185 |
| 2 月 | 215 | 236 | 205 |
| 3 月 | 245 | 200 | 226 |
| 4 月 | 222 | 236 | 199 |
| 5 月 | 200 | 269 | 238 |
| 6 月 | 236 | 216 | 200 |
| 7 月 | 201 | 298 | 250 |
| 8 月 | 253 | 333 | 209 |
| 9 月 | 236 | 301 | 246 |
| 10 月 | 200 | 349 | 219 |
| 11 月 | 266 | 360 | 253 |
| 12 月 | 290 | 368 | 288 |

下面根据表 2-4 的数据绘制一张堆积面积图，将月份一列的数据作为面积曲线的 $x$ 坐

标，将 A 公司、B 公司、C 公司这 3 列的数据分别作为每个面积曲线的 $y$ 坐标，通过堆积面积图直观展示 A、B、C 这 3 家物流公司每月物流费用的变化情况，具体代码如下。

```python
import numpy as np
import matplotlib.pyplot as plt
plt.rcParams['font.sans-serif'] = ['SimHei']
x = np.array(['1月', '2月', '3月', '4月', '5月', '6月',
              '7月', '8月', '9月', '10月', '11月', '12月',])
# 创建 3 个数组，分别保存 A、B、C 公司的物流费用
y_a = np.array([198, 215, 245, 222, 200, 236, 201, 253,
                236, 200, 266, 290])
y_b = np.array([203, 236, 200, 236, 269, 216, 298, 333,
                301, 349, 360, 368])
y_c = np.array([185, 205, 226, 199, 238, 200, 250, 209,
                246, 219, 253, 288])
# 绘制 3 个面积曲线
plt.stackplot(x, y_a, y_b, y_c)
plt.show()
```

运行代码，效果如图 2-15 所示。

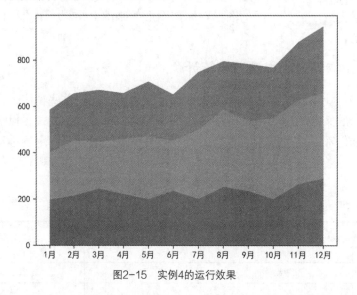

【扫描看图】

图2-15   实例4的运行效果

在图 2-15 中，$y$ 轴代表物流费用，面积曲线由下至上分别代表 A 公司、B 公司和 C 公司全年的物流费用。由图 2-15 可知，A 公司、B 公司和 C 公司的物流费用都呈现出阶段性上升和阶段性下降的趋势。

## 2.5   绘制直方图

### 2.5.1   使用 hist()函数绘制直方图

在直方图中，图形由一系列矩形组成，每个矩形表示数据的一个分组或区间，这些矩形的宽度代表每个分组的区间宽度，而矩形的高度表示该分组中数据的频数或频率。注意，每个矩形的宽度可以相等或不等，相邻矩形之间通常是没有间隔的。

为了方便开发人员快速绘制直方图，pyplot 模块中提供了一个快捷绘图函数 hist()，使用该函数将一组数据分成指定数量的区间，计算每个区间中数据的数量，根据数据的频数或频率绘制一组矩形，之后将这些矩形绘制到当前的绘图区域，生成一张直方图。hist() 函数的语法格式如下。

```
hist(x, bins=None, range=None, density=False, weights=None,
      cumulative=False, bottom=None, histtype='bar', align='mid',
      orientation='vertical', rwidth=None, log=False, color=None,
      label=None, stacked=False, *, data=None, **kwargs)
```

上述函数中常用参数的含义如下。

① x：表示直方图用到的数据，取值可以是一维数组，也可以是包含多个一维数组的序列，多个一维数组不需要具有相同的长度。

② bins：用于指定直方图的分箱方式，即将数据分成多少个区间以及每个区间的范围，该参数支持以下几种形式的取值。

● 整数：若参数 bins 的值是一个整数，则会将数据范围分成指定个数的等宽区间。

● 整数序列：若参数 bins 的值是一个序列，则会指定区间的边界。序列中的值表示区间的边界值，包括第一个区间的左边界和最后一个区间的右边界。注意，除了最后一个区间的右边界是闭合的，其余区间都是半开放的。例如，bins= [1,3, 6, 8] 会将数据范围分成 3 个不等宽的区间，第一个区间为 $[1, 3)$，第二个区间为 $[3, 6)$，第三个区间为 $[6, 8]$。

● 字符串：若参数 bins 的值是一个字符串，则它是 numpy.histogram_bin_edges 中定义的分箱策略。

③ None：默认值，表示 Matplotlib 内部按照默认的方式进行处理，即将数据分为 10 个等宽的区间，效果等同于 bins=10。

④ range：表示数据的范围，默认值为 None，表示使用数据的最小值和最大值作为范围。

⑤ histtype：表示直方图的类型，取值包括'bar'、'barstacked'、'step'和'stepfilled'共 4 种，其中'bar'为默认值，表示传统的直方图；'barstacked'表示堆积直方图；'step'表示未填充的线条直方图；'stepfilled'表示填充的线条直方图。

⑥ align：表示矩形的对齐方式，该参数支持的取值包括'left'、'mid'和'right'。'left'表示矩形左边与区间的左边界对齐；'mid'是默认值，表示矩形的中心与区间的中点对齐；'right'表示矩形右边与区间的右边界对齐。

⑦ orientation：表示矩形的摆放方式，默认值为'vertical'，即垂直摆放。

hist() 函数会返回一个包含 3 个元素的元组，该元组中的元素分别是 n、bins 和 patches，其中 n 是一个数组，它里面包含所有区间内数值的频数；bins 是一个一维数组，它里面包含所有区间的边界；patches 是一个列表，它里面包含所有矩形对象。若希望对直方图的一部分进行单独设置，则可以从返回值中找到相应的对象后进行处理。

例如，绘制具有 8 个矩形的直方图，具体代码如下。

```
import numpy as np
import matplotlib.pyplot as plt
# 创建一个包含 50 个随机数的数组
scores = np.random.randint(0, 100, 50)
# 绘制矩形，指定 8 个等宽区间，类型为填充的线条直方图
plt.hist(scores, bins=8, histtype='stepfilled')
plt.show()
```

运行代码，效果如图 2-16 所示。

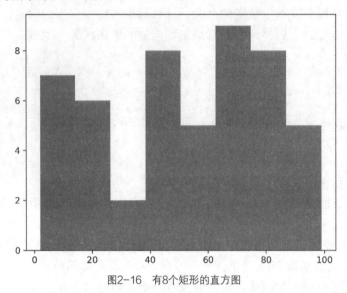

图2-16    有8个矩形的直方图

在图 2-16 中，绘图区域中总共有 8 个被填充了颜色的矩形，每个矩形的宽度对应一个区间，矩形的高度代表这个区间内数值出现的频数。注意，由于 $x$ 轴上方的刻度标签与矩形不匹配，导致用户无法准确地分辨出每个矩形对应区间的具体范围，此问题会在第 3 章学完设置刻度标签的内容后解决。

### 2.5.2　实例 5：人脸识别的灰度直方图

人脸识别技术是一种生物特征识别技术，它从装有摄像头的终端设备拍摄的人脸图像中抽取人的个性化特征，以此来识别人的身份。灰度直方图便是实现人脸识别的方法之一，它通过统计数字图像中不同灰度级别的像素出现的频率来描述图像的灰度分布情况，灰度级别表示像素的亮度值，0 代表黑色，255 代表白色，中间的值表示不同程度的灰色。

假设现在有 300 个 0～256 之间的随机整数，将这些随机整数作为灰度级别，根据这些灰度级别绘制一个灰度直方图，模拟人脸识别的结果，具体代码如下。

```
1    import numpy as np
2    import matplotlib.pyplot as plt
3    # 生成 300 个随机整数，随机整数的范围为 0～256
4    random_numbers = np.random.randint(0, 256, size=300)
5    # 绘制矩形，矩形的数量是 10
6    plt.hist(random_numbers, bins=10)
7    plt.show()
```

上述代码中，第 4 行代码通过 np.random 模块调用 randint() 函数创建了一组随机整数，这组随机整数的范围为 0～256，数量为 300 个。第 6 行代码调用 hist() 函数根据随机整数绘制了直方图，直方图中共有 10 个矩形。

运行代码，效果如图 2-17 所示。

在图 2-17 中，$x$ 轴代表灰度级别，$y$ 轴代表特定灰度级别的像素出现的频率。由图 2-17 可知，灰度级别位于 25～100 的像素相对较多。

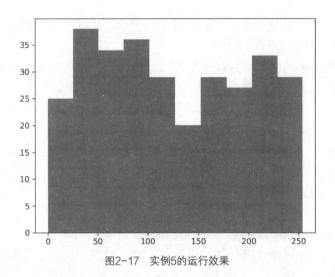

图2-17　实例5的运行效果

## 2.6　绘制饼图或圆环图

### 2.6.1　使用 pie()函数绘制饼图或圆环图

饼图和圆环图都是用于展示数据占比的图表，其中饼图将数据按照比例划分成多个扇区，每个扇区的角度大小表示数据的比例，这些扇区可以按照顺时针或逆时针方向排列，以形成一个完整的圆形。圆环图在饼图的基础上添加了一个内圆，形成一个圆环的结构。

为了方便开发人员快速绘制饼图或圆环图，pyplot 模块中提供了一个绘图函数 pie()，使用该函数能够根据提供的数据自动计算每个扇区在整个圆形中所占的比例，按照一定的顺序依次绘制各个扇区，并选择是否添加内径。pie()函数的语法格式如下。

```
pie(x, explode=None, labels=None, colors=None, autopct=None,
    pctdistance=0.6, shadow=False, labeldistance=1.1, startangle=0,
    radius=1, counterclock=True, wedgeprops=None, textprops=None,
    center=(0, 0), frame=False, rotatelabels=False, *,
    normalize=True, hatch=None, data=None)
```

上述函数中常用参数的含义如下。

① x：表示每个扇区的数值，该参数接收一个一维数组或列表。

② explode：表示扇区偏离圆心的距离，默认值为 None，表示所有扇区都不分离。如果希望扇区分离，则可以传入一个长度与 x 相等的数组或列表，数组或列表中的每个元素代表偏离圆心的距离，元素的值可以是浮点数或布尔值，浮点数表示扇形与圆心之间偏离距离的比例。

③ labels：表示每个扇区对应的标签。

④ autopct：表示扇区上显示的数据标签，此标签可通过格式字符串指定保留小数的位数。例如，数据标签'%.1f%%'表示保留一位小数的百分比。

⑤ pctdistance：表示扇区对应的数据标签距离圆心的比例，默认值为 0.6。

⑥ shadow：表示是否为饼图添加阴影，默认值为 False，即不添加阴影。

⑦ labeldistance：表示标签与饼图中心的距离，是指标签和饼图中心的距离与饼图半径的比例，默认值为 1.1。

⑧ startangle：表示起始角度，也就是说第一个扇区从哪个角度开始绘制，默认值为 0，即从三点钟方向沿着逆时针方向绘制。

⑨ radius：表示饼图的半径，默认值为 1。该参数的值可以设置为绝对长度，也可以设置为相对于整个绘图区域的比例。

⑩ wedgeprops：表示控制扇区属性的字典。例如，通过 wedgeprops={'width': 0.7}将圆环的内径设置为 0.7，即圆环图中内圆的半径是外圆半径的 0.7 倍。

pie()函数会返回 3 个变量 patches、texts、autotexts，其中变量 patches 的值是一个包含 Wedge 对象的列表，它保存了饼图中所有的扇区，每个扇区对应一个 Wedge 对象；变量 texts 的值是一个包含 Text 对象的列表，它保存了饼图中所有的标签；变量 autotexts 的值也是一个包含 Text 对象的列表，它保存了饼图中所有的数据标签。用户可以根据需求从这些列表中获取指定位置的扇区对象或标签，并对其进行单独设置。

接下来，使用 pie()函数快速绘制一个有 6 个扇区的饼图，具体代码如下。

```
1   import numpy as np
2   import matplotlib.pyplot as plt
3   # 每个扇区的数值
4   pie_data = np.array([20, 50, 10, 15, 30, 55])
5   # 每个扇区的标签
6   pie_labels = np.array(['A', 'B', 'C', 'D', 'E', 'F'])
7   # 处理百分比总和偏离 100 的情况
8   total = pie_data.sum()
9   percentages = np.round(pie_data / total * 100, 1)
10  percentages[-1] = 100 - percentages[:-1].sum()
11  # 绘制图形，半径为 1.5，标签的数值是保留 1 位小数的百分比
12  plt.pie(percentages, radius=1.5, labels=pie_labels, autopct='%.1f%%')
13  plt.show()
```

上述代码中，第 4 行代码创建了一个包含 6 个元素的数组，表示每个扇区的数值。第 6 行代码创建了一个包含 6 个元素的数组，表示每个扇区对应的标签。第 8~10 行代码用于处理饼图中百分比总和偏离 100 的情况，其中第 8 行代码用于计算数值的和，第 9 行代码分别计算每个扇区对应的百分比值，并将百分比值四舍五入到小数点后一位，第 10 行代码手动调整最后一个扇区对应的百分比值，使它等于 100 减去前面几个百分比的结果，以确保所有百分比的总和等于 100。第 12 行代码调用 pie()函数绘制图形，该函数中参数 radius 的值为 1.5，说明饼图的半径为 1.5；参数 autopct 的值为'%.1f%%'，说明标签里面的文本是百分比，且百分比的数值保留一位小数。

运行代码，效果如图 2-18 所示。

【扫描看图】

在图 2-18 中，标签为 A 的扇区是绘制的第一个扇区，沿着逆时针方向依次绘制了其他

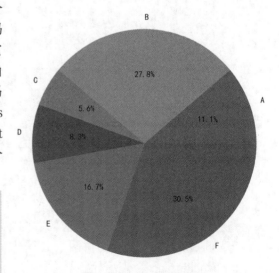

图2-18　有6个扇区的饼图

标签对应的扇区。每个扇区的中心位置显示其所占的百分比，百分比数值保留一位小数。

　　如果希望将上面的饼图转换为圆环图，直接给饼图添加一个内圆即可，要想实现这个效果，则可以通过参数 wedgeprops 设置圆环的内径。接下来，使用 pie() 函数绘制一个圆环图，具体代码如下。

```
1   import numpy as np
2   import matplotlib.pyplot as plt
3   # 每个扇区的数值
4   pie_data = np.array([20, 50, 10, 15, 30, 55])
5   # 每个扇区的标签
6   pie_labels = np.array(['A', 'B', 'C', 'D', 'E', 'F'])
7   # 处理百分比总和偏离 100 的情况
8   total = pie_data.sum()
9   percentages = np.round(pie_data / total * 100, 1)
10  percentages[-1] = 100 - percentages[:-1].sum()
11  # 绘制图形，设置圆环的内径为 0.7，标签距离圆心的比例为 0.75
12  plt.pie(percentages, radius=1.5, labels=pie_labels, autopct='%.1f%%',
13          wedgeprops={'width': 0.7}, pctdistance=0.75)
14  plt.show()
```

　　上述代码中，第 12～13 行代码调用 pie() 函数绘制图形，该函数中参数 wedgeprops 的值为{'width': 0.7}，说明圆环的内径为 0.7；参数 pctdistance 的值为 0.75，说明百分比形式的数据标签距离圆心的比例为 0.75，即数据标签到圆心的距离为饼图半径的 0.75 倍，这样做是为了调整数据标签的位置，使数据标签能够显示在图形的中间位置。

　　运行代码，效果如图 2-19 所示。

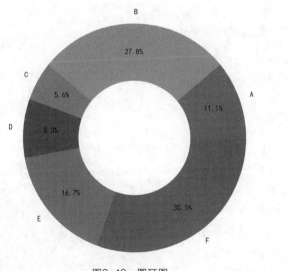

图2-19　圆环图

【扫描看图】

### 2.6.2　实例 6：支付宝账单年度分析

　　移动支付 App 的出现改变了人们的消费习惯和生活方式，人们购物、转账、缴纳费用都可以方便地通过手机进行。支付宝是人们使用较多的移动支付 App，它提供了账单年度分析功能，使用饼图直观展示用户全年的消费明细，方便用户了解自己在一年内的消费状况。例如，用户小明全年使用支付宝的消费明细如表 2-5 所示。

表 2-5　用户小明全年使用支付宝的消费明细

| 支出分类 | 金额（元） |
|---|---|
| 服饰装扮 | 2000 |
| 转账红包 | 3000 |
| 餐饮美食 | 10000 |
| 充值缴费 | 600 |
| 日用百货 | 3000 |
| 交通出行 | 2300 |
| 文化休闲 | 1500 |
| 其他 | 300 |

　　下面根据表 2-5 的数据绘制一张饼图，将支出分类一列的数据作为饼图的标签，将支出分类对应的金额作为饼图的数据，通过饼图直观展示用户小明全年使用支付宝消费的具体情况，具体代码如下。

```python
1   import numpy as np
2   import matplotlib.pyplot as plt
3   plt.rcParams['font.sans-serif'] = ['SimHei']
4   # 支出分类
5   kinds = ['服饰装扮', '转账红包', '餐饮美食', '充值缴费', '日用百货',
6            '交通出行', '文化休闲', '其他']
7   # 支出分类对应的金额
8   money_scale = np.array([2000, 3000, 10000, 600, 3000, 2300, 1500, 300])
9   # 扇区偏离圆心的距离
10  dev_position = [0.1, 0.1, 0.1, 0.1, 0.1, 0.1, 0.1, 0.1]
11  # 处理百分比总和偏离 100 的情况
12  total = money_scale.sum()
13  percentages = np.round(money_scale / total * 100, 1)
14  percentages[-1] = 100 - percentages[:-1].sum()
15  # 绘制图形
16  plt.pie(percentages, labels=kinds, autopct='%.1f%%', shadow=True,
17          explode=dev_position, startangle=90)
18  plt.show()
```

　　上述代码中，第 5 行代码创建了一个列表，用于保存所有的支出分类；第 8 行代码创建了一个列表，用于保存所有支出分类对应的金额；第 10 行代码创建了一个列表，用于保存扇区偏离圆心的距离，每个距离都是相等的；第 16～17 行代码调用pie()函数绘制了饼图，该函数中的参数shadow 的值为 True，用于为饼图添加阴影，参数 startangle 的值为 90，用于将饼图的起始角度设置为 90，也就是说从 90 度方向开始绘制第一个扇区。

　　运行代码，效果如图2-20 所示。

【扫描看图】

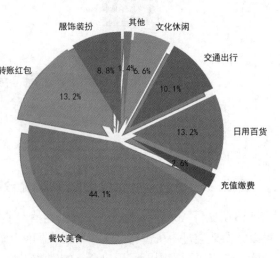

图2-20　实例6的运行效果

在图 2-20 中，每个分类对应一个偏离圆心的扇区，扇区中心显示了其所占的百分比。由图 2-20 可知，餐饮美食对应的扇区角度最大，说明餐饮美食分类的支出在全年总支出中所占的比例最大，具体为 44.1%；其他对应的扇区角度最小，说明其他分类的支出在全年总支出中所占的比例最小，具体为 1.4%。

## 2.7　绘制散点图或气泡图

### 2.7.1　使用 scatter()函数绘制散点图或气泡图

散点图和气泡图都用于展示变量之间的关系，但它们的展示方法有所不同。在散点图中，图形由一组或多组离散的数据点组成，每组数据点的大小是相等的，且它们的位置是根据两个变量的值确定的；在气泡图中，图形也是由一组或多组离散的数据点组成的，但每个数据点的大小是不相等的，通常用于表示第三个变量的值，数据点越大则说明其对应的第三个变量的值越大。

为了方便开发人员快速绘制散点图或气泡图，pyplot 模块中提供了一个快捷绘图函数 scatter()，使用该函数可根据数据绘制指定大小的数据点，将数据点添加到当前画布的绘图区域，生成一张散点图或气泡图。scatter()函数的语法格式如下。

```
scatter(x, y, s=None, c=None, marker=None, cmap=None, norm=None,
        vmin=None, vmax=None, alpha=None, linewidths=None, *,
        edgecolors=None, plotnonfinite=False, data=None, **kwargs)
```

上述函数中常用参数的含义如下。

① x、y：表示数据点的位置，这两个参数接收一维数组或序列。

② s：表示数据点的大小，默认值为 None，即未显示指定数据点的大小，此时将使用 Matplotlib 预先设置的固定大小。如果要自定义数据点的大小，则可以给该参数传入一个固定数值或数组；若该参数的值是一个固定数值，则会将所有数据点设置为指定的大小，此时所有数据点的大小相等；若该参数的值是一个与 x 或 y 长度相等的数组，则数据点的大小由数组的元素确定。

③ marker：表示数据点的标记样式，默认使用的标记样式为圆点。

④ alpha：表示数据点的透明度，取值范围为 0~1，默认值为 1，表示完全不透明，0 表示完全透明。

⑤ linewidths：表示数据点的描边宽度，默认使用的描边宽度为 1.5。

⑥ edgecolors：表示数据点边缘的颜色，默认使用的颜色为数据点的填充颜色。

例如，使用 scatter()函数绘制一组数据点生成一个散点图，具体代码如下。

```
import numpy as np
import matplotlib.pyplot as plt
x = np.random.rand(20)
y = np.random.rand(20)
# 根据 x 和 y 绘制数据点
plt.scatter(x, y)
plt.show()
```

再如，使用 scatter()函数绘制一组数据点生成一个气泡图，具体代码如下。

```
import numpy as np
import matplotlib.pyplot as plt
```

```
x = np.random.rand(20)
y = np.random.rand(20)
area = (30 * np.random.rand(20))**2
# 根据 x 和 y 绘制数据点，指定数据点的大小
plt.scatter(x, y, s=area)
plt.show()
```

分别运行代码，效果如图 2-21 所示。

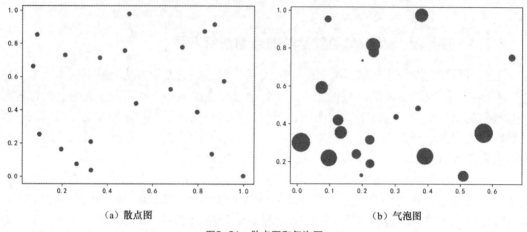

（a）散点图　　　　　　　　　　　　　　　　　（b）气泡图

图2-21　散点图和气泡图

从图 2-21（a）中可以看出，绘图区域内部总共有 20 个数据点，每个数据点的位置是随机的，大小是相等的；从图 2-21（b）中可以看出，绘图区域内部总共也有 20 个数据点，每个数据点的位置是随机的，大小是不相等的。

### 2.7.2　实例 7：汽车速度与制动距离的关系

汽车的制动距离主要取决于车速，若车速增加 1 倍，则汽车的制动距离将增大至近 4 倍。为了了解汽车速度和汽车的制动距离的关系，某机构使用同一汽车进行了测试，并分别记录了该汽车在不同车速下产生的制动距离，具体如表 2-6 所示。

表 2-6　汽车的车速与制动距离

| 车速（km/h） | 制动距离（m） | 车速（km/h） | 制动距离（m） |
| --- | --- | --- | --- |
| 10 | 0.5 | 110 | 59.5 |
| 20 | 2.0 | 120 | 70.8 |
| 30 | 4.4 | 130 | 83.1 |
| 40 | 7.9 | 140 | 96.4 |
| 50 | 12.3 | 150 | 110.7 |
| 60 | 17.7 | 160 | 126.0 |
| 70 | 24.1 | 170 | 142.2 |
| 80 | 31.5 | 180 | 159.4 |
| 90 | 39.9 | 190 | 177.6 |
| 100 | 49.2 | 200 | 196.8 |

根据表 2-6 的数据绘制一张散点图，将车速（km/h）和制动距离（m）两列的数据分

别作为数据点的 *x* 坐标和 *y* 坐标，通过散点图直观展示汽车速度与制动距离之间的关系，具体代码如下。

```
1   import numpy as np
2   import matplotlib.pyplot as plt
3   plt.rcParams['font.sans-serif'] = 'SimHei'
4   # 创建两个数组，分别表示速度和制动距离
5   x_speed = np.arange(10, 210, 10)
6   y_distance = np.array([0.5, 2.0, 4.4, 7.9, 12.3, 17.7, 24.1, 31.5,
7                          39.9, 49.2, 59.5, 70.8, 83.1, 96.4, 110.7,
8                          126.0, 142.2, 159.4, 177.6, 196.8])
9   # 绘制数据点
10  plt.scatter(x_speed, y_distance, s=50, alpha=0.9)
11  plt.show()
```

上述代码中，第 10 行代码调用 scatter()函数绘制了数据点，该函数中参数 s 的值为 50，用于指定数据点的大小为 50；参数 alpha 的值为 0.9，用于指定数据点的透明度为 0.9。

运行代码，效果如图 2-22 所示。

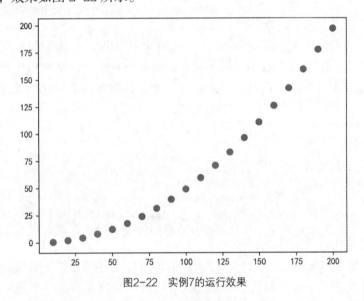

图2-22　实例7的运行效果

在图 2-22 中，*x* 轴代表车速，*y* 轴代表制动距离。由图 2-22 可知，恒定条件下，制动距离随着车速的增大而增加。

## 2.8　绘制箱形图

### 2.8.1　使用 boxplot()函数绘制箱形图

箱形图常用于展示数据集的分布、离群值和整体趋势，特别适合比较不同类别或分组之间的数据分布情况。箱形图主要包括矩形箱体、中位数线、上须线和下须线、异常值，具体如图 2-23 所示。

关于图 2-23 中各部分的介绍如下。

● **矩形箱体**：箱形图的核心部分，表示数据的中间范围，即数据的下四分位数（Q1）

到上四分位数（Q3）之间的值，对应箱体的高度，箱体的上边界表示上四分位数，下边界表示下四分位数。

● 中位数线：中位数是数据的中间值，即数据的二分位数，通常在箱体内部用一条横线表示。

● 上须线和下须线：须是从箱体两端延伸出的线段，用来表示数据的整体范围。其中上须线一般是从上四分位数开始延伸 1.5 倍的四分位距（IQR，Interquartile Range，表示一组数据中上四分位数与下四分位数之间的距离），下须线一般是从下四分位数开始延伸 1.5 倍的四分位距。

● 异常值：超过须范围的个别数据点被认为是异常值，通常用圆形符号标记出来。

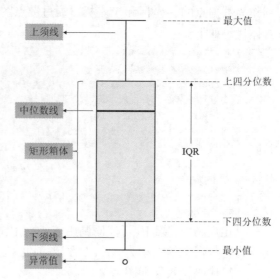

图2-23　箱形图中图形的基本结构

为了方便开发人员快速绘制箱形图，pyplot 模块中提供了一个快捷绘图函数 boxplot()，使用该函数可根据一组或多组数据计算出每个图形的位置，并计算出每组数据的最小值、最大值、上四分位数、下四分位数、中位数这几个统计指标，根据这些统计指标绘制相应的图形，之后将图形添加到当前绘图区域，生成一张箱形图。boxplot()函数的语法格式如下。

```
boxplot(x, notch=None, sym=None, vert=None, whis=None, positions=None,
        widths=None, patch_artist=None, bootstrap=None,
        usermedians=None, conf_intervals=None, meanline=None,
        showmeans=None, showcaps=None, showbox=None, showfliers=None,
        boxprops=None, labels=None, flierprops=None,
        medianprops=None, meanprops=None, capprops=None,
        whiskerprops=None, manage_ticks=True, autorange=False,
        zorder=None, capwidths=None, *, data=None)
```

上述函数中常用参数的含义如下。

① x：表示要绘制箱形图的数据，该参数取值可以为一维数组、数值列表、二维数组等。如果该参数的值是一个二维数组，则会为 x 中的每列数据绘制一个图形。

② sym：表示异常值对应的符号，默认使用的符号为空心圆圈。

③ vert：表示是否将矩形箱体垂直摆放，默认值为 None，表示垂直摆放。

④ whis：表示箱形图上须线和下须线与上下四分位数的距离，默认为 1.5 倍的四分位距。如果取值为一个浮点数，则上须线的位置为 Q3+whis*（Q3-Q1），下须线的位置为 Q1-wis*（Q3-Q1）。

⑤ widths：表示箱体的宽度，默认宽度为 0.5，即箱体的宽度占据绘图区域的一半。

⑥ patch_artist：表示是否填充箱体的颜色，默认不填充箱体的颜色。

⑦ meanline：表示是否显示平均值的线，默认不显示平均值的线。

⑧ showcaps：表示是否显示箱体顶部和底部的须线，默认显示须线。

⑨ showbox：表示是否显示箱体，默认显示箱体。

⑩ showfliers：表示是否显示异常值，默认显示异常值。

例如，使用 boxplot()函数绘制包含一个图形的箱形图，具体代码如下。

```
1    import numpy as np
2    import matplotlib.pyplot as plt
3    data = np.random.randint(1, 300, 100)
4    # 绘制图形, 箱体宽度为 0.3, 有填充颜色, 水平摆放
5    plt.boxplot(data, widths=0.3, patch_artist=True, vert=False)
6    plt.show()
```

上述代码中, 第 3 行代码调用 np.random 模块的 randint() 函数生成一个包含 100 个随机数的数组, 这些随机数位于 1 ~ 300 之间, 第 5 行代码调用 boxplot() 函数绘制图形, 该函数中参数 widths 的值为 0.3, 说明矩形箱体的宽度是绘图区域宽度的 0.3 倍; 参数 patch_artist 的值为 True, 说明为矩形箱体填充颜色; 参数 vert 的值为 False, 说明将矩形箱体水平摆放。

运行代码, 效果如图 2-24 所示。

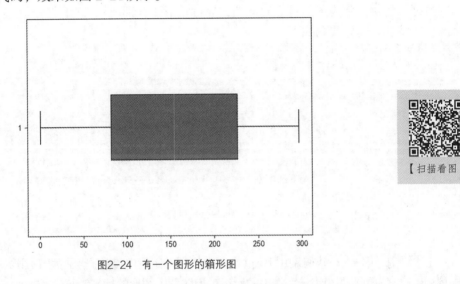

【扫描看图】

图2-24　有一个图形的箱形图

在图 2-24 中, 绘图区域内部有一个水平摆放的箱体, 箱体被填充了颜色, 它的中心有一条中位线。

### 2.8.2　实例 8: 2021 年和 2022 年全国发电量统计

统计全国发电量可以帮助政府和能源部门了解国家的能源供需状况。通过分析发电量的变化趋势和结构, 可以评估能源供应的稳定性和可持续性, 为未来的能源规划提供指导。已知 2021 年和 2022 年统计的全国发电量如表 2-7 所示。注: 国家统计局的相关数据没有 1 月和 2 月的全国发电量数据。

表 2-7　2021 年和 2022 年统计的全国发电量

| 2021 年 | | 2022 年 | |
| --- | --- | --- | --- |
| 月份 | 发电量 (亿千瓦时) | 月份 | 发电量 (亿千瓦时) |
| 3 月 | 6579.0 | 3 月 | 6701.7 |
| 4 月 | 6230.1 | 4 月 | 6085.7 |
| 5 月 | 6478.4 | 5 月 | 6410.2 |
| 6 月 | 6860.5 | 6 月 | 7090.3 |
| 7 月 | 7586.2 | 7 月 | 8059.2 |

续表

| 2021 年 | | 2022 年 | |
| --- | --- | --- | --- |
| 月份 | 发电量（亿千瓦时） | 月份 | 发电量（亿千瓦时） |
| 8 月 | 7383.5 | 8 月 | 8248.0 |
| 9 月 | 6751.2 | 9 月 | 6830.0 |
| 10 月 | 6393.5 | 10 月 | 6610.0 |
| 11 月 | 6540.4 | 11 月 | 6666.7 |
| 12 月 | 7233.7 | 12 月 | 7578.5 |

下面根据表 2-7 的数据绘制一张箱形图，将发电量（亿千瓦时）这两列的数据作为箱形图的数据，将年份作为图形对应的类别，通过箱形图分别展示 2021 年和 2022 年全国发电量的分布情况，具体代码如下。

```
1  import numpy as np
2  import matplotlib.pyplot as plt
3  plt.rcParams['font.family'] = 'SimHei'
4  # 2021 年的全国发电量
5  power_2021 = np.array([6579.0, 6230.1, 6478.4, 6860.5, 7586.2,
6                         7383.5, 6751.2, 6393.5, 6540.4, 7233.7])
7  # 2022 年的全国发电量
8  power_2022 = np.array([6701.7, 6085.7, 6410.2, 7090.3, 8059.2,
9                         8248.0, 6830.0, 6610.0, 6666.7, 7578.5])
10 # 根据发电量的数据绘制两个图形
11 plt.boxplot([power_2021, power_2022], labels=('2021 年', '2022 年'),
12             widths=0.5, vert=False, patch_artist=True, sym='')
13 plt.show()
```

上述代码中，第 11 行代码调用 boxplot()函数根据两组发电量数据绘制两个图形，该函数中参数 labels 的值为包含两个年份字符串的元组，说明两个图形的标签为年份；参数 vert 的值为 False，说明所有矩形箱体水平摆放；参数 patch_artist 的值为 True，说明矩形箱体将被填充颜色；参数 sym 的值为空字符串，说明矩形箱体中须线的左右两侧不会使用任何符号标记出异常值。

运行代码，效果如图 2-25 所示。

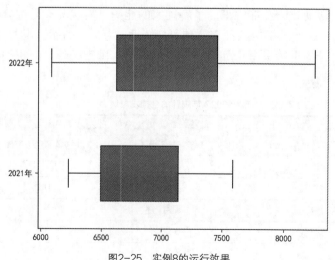

图2-25 实例8的运行效果

在图 2-25 中，$x$ 轴代表发电量（亿千瓦时），$y$ 轴代表年份，水平摆放的矩形箱体的宽度代表数据的中间范围，箱体内部的竖线代表中位数，箱体左右两侧的须线代表最小值与最大值。由图 2-25 可知，2021 年的全国发电量大约集中分布在 6500 亿～7100 亿千瓦时范围内，2022 年的全国发电量大约集中分布在 6600 亿～7500 亿千瓦时范围内。

## 2.9　绘制雷达图

### 2.9.1　使用 polar()函数绘制雷达图

雷达图是一种用于可视化多个变量之间关系的图表，它并没有使用传统的直角坐标系表示数据，而是使用极坐标系表示数据。在雷达图中，中心点为极坐标的极点，从中心向外辐射出多个轴线，每个轴线代表一个变量。在各个轴线上标记数据点，并将所有的数据点连接起来形成一个多边形区域，用于表示各个变量的相对大小或比较不同数据集之间的差异。

雷达图主要由极坐标系、数据点、连接线和标签组成，具体如图 2-26 所示。

关于图 2-26 中各组成部分的介绍如下。

● 极坐标系：极坐标系是一种二维坐标系统，它使用角度和距离来表示点的位置。与传统的直角坐标系不同，极坐标系将点的位置描述为极径和极角的组合。极径表示点到极点的距离，而极角表示点与某个参考轴之间的夹角。为了帮助大家更好地理解极坐标，接下来通过一张图描述极坐标系，具体如图 2-27 所示。

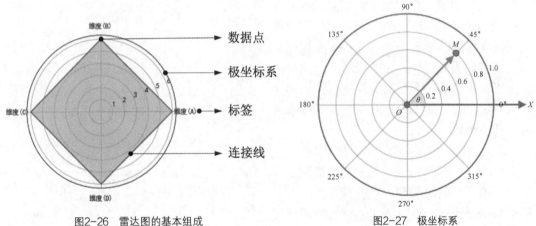

图2-26　雷达图的基本组成　　　　　图2-27　极坐标系

在图 2-27 中，点 $O$ 称为极点，从 $O$ 辐射的射线 $Ox$ 称为极轴，这条水平轴线通常被作为参考轴，其他轴线从极点向外辐射，每条轴线代表不同的角度。$M$ 是坐标系中任意一个数据点，线段 $OM$ 是 $M$ 点的极径，$OM$ 到 $Ox$ 的角度 $\theta$ 是 $M$ 点的极角，通过极径和极角可以唯一确定 $M$ 点的位置。

● 数据点：在各个轴线上根据数据的数值大小标记相应的数据点。数据点的位置表示变量的数值大小，距离极点越远表示数值越大。

● 连接线：将各个数据点按照顺序连接起来，形成一个多边形区域。连接线可以帮助用户清晰地看到数据点之间的关系和整体形状。

● 标签：每个轴线上通常会有相应的标签，用于标识变量的名称或含义。标签可以帮助用户理解各个轴线代表的是什么变量。

为了方便开发人员快速绘制雷达图，pyplot 模块中提供了一个快捷绘图函数 polar()，使用该函数可在当前绘图区域创建一个极坐标系，根据极径和极角将数据点绘制在极坐标系的指定位置，默认将所有数据点相互连接形成多边形，生成一张雷达图。polar()函数的语法格式如下。

```
polar(theta, r, **kwargs)
```

上述函数中常用参数的含义如下。

① theta：表示极角的数组或序列，用于指定数据点在极坐标系中的夹角，单位为弧度。

② r：表示极径的数组或序列，用于指定数据点在极坐标系中的位置。如果参数 r 的取值为二维数组，则会将二维数据中每一行作为数据点，每一列作为极径。

③ **kwargs：表示可选的关键字参数，用于进一步控制图形的属性。

例如，使用 polar()函数快速绘制一个雷达图，具体代码如下。

```
1   import numpy as np
2   import matplotlib.pyplot as plt
3   plt.rcParams['font.family'] = 'SimHei'
4   theta1 = np.array([0, np.pi/2, np.pi, 3*np.pi/2, 0]) # 数据点的极角
5   r1 = np.array([6, 6, 6, 6, 6]) # 数据点的极径
6   # 绘制数据点，将所有数据点相互连接形成多边形
7   plt.polar(theta1, r1)
8   plt.show()
```

上述代码中，第 4~5 行代码创建了两个数组 theta1 和 r1，分别表示数据点的极角和极径，第 7 行代码调用 polar()函数将数据点绘制到极坐标系的指定位置，并将所有数据点相互连接形成多边形。为了能够绘制闭合的多边形，使最后一个数据点能够连接到第一个数据点，这里将 theta1 和 r1 的末尾元素设置为开头元素。

运行代码，效果如图 2-28 所示。

由图 2-28 可知，极坐标系上方显示了一个没有填充颜色的菱形，且没有标签。若希望给数据点所在的轴线添加标签，可以通过 thetagrids()函数完成。thetagrids()函数的语法格式如下。

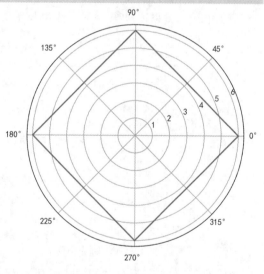

图2-28　无标签的雷达图

```
thetagrids(angles=None, labels=None, fmt=None, **kwargs)
```

上述函数中常用参数的含义如下。

① angles：用于指定标签在极坐标系中的角度，取值可以为包含角度值的数组或序列。

② labels：用于指定每个轴线的标签，取值可以为包含字符串或 None 的数组或序列。

例如，在前面的雷达图中给每个轴线添加标签，增加的代码如下。

```
# 轴线的标签
radar_labels = np.array([None, '维度(B)', '维度(C)', '维度(D)', '维度(A)'])
# 给轴线添加标签
plt.thetagrids(theta1 * 180/np.pi, radar_labels)
```

上述代码中，首先创建了一个数组 radar_labels，表示每个轴线的标签，由于 radar_labels 包含 5 个夹角，所以 radar_labels 也需要包含 5 个标签，这里将第一个标签设置为 None，然后调用 thetagrids()函数给轴线添加标签。该函数中传入的第一个参数为 theta1 * 180/np.pi，用于将弧度转换成角度；传入的第二个参数为 radar_labels，用于指定轴线的标签。

运行代码，效果如图 2-29 所示。

由图 2-29 可知，每个轴线对应一个标签。为了突出多边形的形状，通常情况下会给多边形填充颜色，可以通过 fill()函数完成。例如，使用 fill()函数给该雷达图的多边形填充颜色，具体代码如下。

【扫描看图】

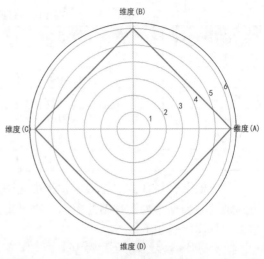

图2-29　有标签的雷达图

```
# 填充多边形
plt.fill(theta1, r1, alpha=0.3)
```

上述代码调用 fill()函数为有标签的雷达图填充多边形，该函数中传入的前两个参数为 theta1 和 r1，分别表示要填充多边形区域的极角和极径；传入 alpha 参数的值为 0.3，说明多边形的透明度为 0.3。

运行代码，效果如图 2-30 所示。

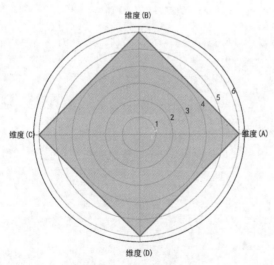

【扫描看图】

图2-30　填充颜色的雷达图

由图 2-30 可知，多边形被填充为默认的颜色。

### 2.9.2　实例 9：霍兰德职业兴趣测试

霍兰德职业兴趣测试是职业指导专家霍兰德根据他本人大量的职业咨询经验及其职业类型理论编制的测评工具。霍兰德认为个人职业兴趣特性与职业之间应有一种内在的对应关系，他根据个人兴趣的不同将人格分为 6 个维度，分别是研究型（I）、艺术型（A）、社会型

（S）、企业型（E）、传统型（C）和现实型（R），每个人的性格都是这 6 个维度不同程度的组合。已知有 6 名用户进行了霍兰德职业兴趣测试，最终得到的测试结果如表 2-8 所示。

表 2-8　6 名用户进行霍兰德职业兴趣测试的结果

| 维度 | 用户 1 | 用户 2 | 用户 3 | 用户 4 | 用户 5 | 用户 6 |
|---|---|---|---|---|---|---|
| 研究型（I） | 0.40 | 0.32 | 0.35 | 0.30 | 0.30 | 0.88 |
| 艺术型（A） | 0.85 | 0.35 | 0.30 | 0.40 | 0.40 | 0.30 |
| 社会型（S） | 0.43 | 0.89 | 0.30 | 0.28 | 0.22 | 0.30 |
| 企业型（E） | 0.30 | 0.25 | 0.48 | 0.85 | 0.45 | 0.40 |
| 传统型（C） | 0.20 | 0.38 | 0.87 | 0.45 | 0.32 | 0.28 |
| 现实型（R） | 0.34 | 0.31 | 0.38 | 0.40 | 0.92 | 0.28 |

　　下面根据表 2-8 的数据绘制一张雷达图，将维度一列的数据作为雷达图中轴线的标签，将其余列的数据作为雷达图的数据，通过雷达图展示 6 名用户进行霍兰德职业兴趣测试的结果，具体代码如下。

```
1   import numpy as np
2   import matplotlib.pyplot as plt
3   plt.rcParams['font.family'] = 'SimHei'
4   # 标签
5   radar_labels = ['研究型(I)', '艺术型(A)', '社会型(S)',
6                    '企业型 (E)', '传统型(C)', '现实型 (R)']
7   # 6个用户的测试结果
8   data = np.array([[0.40, 0.32, 0.35, 0.30, 0.30, 0.88],
9                     [0.85, 0.35, 0.30, 0.40, 0.40, 0.30],
10                    [0.43, 0.89, 0.30, 0.28, 0.22, 0.30],
11                    [0.30, 0.25, 0.48, 0.85, 0.45, 0.40],
12                    [0.20, 0.38, 0.87, 0.45, 0.32, 0.28],
13                    [0.34, 0.31, 0.38, 0.40, 0.92, 0.28]])
14  # 极角
15  angles = np.linspace(0, 2 * np.pi, len(radar_labels), endpoint=False)
16  angles = np.concatenate((angles, [angles[0]]))
17  data = np.concatenate((data, [data[0]]))
18  radar_labels = np.concatenate((radar_labels, [radar_labels[0]]))
19  # 绘制多边形
20  plt.polar(angles, data)
21  # 给轴线添加标签
22  plt.thetagrids(angles * 180 / np.pi, labels=radar_labels)
23  # 填充多边形
24  plt.fill(angles, data, alpha=0.25)
25  plt.show()
```

　　上述代码中，第 5～6 行代码创建了一个列表 radar_labels，表示轴线的标签，第 8～13 行代码创建了一个二维数组 data，该数组中总共有 6 列元素，每一列的元素分别对应一个用户的测试结果。

　　第 15 行代码调用 linspace()函数用于生成等间隔的数值序列 angles，表示极角，该函数中传入的第一个参数的值为 0，说明序列的起始值为 0；第二个参数的值为 2 * np.pi，说明序列的结束值为 $2\pi$；第三个参数的值为 len(radar_labels)，说明序列中元素的数量为 6；参数 endpoint 的值为 False，说明序列不包含结束值。

第 16~18 行代码调用 concatenate()函数分别给 radar_labels、data 和 angles 在末尾添加一个与开头位置相同的元素，这样可以将起始的数据点与结尾的数据点连接起来，绘制一个闭合的多边形。concatenate()函数用于沿着指定轴连接数组，它需要接收一个元组，该元组中包含多个要连接的序列或数组。

第 20 行代码调用 polar()函数根据极径和极角绘制多边形，第 22 行代码调用 thetagrids()函数给轴线添加标签，第 24 行代码调用 fill()函数给多边形填充颜色，并设置透明度。

运行代码，效果如图 2-31 所示。

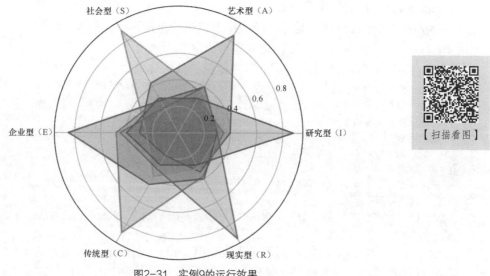

图2-31　实例9的运行效果

在图 2-31 中，蓝色的多边形代表用户 1 的测试结果；橙色的多边形代表用户 2 的测试结果；绿色的多边形代表用户 3 的测试结果；红色的多边形代表用户 4 的测试结果；紫色的多边形代表用户 5 的测试结果；棕色的多边形代表用户 6 的测试结果。由图 2-31 可知，用户 1 偏向于艺术型人格；用户 2 偏向于社会型人格；用户 3 偏向于传统型人格；用户 4 偏向于企业型人格；用户 5 偏向于现实型人格；用户 6 偏向于研究型人格。

## 2.10　绘制误差棒图

### 2.10.1　使用 errorbar()函数绘制误差棒图

误差棒图通常用于显示数据的变化范围和误差范围。一般来说，误差棒图由线条和符号组成，用于表示一组数据的平均值和误差范围。

为了方便开发人员快速绘制误差棒图，pyplot 模块中提供了一个快捷绘图函数 errorbar()，使用该函数可根据数据绘制线条和误差棒，之后将线条和误差棒添加到当前绘图区域，生成一张误差棒图。errorbar()函数的语法格式如下。

```
errorbar(x, y, yerr=None, xerr=None, fmt='', ecolor=None,
         elinewidth=None, capsize=None, barsabove=False, lolims=False,
         uplims=False, xlolims=False, xuplims=False, errorevery=1,
         capthick=None, *, data=None, **kwargs)
```

上述函数中常用参数的含义如下。

① x、y：表示数据点的 $x$ 坐标和 $y$ 坐标，用于确定数据点的位置。

② xerr、yerr：表示水平方向或垂直方向上误差棒的大小，默认值为 None，表示没有误差棒。参数 xerr 或 yerr 支持多种形式的取值，如果取值为标量，则表示所有数据点的对称正负误差值；如果取值为长度 $N$ 的数组，则表示每个数据点的对称正负误差值；如果该取值为 2 行 $N$ 列的数组，则表示每个数据点的上下非对称误差值，第一行的元素表示下方误差，第二行的元素表示上方误差。

③ elinewidth：表示误差棒的线条宽度。

④ capsize：表示误差棒末端标记的大小，以点为单位，默认值为 0.0。

⑤ capthick：表示误差棒末端标记的粗细，以点为单位。

例如，使用 errorbar()函数绘制一个误差棒图，具体代码如下。

```
1   import numpy as np
2   import matplotlib.pyplot as plt
3   # 数据点的 x 坐标和 y 坐标
4   x = np.arange(5)
5   y = np.array([25, 32, 33, 26, 25])
6   # 误差棒的大小
7   y_offset = np.array([1.5, 1, 1.2, 0.8, 0.5])
8   # 绘制线条和误差棒
9   plt.errorbar(x, y, yerr=y_offset, elinewidth=2, capsize=5, capthick=2)
10  plt.show()
```

上述代码中，第 4~5 行代码创建了两个数组 x 和 y，分别表示数据点的 $x$ 坐标和 $y$ 坐标，第 7 行代码创建了一个数组 y_offset，表示垂直方向误差棒的大小，第 9 行代码调用 errorbar()函数绘制线条和误差棒，该函数中参数 yerr 的值为 y_offset，说明在每个数据点上都标注了误差棒；参数 elinewidth 的值为 2，说明误差棒的线条宽度为 2；参数 capsize 的值为 5，说明误差棒末端标记的大小为 5 点；参数 capthick 的值为 2，说明误差棒末端标记的粗细为 2 点。

运行代码，效果如图 2-32 所示。

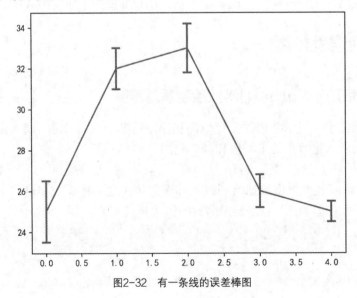

图2-32　有一条线的误差棒图

从图 2-32 中可以看出，绘图区域内部有一条线，这条线上的每个数据点上都显示了误差棒，每个误差棒的大小不同，样式是相同的。

### 2.10.2　实例 10：城市 A 和城市 B 的人口增长

人口增长比较在许多方面具有重要意义，它可以提供有关城市规划、经济发展、社会变迁和政策制定的重要信息，通过这些信息可以帮助决策者制定有效的战略和政策，以应对不同地区的人口挑战和机遇。已知城市 A 和城市 B 统计的 2013 年到 2022 年的总人口数及人口标准差，具体如表 2-9 所示。

表 2-9　城市 A 和城市 B 统计的 2013 年到 2022 年的总人口数及人口标准差

| 年份 | 城市 A 的总人口数<br>（人） | 城市 A 人口<br>标准差（人） | 城市 B 的总人口数<br>（人） | 城市 B 人口<br>标准差（人） |
|---|---|---|---|---|
| 2013 | 8222830 | ±150000 | 3820876 | ±90000 |
| 2014 | 8272948 | ±120000 | 3851202 | ±70000 |
| 2015 | 8306696 | ±140000 | 3881622 | ±100000 |
| 2016 | 8345126 | ±110000 | 3918872 | ±120000 |
| 2017 | 8398748 | ±130000 | 3967006 | ±110000 |
| 2018 | 8437387 | ±90000 | 4009717 | ±90000 |
| 2019 | 8398748 | ±100000 | 4049581 | ±85000 |
| 2020 | 8390081 | ±80000 | 4089976 | ±95000 |
| 2021 | 8336817 | ±120000 | 4117550 | ±80000 |
| 2022 | 8323340 | ±90000 | 4142779 | ±100000 |

下面根据表 2-9 的数据绘制一张误差棒图，将年份、城市 A 的总人口数（人）、城市 B 的总人口数（人）这三列的数据作为线的数据，将城市 A 人口标准差（人）和城市 B 人口标准差（人）这两列的数据作为误差棒的数据，通过误差棒图展示城市 A 和城市 B 总人口数的变化情况，具体代码如下。

```
import numpy as np
import matplotlib.pyplot as plt
# 年份
years = [2013, 2014, 2015, 2016, 2017, 2018, 2019, 2020, 2021, 2022]
# 城市 A 人口数
ny_population = np.array([8222830, 8272948, 8306696, 8345126, 8398748,
                         8437387, 8398748, 8390081, 8336817, 8323340])
# 城市 B 人口数
la_population = np.array([3820876, 3851202, 3881622, 3918872, 3967006,
                         4009717, 4049581, 4089976, 4117550, 4142779])
# 城市 A 人口标准差
ny_std = np.array([150000, 120000, 140000, 110000, 130000,
                 90000, 100000, 80000, 120000, 90000])
# 城市 B 人口标准差
la_std = np.array([90000, 70000, 100000, 120000, 110000,
                 90000, 85000, 95000, 80000, 100000])
# 绘制连线和误差棒
plt.errorbar(years, ny_population, yerr=ny_std, capsize=3)
```

```
plt.errorbar(years, la_population, yerr=la_std, capsize=3)
plt.show()
```

运行代码，效果如图 2-33 所示。

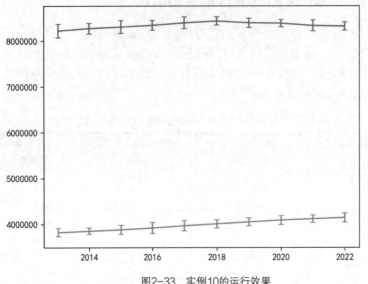

【扫描看图】

图2-33    实例10的运行效果

在图 2-33 中，$x$ 轴代表年份，$y$ 轴代表人口数（人），上方的线代表城市 A 的总人口数，下方的线代表城市 B 的总人口数，且每条线上都标注了误差棒。由图 2-33 可知，2013 年到 2018 年城市 A 的人口数呈现逐年上升的趋势，2019 年到 2022 年城市 A 的人口数呈现逐年下降的趋势；2013 年到 2022 年城市 B 的人口数呈现逐年上升的趋势。

需要说明的是，本章所介绍的简单图表（雷达图除外）除了可以使用 pyplot 模块的快捷绘图函数绘制，还可以通过 Axes 类中与绘图函数同名的方法进行绘制。例如，pyplot 模块的 bar() 函数与 Axes 类的 bar() 方法都可以绘制柱形图，它们的参数几乎相同（self 除外）。由于本章设计的实例相对比较简单，因此所有的实例都使用 pyplot 模块的快捷绘图函数完成。

## 2.11    本章小结

本章主要介绍了如何使用 Matplotlib 的绘图函数绘制简单的图表，包括折线图、柱形图或堆积柱形图、条形图或堆积条形图、堆积面积图、直方图、饼图或圆环图、散点图或气泡图、箱形图、雷达图、误差棒图。通过学习本章的内容，读者可以掌握绘图函数的基本用法，能够使用这些函数绘制简单的图表，从而为后续的学习打好扎实的基础。

## 2.12    习题

**一、填空题**

1. ＿＿＿＿＿＿函数会返回一个 Line2D 类的对象或者包含一组 Line2D 类对象的列表。
2. 箱形图主要包括矩形箱体、＿＿＿＿＿＿线、上须线和下须线、异常值。
3. 使用 pyplot 模块绘制的直方图中默认有＿＿＿＿＿＿个矩形。

4. 使用 pyplot 模块的_____函数可以绘制雷达图。

5. _____是一种二维坐标系统，它使用角度和距离来表示点的位置。

## 二、判断题

1. 使用 errorbar()函数绘制误差棒图时无法设置误差棒的样式。(　　　)

2. 使用 pyplot 模块的 bar()函数只能绘制柱形图。(　　　)

3. 使用 pyplot 模块中的 boxplot()函数绘制的箱形图默认不显示异常值。(　　　)

4. 使用 pyplot 模块绘制的雷达图默认会填充颜色。(　　　)

5. 当使用 pie()函数绘制饼图时，默认会从三点钟方向开始绘制。(　　　)

## 三、选择题

1. 下列函数中，用于在当前画布上绘制雷达图的函数是(　　　)。

A. bar()　　　　　　B. barh()　　　　　　C. hist()　　　　　　D. polar()

2. 当调用 barh()函数绘图时，可以通过哪个参数设置图表的刻度标签？(　　　)

A. width　　　　　　B. height　　　　　　C. tick_label　　　　D. align

3. 请阅读下面一段代码：

```
plt.bar(x, y1, tick_label=["A", "B", "C", "D"])
plt.bar(x, y2, bottom=y1, tick_label=["A", "B", "C", "D"])
```

下列选项中，对 bar()函数中 bottom 参数的作用描述正确的是(　　　)。

A. 将后绘制的柱形置于先绘制的柱形下方

B. 将后绘制的柱形置于先绘制的柱形上方

C. 将后绘制的柱形置于先绘制的柱形左方

D. 将后绘制的柱形置于先绘制的柱形右方

4. 下列选项中，哪段代码运行的效果为圆环图？(　　　)

A.

```
import numpy as np
import matplotlib.pyplot as plt
data = np.array([20, 50, 10, 15, 30, 55])
pie_labels = np.array(['A', 'B', 'C', 'D', 'E', 'F'])
plt.pie(data, labels=pie_labels)
plt.show()
```

B.

```
import numpy as np
import matplotlib.pyplot as plt
data = np.array([20, 50, 10, 15, 30, 55])
pie_labels = np.array(['A', 'B', 'C', 'D', 'E', 'F'])
plt.pie(data, radius=1.5, labels=pie_labels)
plt.show()
```

C.

```
import numpy as np
import matplotlib.pyplot as plt
data = np.array([20, 50, 10, 15, 30, 55])
pie_labels = np.array(['A', 'B', 'C', 'D', 'E', 'F'])
plt.pie(data, radius=1.5, explode=[0, 0.2, 0, 0, 0, 0],labels=pie_labels)
plt.show()
```

D.

```
import numpy as np
import matplotlib.pyplot as plt
data = np.array([20, 50, 10, 15, 30, 55])
pie_labels = np.array(['A', 'B', 'C', 'D', 'E', 'F'])
plt.pie(data, radius=1.5, wedgeprops={'width': 0.6},labels=pie_labels)
plt.show()
```

5. 关于使用 boxplot() 函数绘制的箱形图，下列描述正确的是（      ）。

A. 箱形图中异常值对应的符号默认为星号

B. 箱形图中的图形只能垂直摆放，无法水平摆放

C. 箱形图默认显示矩形箱体

D. 箱形图默认不会显示异常值

**四、编程题**

1. 已知实验中学全体高二学生进行了期中模拟考试，分别计算了各学科全体男生、女生的平均成绩，统计结果如表 2-10 所示。

表 2-10    全校高二男生、女生的平均成绩

| 学科 | 男生的平均成绩 | 女生的平均成绩 |
| --- | --- | --- |
| 语文 | 85.5 | 94 |
| 数学 | 91 | 82 |
| 英语 | 72 | 89.5 |
| 物理 | 59 | 62 |
| 化学 | 66 | 49 |
| 生物 | 55 | 53 |

请按照以下要求绘制图表。

（1）绘制包含两组柱形的柱形图，柱形图的 $x$ 轴为学科，$y$ 轴为平均成绩。

（2）绘制堆积柱形图，堆积柱形图的 $x$ 轴为学科，$y$ 轴为平均成绩。

2. 某年拼多多平台对子类目的销售额进行了统计，统计结果如表 2-11 所示。

表 2-11    拼多多平台子类目的销售额

| 子类目 | 销售额（亿元） |
| --- | --- |
| 童装 | 29665 |
| 奶粉辅食 | 3135.4 |
| 孕妈专区 | 4292.4 |
| 洗护喂养 | 5240.9 |
| 宝宝尿裤 | 5543.4 |
| 春夏新品 | 5633.8 |
| 童车童床 | 6414.5 |
| 玩具文娱 | 9308.1 |
| 童鞋 | 10353 |

根据表 2-11 的数据绘制一个说明拼多多平台子类目占比情况的饼图，在饼图中，每个扇区的中心显示一个数据标签，数据标签的文本是保留 1 位小数的百分比。

# 第 **3** 章

# 图表辅助元素的定制

・・・・・
**学习目标**

★ 了解图表常用的辅助元素，能够说出每种辅助元素的作用。

★ 掌握坐标轴标签的定制方式，能够为图表的坐标轴添加标签。

★ 掌握坐标轴刻度的定制方式，能够设置刻度范围和刻度标签。

★ 掌握标题和图例的定制方式，能够为图表添加标题和图例。

★ 掌握网格的定制方式，能够在图表中显示指定样式的网格。

★ 熟悉参考线和参考区域的定制方式，能够在图表中添加参考线和参考区域。

★ 掌握注释文本的定制方式，能够在图表中添加指向型注释文本和无指向型注释文本。

★ 熟悉表格的定制方式，能够在图表中添加自定义样式的表格。

第 2 章使用 Matplotlib 绘制了一些简单的图表，并通过这些图表直观地展示了数据，但这些图表或多或少存在着一些不足。例如，折线图中的两条线因缺少标注而无法区分线的类别，柱形图中的柱形因缺少数据标注而无法准确知道具体的数值，直方图中的矩形因没有匹配刻度标签而无法知道具体的区间范围等。为了弥补这些不足，需要为图表添加或调整一些辅助元素来准确地描述图表。Matplotlib 提供了一系列定制图表辅助元素的函数和方法，可以帮助用户进一步完善图表。本章将对图表辅助元素的定制进行详细介绍。

## 3.1 认识常用的图表辅助元素

图表的辅助元素是指除了根据数据绘制的图形之外的其他元素，常用的辅助元素包括坐标轴、标题、图例、网格、参考线、参考区域、注释文本和表格，用于为图表提供补充和说明信息，从而增强图表的可读性。下面以折线图为例，介绍常用的辅助元素及其作用，如图 3-1 所示。

关于图 3-1 中常用辅助元素的说明如下。

● 坐标轴：用于定义直角坐标系的一组线。根据坐标轴的数量可以分为单坐标轴和双坐标轴，其中单坐标轴用于表示一组数据，包括一个水平坐标轴（又称 x 轴）和一个垂直坐标轴（又称 $y$ 轴），例如图 3-1 中的 $x$ 轴和 $y$ 轴；双坐标轴用于同时表示两组不同量级或单位的数据，包括主坐标轴和次坐标轴，主坐标轴用于表示主要的数据，次坐标轴用于表示与主坐标轴相关但量纲不同的数据。比如同时包含柱形和折线的图表，可以参考主坐标轴绘制柱形，参考次坐标轴绘制折线。

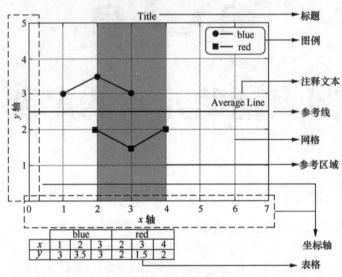

图3-1　常用的图表辅助元素

- 标题：用于说明图表的主题。
- 图例：用于说明图表中各个数据系列的含义。
- 网格：用于确定数据点位置或数值的标准。
- 参考线：用于标记特定数值、阈值或指标的一条直线。
- 参考区域：用于标记特定数值范围的一块区域。
- 注释文本：附加文本，用于对图形进行一些注释和说明。
- 表格：用于强调数据的具体细节。

在图 3-1 中，每个坐标轴的基本结构相同，它是由刻度标签、刻度线、轴脊和坐标轴的标签组成的，其中刻度线包括主刻度线和次刻度线，次刻度线默认是隐藏的。下面以图 3-1 的 $x$ 轴为例描述坐标轴的基本结构，如图 3-2 所示。

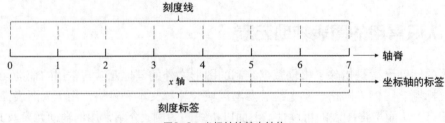

图3-2　坐标轴的基本结构

在图 3-2 中，"$x$ 轴"为坐标轴的标签，0~7 这几个数字都是刻度标签，每个数字对应的短竖线为刻度线，且为主刻度线，承载刻度线的横线为轴脊。

需要注意的是，不同的图表具有不同的辅助元素。例如，饼图是没有坐标轴的，而折线图是有坐标轴的，大家可根据图表的特点进行单独定制。

# 3.2　设置坐标轴的标签、刻度范围和刻度标签

坐标轴是构建大多数图表的关键部分，它为直观理解数据提供了参考。坐标轴的刻度范围过大或过小、刻度标签过多或过少，都会导致图形显示的比例大小不够理想，这可能会影响用户对图表的解读。pyplot 模块中提供了一些坐标轴相关的函数，用于设置坐标轴的标签、刻度范围和刻度标签。本节将针对坐标轴的标签、刻度范围和刻度标签的设置进行讲解。

## 3.2.1　设置坐标轴的标签

在图表中，坐标轴的标签是用于描述坐标轴代表的数据类型的文本，通常位于坐标轴外侧的中心位置，与坐标轴具有一定的间隔。坐标轴的标签提供了数据的含义或上下文，能够帮助用户更好地理解数据。Matplotlib 中提供了分别设置 $x$ 轴和 $y$ 轴标签的方式，下面分别进行介绍。

### 1. 设置 $x$ 轴的标签

在 pyplot 模块中，使用 xlabel()函数可以设置 $x$ 轴的标签，xlabel()函数的语法格式如下所示。

```
xlabel(xlabel, fontdict=None, labelpad=None, *, loc=None, **kwargs)
```

上述函数中常用参数的含义如下。

① xlabel：表示 x 轴标签的名称。

② labelpad：表示标签与坐标轴之间的距离，单位为点。

③ loc：表示 $x$ 轴标签的位置，支持的取值有 None、'left'、'right'或'center'，其中'left'表示将 $x$ 轴标签靠左对齐，'right'表示将 $x$ 轴标签靠右对齐，None 和'center'表示将 $x$ 轴标签居中对齐，默认值为 None。

此外，使用 Axes 类对象的 set_xlabel()方法也可以设置 $x$ 轴的标签，set_xlabel()方法与 xlabel()函数中参数的用法完全相同，此处不再赘述。

### 2. 设置 $y$ 轴的标签

使用 ylabel()函数可以设置 $y$ 轴的标签，ylabel()函数的语法格式如下所示。

```
ylabel(ylabel, fontdict=None, labelpad=None, *, loc=None, **kwargs)
```

该函数中参数 ylabel 表示 $y$ 轴标签的名称，其余参数与 xlabel()函数的参数含义类似，此处不再赘述。此外，使用 Axes 类对象的 set_ylabel()方法也可以设置 $y$ 轴的标签。

例如，绘制一个包含正弦曲线和余弦曲线的图表，并为该图表设置 $x$ 轴和 $y$ 轴的标签，具体代码如下。

```
1  import numpy as np
2  import matplotlib.pyplot as plt
3  plt.rcParams['font.sans-serif'] = ['SimHei']
4  # 禁用 Unicode 中的减号表示负号，保证刻度标签的负号能够正确显示
5  plt.rcParams['axes.unicode_minus'] = False
6  x = np.linspace(-np.pi, np.pi, 256, endpoint=True)
7  y1, y2 = np.sin(x), np.cos(x)
8  plt.plot(x, y1, x, y2)
9  # 设置 x 轴和 y 轴的标签
```

```
10 plt.xlabel('x轴')
11 plt.ylabel('y轴')
12 plt.show()
```

上述代码中，第 5 行代码用于禁止使用 Unicode 中的减号表示负号，默认情况下 Matplotlib 使用 Unicode 显示负号，但在一些操作系统中可能会将负号显示成一个方块，为了保证负号能够正常显示，这里需要禁用 Unicode 显示负号，使用其他编码显示负号。

第 6 行代码通过 np 模块调用 linspace() 函数生成等宽元素的一维数组 x，该函数中传入的前两个参数分别是 -np.pi 和 np.pi，说明数组的起始值和结束值分别是 $-\pi$ 和 $\pi$，传入的第三个参数的值为 256，说明数组中总共有 256 个元素，参数 endpoint 的值为 True，说明数组中包含结束值。

第 7 行代码通过 np 模块调用 sin() 函数和 cos() 函数，根据 x 生成一组正弦值和余弦值。第 8 行代码调用 plot() 函数绘制正弦曲线和余弦曲线。第 10～11 行代码调用 xlabel() 和 ylabel() 函数设置 $x$ 轴和 $y$ 轴的标签，标签的名称分别为 "x 轴" 和 "y 轴"，标签默认位于每个轴的中间位置。

运行代码，效果如图 3-3 所示。

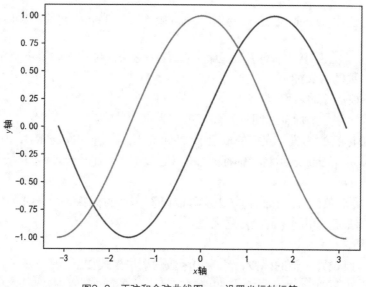

【扫描看图】

图3-3　正弦和余弦曲线图——设置坐标轴标签

从图 3-3 中可以看出，$x$ 轴和 $y$ 轴上已经添加了标签，其中 $x$ 轴的标签为 "$x$ 轴"，$y$ 轴的标签为 "$y$ 轴"。

## 3.2.2　设置刻度范围和刻度标签

刻度范围和刻度标签是用于定义和显示坐标轴上刻度的相关属性，其中刻度范围是指轴上的刻度值的取值范围，可以通过设置最小值和最大值确定，以突出特定的数据区间；刻度标签是轴上与每个刻度值对应的文本标签，它可以是数字、日期、字符串等形式的标识符，用于标识特定的数值或类别。通过设置刻度范围和刻度标签，可以控制坐标轴上刻度的显示方式，以便更好地呈现数据的含义和分布情况。

在使用 Matplotlib 绘图时，若没有指定具体的数据，则会使用默认的刻度范围和刻度标签，默认情况下，*x*轴和*y*轴的刻度范围为 0.0~1.0，刻度标签为[0.0, 0.2, 0.4, 0.6, 0.8, 1.0]；若指定了具体的数据，则会根据数据动态地调整刻度范围和刻度标签，确保数据能够完整显示。Matplotlib 中提供了重新设置坐标轴的刻度范围和刻度标签的方式，可以让用户根据自己的需求突出显示关注的数据区域，下面分别进行介绍。

**1. 设置刻度范围**

在 pyplot 模块中，使用 xlim()和 ylim()函数分别可以设置 *x*轴和 *y*轴的刻度范围，这两个函数的用法基本相同。下面以 xlim()函数为例介绍基本用法，xlim()函数的语法格式如下。

```
xlim(left=None, right=None, *args, **kwargs)
```

上述函数中，参数 left 和 right 分别表示 *x*轴刻度的最小值和最大值，它们的默认值为 None，表示不更改最小值和最大值。如果希望单独更改最小值和最大值，则可以给 left 或 right 参数单独指定浮点型的数值；如果希望同时更改最小值和最大值，既可以同时给 left 和 right 参数指定浮点型的数值，也可以将浮点型数值作为一个元组进行传递。

此外，还可以使用 Axes 类对象的 set_xlim()和 set_ylim()方法设置 *x*轴和 *y*轴的刻度范围。

**2. 设置刻度标签**

在 pyplot 模块中，使用 xticks()和 yticks()函数分别可以设置 x 轴和 y 轴的刻度线位置和刻度标签，这两个函数的用法基本相同。下面以 xticks()函数为例介绍基本用法，xticks()函数的语法格式如下。

```
xticks(ticks=None, labels=None, *, minor=False, **kwargs)
```

上述函数中常用参数的含义如下。

① ticks：*x*轴刻度位置的序列，若它被设为空序列，则会移除 *x*轴的所有刻度。

② labels：表示指定刻度位置对应标签的序列。

此外，还可以使用 Axes 类对象的 set_xticks()或 set_yticks()方法设置 *x*轴或 *y*轴的刻度线位置，使用 set_xticklabels()或 set_yticklabels()方法设置 *x*轴或 *y*轴的刻度标签。

接下来，在 3.2.1 小节绘制的正弦和余弦曲线图中，设置 *x*轴的刻度范围和刻度标签，增加的代码如下。

```
# 设置 x 轴的刻度范围和刻度标签
plt.xlim(x.min() * 1.5, x.max() * 1.5)
plt.xticks([-np.pi, -np.pi/2, 0, np.pi/2, np.pi],
           [r'$-\pi$', r'$-\pi/2$', r'$0$', r'$\pi/2$', r'$\pi$'])
```

上述代码中，首先调用 xlim()函数设置刻度范围，该函数中的第一个参数的值为 x.min() * 1.5，说明刻度的最小值为 1.5 倍的 x 最小值，第二个参数的值为 x.max() * 1.5，说明刻度的最大值为 1.5 倍的 x 最大值；然后调用 xticks()函数设置刻度线位置和刻度标签，该函数中第一个参数的值为包含多个刻度位置的列表，说明刻度线的位置分别是-π、-π/2、0、π/2、π，第二个参数的值为包含多个刻度标签的列表，说明每个刻度线对应的标签为相应的表达式。

运行代码，效果如图 3-4 所示。

从图 3-4 中可以看出，*x*轴的刻度标签变成了-π、-π/2、0、π/2、π，且曲线的形状比之前细长一些。

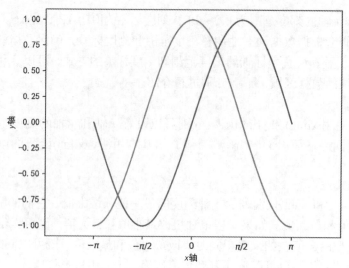

【扫描看图】

图3-4　正弦和余弦曲线图——设置刻度范围和刻度标签

## 多学一招：Matplotlib 数学表达式

　　Matplotlib 中自带 mathtext 引擎，通过该引擎可以自动识别包含数学表达式的字符串，并解析成对应的数学表达式。数学字符串有着固定的语法格式，它要求字符串以美元符号"$"为首尾字符，且首尾字符中间为数学表达式，基本格式如下。

```
'$数学表达式$'
```

　　为保证字符串中的特殊字符能以字面的形式显示，数学字符串需要配合"r"使用。下面是使用 Matplotlib 编写的一个简单的数学字符串。

```
r'$\alpha > \beta$'
```

　　以上字符串中"\alpha"和"\beta"对应常见的小写希腊字母 α 和 β，该字符串对应的数学表达式如下：

$$\alpha > \beta$$

　　此外，"\alpha"和"\beta"的后面还可以增加上标和下标，其中上标使用符号"^"表示，下标使用符号"_"表示。例如，将 α 的下标设为 i，将 β 的下标设为 i，具体代码如下。

```
r'$\alpha_i > \beta_i$'
```

　　以上代码对应的数学表达式如下：

$$\alpha_i > \beta_i$$

　　Matplotlib 中使用"\frac{}{}"可以编写分数形式的数学表达式，"\frac"后面的两个大括号分别代表分数的分子和分母，示例代码如下。

```
r'$\frac{3}{4}$'
```

　　以上代码对应的数学表达式如下：

$$\frac{3}{4}$$

　　此外，还可以通过"\frac{}{}"编写分数嵌套的数学表达式，只需要在大括号中再次使用"\frac{}{}"，示例代码如下。

```
r'$\frac{5 - \frac{1}{x}}{4}$'
```

　　以上代码对应的数学表达式如下：

$$5 - \dfrac{\dfrac{1}{x}}{4}$$

有兴趣的读者可以到 Matplotlib 官网学习更多有关数学表达式的相关内容，此处不再详述。

### 3.2.3　实例 1：人脸识别的灰度直方图（设置刻度标签和坐标轴的标签）

在 2.5.2 小节的实例中绘制了一张人脸识别的灰度直方图，用于展示人脸图像的灰度分布情况。在灰度直方图中，由于 x 轴上的刻度是自动生成的，无法跟矩形很好地匹配，使用户不能直观看出每个矩形对应区间的范围，所以这里将完善灰度直方图的效果，根据区间设置 x 轴的刻度标签。

下面在 2.5.2 小节代码的基础上修改代码，在直方图中设置 x 轴的刻度标签，另外设置 x 轴和 y 轴的标签，具体代码如下。

```
1   import numpy as np
2   import matplotlib.pyplot as plt
3   # 生成 300 个随机整数，随机整数的范围为 0～256
4   random_numbers = np.random.randint(0, 256, size=300)
5   # 绘制矩形，矩形的数量是 10
6   nums, bins, patches = plt.hist(random_numbers, bins=10)
7   # 设置 x 轴和 y 轴的标签
8   plt.xlabel('灰度级别')
9   plt.ylabel('像素数（个）')
10  # 设置 x 轴的刻度线位置及刻度标签
11  plt.xticks(bins, bins)
12  plt.show()
```

上述代码中，第 6 行代码调用 hist() 函数绘制 10 个矩形。第 8～9 行代码调用 xlabel() 和 ylabel() 函数分别设置 x 轴和 y 轴的标签。第 11 行代码调用 xticks() 函数设置刻度线位置和刻度标签，该函数中的第 1 个参数的值为 bins，说明刻度线的位置跟区间边界值是对应的；第 2 个参数的值为 bins，说明刻度标签是区间的边界值。

运行代码，效果如图 3-5 所示。

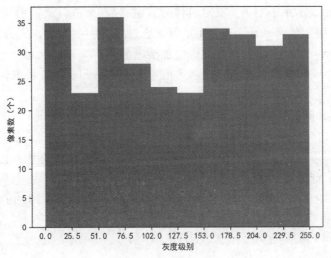

图3-5　实例1的运行效果

从图 3-5 中可以看出，$x$ 轴上的刻度标签已经变成所有区间的边界值，且整体与图形是完全匹配的。

## 3.3  添加标题和图例

为了让图表更具可读性和表达力，可以通过添加标题和图例来提供更多的信息。标题可以简洁而准确地概括图表中展示的内容，而图例则可以说明每个数据系列或类别的含义。接下来，本节将针对标题和图例的设置进行讲解。

### 3.3.1  添加标题

在图表中，标题是一个文本标签，用于概括性描述或解释图表的内容。它通常位于图表的顶部，可以帮助用户快速了解图表的主题、目的或关键信息。在 Matplotlib 中，可以直接使用 pyplot 模块的 title() 函数添加标题，并自定义标题的外观，比如字体大小、字体粗细、字体颜色等。title() 函数的语法格式如下。

```
title(label, fontdict=None, loc=None, pad=None, *, y=None, **kwargs)
```

上述函数中常用参数的含义如下。

① label：表示标题的文本内容。

② fontdict：用于控制标题的字体属性，该参数接收一个字典，默认值为 None，表示使用默认的字典控制字体属性，默认的字典如下。

```
{'fontsize': rcParams['axes.titlesize'],
 'fontweight': rcParams['axes.titleweight'],
 'color': rcParams['axes.titlecolor'],
 'verticalalignment': 'baseline',
 'horizontalalignment': loc}
```

上述字典包含了多个键值对，其中键 fontsize、fontweight 和 color 表示字体大小、字体粗细和字体颜色，它们使用标题默认的字体大小、字体粗细和字体颜色，即 12 号、加粗、黑色；键 verticalalignment 表示垂直对齐方式，其对应的值为 baseline，即基线对齐；键 horizontalalignment 表示水平对齐方式，具体方式由参数 loc 指定。需要说明的是，官方不建议直接给 fontdict 参数传递一个字典，而是应该通过关键字参数的方式分别设置字体的不同属性，例如 fontsize=14，这样可以使代码更加清晰易读。

③ loc：表示标题的位置，支持 None、'left'、'right'和'center'这 4 种取值，默认值为 None，效果等同于'center'，即标题居中对齐。

④ pad：表示标题与图表边缘的间距，单位为点，默认为 None，代表使用默认的间距为 6 点。

此外，还可以使用 Axes 类对象的 set_title()方法为图表添加标题，该方法与 title()函数的参数用法相同，此处不再赘述。

接下来，在 3.2.2 小节绘制的正弦和余弦曲线图中添加标题，增加的代码如下。

```
# 添加标题
plt.title("正弦曲线和余弦曲线", fontsize=14)
```

运行代码，效果如图 3-6 所示。

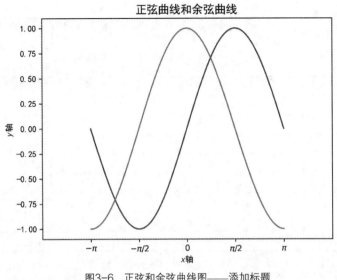

【扫描看图】

图3-6　正弦和余弦曲线图——添加标题

从图 3-6 中可以看出，绘图区域的顶部已经添加了标题，标题的内容为"正弦曲线和余弦曲线"。

### 3.3.2　添加图例

在图表中，图例是一个辅助图形组件，用于解释不同数据系列或图形元素的含义，它通常由标签和符号两部分组成，其中标签是用于描述对应数据系列或图形元素含义的文本，与数据系列的标题或名称相对应；符号用于表示这些数据系列或图形元素，可以是不同的颜色、线型或图形，使用户能够识别和区分不同的数据系列或图形元素。

当用户要绘制包含多组图形元素的图表时，需要在图表中添加图例，以明确每种图形元素代表的含义。在 Matplotlib 中，使用 pyplot 模块的 legend()函数可以为图表添加图例，legend() 函数的语法格式如下。

```
legend(handles, labels, loc=None, bbox_to_anchor=None, ncol=1,
       title=None, shadow=None, fancybox=None, *args, **kwargs)
```

上述函数中常用参数的介绍如下。

（1）handles 和 labels 参数

handles 参数用于指定要在图例中显示的对象，这些对象可以是 Matplotlib 中不同类型的对象，比如代表线条的 Line2D 类的对象、代表图形的 Patch 类的对象等。该参数的值是一个对象列表，若不设置，则使用最近绘制的对象。labels 参数表示每个对象对应的标签列表。需要注意的是，handles 和 labels 参数应接收相同长度的列表，若接收的列表长度不同，则会对较长的列表进行截断处理，使较长列表与较短列表长度相等。

（2）loc 参数

loc 参数用于指定图例的位置，该参数支持位置字符串和位置编码两种形式的取值，每种取值及其对应的图例位置的说明如表 3-1 所示。

loc 参数的默认值为 None，这意味着 Matplotlib 会按照位置字符串'best'进行处理，即在图表中自动选择一个合适的位置来放置图例，保证图例不会覆盖其他内容。

表 3-1    loc 参数的取值及其对应的图例位置

| 位置编码 | 位置字符串 | 说明 |
| --- | --- | --- |
| 0 | 'best' | 自适应 |
| 1 | 'upper right' | 右上方 |
| 2 | 'upper left' | 左上方 |
| 3 | 'lower left' | 左下方 |
| 4 | 'lower right' | 右下方 |
| 5 | 'right' | 右方 |
| 6 | 'center left' | 左侧中间 |
| 7 | 'center right' | 右侧中间 |
| 8 | 'lower center' | 下方中间 |
| 9 | 'upper center' | 上方中间 |
| 10 | 'center' | 中心 |

（3）bbox_to_anchor 参数

bbox_to_anchor 参数用于指定图例放置位置的参考点，默认使用的参考点为(0, 0)，该参数通常与 loc 参数配合使用，以精确控制图例放置的位置。该参数接收一个包含两个数值的元组，其中第一个数值用于控制图例显示的水平位置，值越大则说明图例显示的位置越偏右；第二个数值用于控制图例的垂直位置，值越大则说明图例显示的位置越偏上。

（4）ncol 参数

ncol 参数用于指定图例的列数，默认值为 1，即图例中的每一项会按照垂直方向依次排列，一行只显示一个标签和符号。

（5）title 参数

title 参数用于指定图例的标题，默认值为 None，即图例没有标题。

（6）shadow 参数

shadow 参数控制是否使图例显示阴影效果，默认值为 None，即不显示阴影效果。

（7）fancybox 参数

fancybox 参数控制是否为图例设置圆角边框，默认值为 None，即没有圆角边框。

需要说明的是，若使用绘图函数绘制图表时已经预先通过 label 参数指定了应用于图例的标签，则后续可以直接调用 legend()函数添加图例；若未预先指定应用于图例的标签，则后续在调用 legend()函数时需要给参数 handles 和 labels 传值。

此外，还可以使用 Axes 类对象的 legend()方法为图表添加标题，该方法与 legend()函数的参数用法相同，此处不再过多赘述。

预先指定标签的示例代码如下。

```
plt.plot([1, 2, 3], label='标签')
plt.legend()
```

预先没有指定标签的示例代码如下。

```
arr_2d = np.array([[1, 2, 3], [4, 5, 6], [7, 8, 9], [10, 11, 12]])
lines = plt.plot(arr_2d[0], arr_2d[1:])
plt.legend(lines, ['标签1', '标签2', '标签3'])
```

接下来，在 3.3.1 小节代码的基础上编写代码，用于在包含正弦曲线和余弦曲线的图表中添加图例，修改后的代码如下。

```
......
y1, y2 = np.sin(x), np.cos(x)
lines = plt.plot(x, y1, x, y2)
# 设置 x 轴和 y 轴的标签
......
# 添加标题
plt.title("正弦曲线和余弦曲线", fontsize=14)
# 添加图例
plt.legend(lines, ['正弦', '余弦'], shadow=True, fancybox=True)
plt.show()
```

运行代码，效果如图 3-7 所示。

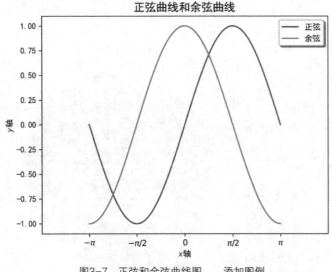

【扫描看图】

图3-7　正弦和余弦曲线图——添加图例

从图 3-7 中可以看出，绘图区域右上角的位置显示了图例，图例在圆角边框内，边框内部垂直排列了两项内容，每一项都由线条符号及其对应的标签组成。

### 3.3.3　实例 2：支付宝账单年度分析（添加标题和图例）

当饼图的标签数量较多且标签长度差异比较大时，如果将所有的标签标注在扇区外侧，则会影响图表的清晰度和美观度，这种情况下可以用图例统一显示标签，以清晰地标注每个扇区代表的含义。

在 2.6.2 小节的饼图中，所有的标签统一被标注在扇区的外侧。由于标签的文字长短不一且扇区数量偏多，使图表看起来不太美观，因此这里将饼图中的全部标签移到图例中。下面在 2.6.2 小节代码的基础上编写代码，为饼图添加标题和图例，具体代码如下。

```
1   import numpy as np
2   import matplotlib.pyplot as plt
3   plt.rcParams['font.sans-serif'] = ['SimHei']
4   # 支出分类
5   kinds = ['服饰装扮', '转账红包', '餐饮美食', '充值缴费', '日用百货',
6             '交通出行', '文化休闲', '其他']
7   # 支出分类对应的金额
8   money_scale = np.array([2000, 3000, 10000, 600, 3000, 2300, 1500, 300])
```

```
9    # 扇区偏离圆心的距离
10   dev_position = [0.1, 0.1, 0.1, 0.1, 0.1, 0.1, 0.1, 0.1]
11   # 处理百分比总和偏离100的情况
12   total = money_scale.sum()
13   percentages = np.round(money_scale / total * 100, 1)
14   percentages[-1] = 100 - percentages[:-1].sum()
15   # 绘制图形
16   plt.pie(percentages, autopct='%.1f%%', shadow=True,
17           explode=dev_position, startangle=90)
18   # 添加标题
19   plt.title('支付宝年度账单报告 ')
20   # 添加图例
21   plt.legend(kinds, loc='upper right', bbox_to_anchor=[1.3, 1.1])
22   plt.show()
```

上述代码中，第 19 行代码调用 title() 函数添加标题，标题的内容是"支付宝年度账单报告"。第 21 行代码调用 legend() 函数添加图例，该函数中参数 loc 的值为 'upper right'，说明图例位于图表右上角；参数 bbox_to_anchor 的值为[1.3, 1.1]，用于精准设置图例的位置。

运行代码，效果如图 3-8 所示。

从图 3-8 中可以看出，扇区外侧没有了标签，图例显示在右上角的位置。

【扫描看图】

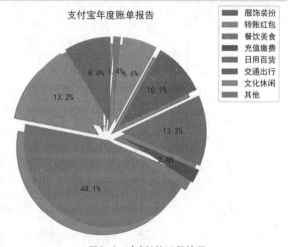

图3-8　实例2的运行效果

## 3.4　显示网格

### 3.4.1　显示指定样式的网格

网格是一组平行于坐标轴的线，这些线从刻度线开始延伸至整个绘图区域，用于帮助用户识别和理解数据点的位置和相对距离。网格按不同的方向可以分为垂直网格和水平网格，这两种网格既可以单独使用，也可以同时使用，常被应用在拥有大量数据点或者复杂关系的图表中。

在 Matplotlib 中，可以直接使用 pyplot 模块的 grid()函数显示网格，并根据自己的需求自定义网格的样式。grid()函数的语法格式如下。

```
grid(visible=None, which='major', axis='both', **kwargs)
```

该函数常用参数的含义如下。

① visible：表示是否显示网格，默认值为 None，此时 Matplotlib 会自动根据参数**kwargs 的传递情况决定是否显示网格。若参数 visible 的值为 None 且提供**kwargs 参数，则网格将会被显示；若参数 visible 的值为 None 且没有提供**kwargs 参数，则网格将会被隐藏。

② which：表示要绘制哪些刻度的网格，支持'major'、'minor'或'both'这 3 种取值。默认

值为 major，表示绘制主刻度的网格；minor 表示绘制次刻度的网格；both 表示同时绘制主刻度和次刻度上的网格。

③ axis：表示要绘制网格的轴，该参数支持'both'、'x'或'y'这 3 个取值。默认值为'both'，表示同时在 x 轴和 y 轴上绘制网格；x 表示只在 x 轴上绘制网格，即垂直网格；y 表示只在 y 轴上绘制网格，即水平网格。

④ **kwargs：其他可选参数，用于自定义网格线的样式。例如，参数 linewidth 或 lw 用于设置网格线的宽度。

此外，还可以使用 Axes 类对象的 grid()方法显示网格。需要说明的是，若坐标轴上没有刻度，则无法显示网格。

接下来，在 3.3.2 小节绘制的正弦和余弦曲线图中显示水平网格，增加的代码如下。

```
# 显示水平网格，网格的线宽为 0.5
plt.grid(visible=True, axis='y', linewidth=0.5)
```

运行代码，效果如图 3-9 所示。

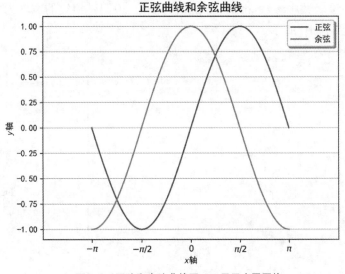

【扫描看图】

图3-9　正弦和余弦曲线图——显示水平网格

从图 3-9 中可以看出，绘图区域里面显示了多条与 x 轴平行的线，这些线从 y 轴刻度线开始到右侧框线为止。

### 3.4.2　实例 3：汽车速度与制动距离的关系（显示网格）

在散点图中可以视情况使用网格观察数据点，对于一些具有规律的数据来说，显示网格可以更加突出数据之间的联系和趋势。在 2.7.2 小节的实例中绘制了一张散点图，展示汽车速度与制动距离之间的关系，不过很多数据点因距离坐标轴较远而无法准确地看出数值。这里将在散点图中显示网格，并调整坐标轴的刻度。

下面在 2.7.2 小节代码的基础上修改代码，在图表中显示网格，适当调整坐标轴的刻度，具体代码如下。

```
1    import numpy as np
2    import matplotlib.pyplot as plt
3    plt.rcParams['font.sans-serif'] = 'SimHei'
```

```
4    # 创建两个数组，分别表示速度和制动距离
5    x_speed = np.arange(10, 210, 10)
6    y_distance = np.array([0.5, 2.0, 4.4, 7.9, 12.3, 17.7, 24.1, 31.5,
7                           39.9, 49.2, 59.5, 70.8, 83.1, 96.4, 110.7,
8                           126.0, 142.2, 159.4, 177.6, 196.8])
9    # 绘制数据点
10   plt.scatter(x_speed, y_distance, s=50, alpha=0.9)
11   # 设置 x 轴的标签、刻度标签
12   plt.xlabel('速度(km/h)')
13   plt.ylabel('制动距离(m)')
14   plt.xticks(x_speed)
15   # 显示网格
16   plt.grid(visible=True, linewidth=0.3)
17   plt.show()
```

上述代码中，第 12～13 行代码分别调用 xlabel() 和 ylabel() 函数设置 x 轴和 y 轴的标签；第 14 行代码调用 xticks() 函数设置 x 轴的刻度，使刻度跟速度值完全一致；第 16 行代码调用 grid() 函数显示网格，该函数中参数 linewidth 的值为 0.3，说明网格线的宽度为 0.3。

运行代码，效果如图 3-10 所示。

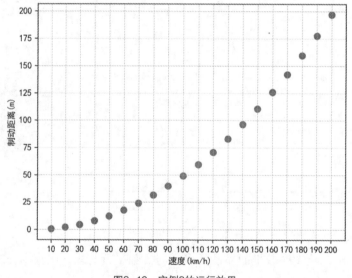

【扫描看图】

图3-10　实例3的运行效果

从图 3-10 中可以看出，绘图区域中显示了颜色稍浅的网格，有助于用户大致了解各数据点对应的数值。

## 3.5　添加参考线和参考区域

参考线和参考区域是图表中用于辅助分析数据的元素，它们提供了一个基准线或范围，让用户在数据中快速识别出模式、异常值或关键点，而且突出强调特定的数值或数值范围，使用户更容易关注重要的数据，还可以将数据与预先设定的标准或目标进行对比，便于用户直观了解数据是否符合预期或达到目标。接下来，本节将针对参考线和参考区域的添加进行讲解。

### 3.5.1　添加参考线

参考线是一条或多条贯穿绘图区域的线，用于为绘图区域中图形数据之间的比较提供参考依据，例如目标值、平均值、预算值、基准线等。参考线按方向的不同可分为水平参考线和垂直参考线。Matplotlib 中提供了分别添加水平参考线和垂直参考线的方式，具体介绍如下。

#### 1. 添加水平参考线

使用 pyplot 模块的 axhline()函数可以添加水平参考线，并根据自己的需求自定义水平参考线的样式。axhline()函数的语法格式如下。

```
axhline(y=0, xmin=0, xmax=1, **kwargs)
```

上述函数中常用参数的含义如下。

① y：表示水平参考线的 $y$ 坐标，默认值为 0。

② xmin：表示水平参考线的起始位置，默认值为 0，即参考线从 $x$ 轴起始点开始绘制。

③ xmax：表示水平参考线的结束位置，默认值为 1，即参考线绘制到 $x$ 轴的结束点。

④ **kwargs：表示其他可选参数，用于自定义水平参考线的属性。例如，参数 linestyle 用于设置水平参考线的线条类型，参数 linewidth 用于设置水平参考线的宽度等。如果不提供其他参数，则水平参考线的样式将统一使用默认值。

此外，还可以使用 Axes 类对象的 axhline()方法在图表的指定位置添加水平参考线，axhline()方法与 axhline()函数的参数用法相同，此处不再过多赘述。

#### 2. 添加垂直参考线

使用 pyplot 模块的 axvline()函数可以添加垂直参考线，并根据自己的需求自定义垂直参考线的样式。axvline()函数的语法格式如下。

```
axvline(x=0, ymin=0, ymax=1, **kwargs)
```

上述函数中常用参数的含义如下。

① x：表示垂直参考线的 $x$ 坐标，默认值为 0。

② ymin：表示垂直参考线的起始位置，默认值为 0，即参考线从 $y$ 轴起始点开始绘制。

③ ymax：表示垂直参考线的结束位置，默认值为 1，即参考线绘制到 $y$ 轴的结束点。

④ **kwargs：表示其他可选参数，用于自定义垂直参考线的属性。

此外，还可以使用 Axes 类对象的 axvline()方法在图表的指定位置添加垂直参考线，axvline()方法与 axvline()函数的参数用法相同，此处不再过多赘述。

接下来，在 3.4.1 小节绘制的正弦和余弦曲线图中添加参考线，增加的代码如下。

```
# 添加参考线
plt.axvline(x=0, linestyle='--', linewidth=1)
plt.axhline(y=0, linestyle='--', linewidth=1)
```

上述代码中分别调用 axvline()和 axhline()函数在图表中添加垂直参考线和水平参考线。这两个函数中参数 linestyle 的值为'--'，说明参考线的类型为虚线。参数 linewidth 的值为 1，说明参考线的线宽为 1。这样可以区分参考线与曲线的样式。关于线条的样式会在第 4 章进行详细介绍。

运行代码，效果如图 3-11 所示。

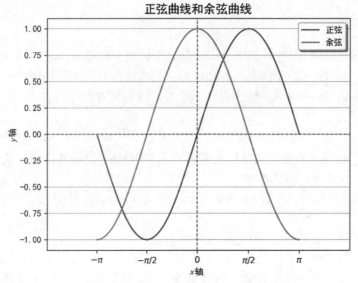

【扫描看图】

图3-11　正弦和余弦曲线图——添加参考线

从图 3-11 中可以看出，$x$ 轴和 $y$ 轴上坐标为 0 的位置添加了两条虚线，这两条虚线就是参考线。

### 3.5.2　添加参考区域

参考区域是在图表中划定的一段特定范围，用于突出显示该范围内的数据、区分不同数据区域或提供背景信息。参考区域按方向的不同可分为水平参考区域和垂直参考区域。Matplotlib 中提供了添加水平参考区域和垂直参考区域的方式，具体介绍如下。

**1. 添加水平参考区域**

使用 pyplot 模块的 axhspan() 函数可以添加水平参考区域，并根据自己的需求自定义水平参考区域的样式。axhspan() 函数的语法格式如下。

```
axhspan(ymin, ymax, xmin=0, xmax=1, **kwargs)
```

上述函数中常用参数的含义如下。

① ymin：表示水平参考区域的下边界。

② ymax：表示水平参考区域的上边界。

③ xmin：表示水平参考区域的左边界，默认值为 0，即从 $x$ 轴起始点开始绘制。

④ xmax：表示水平参考区域的右边界，默认值为 1，即绘制到 $x$ 轴的结束点。

⑤ **kwargs：可选参数，用于自定义水平参考区域样式的属性。例如，参数 alpha 用于设置参考区域的透明度，取值范围为 0~1，其中 0 代表完全透明，1 代表完全不透明。

**2. 添加垂直参考区域**

使用 pyplot 模块的 axvspan() 函数可以添加垂直参考区域，并根据自己的需求自定义垂直参考区域的样式。axvspan() 函数的语法格式如下。

```
axvspan(xmin, xmax, ymin=0, ymax=1, **kwargs)
```

上述函数值常用参数的含义如下。

① xmin：表示垂直参考区域的左边界。

② xmax：表示垂直参考区域的右边界。

③ ymin：表示垂直参考区域的下边界，默认值为 0，即从 $y$ 轴起始点开始绘制。

④ ymax：表示垂直参考区域的上边界，默认值为 1，即绘制到 $y$ 轴的结束点。

此外，还可以使用 Axes 类对象的 axhspan() 和 axvspan() 方法为图表添加水平参考区域和垂直参考区域，这两个方法与 axhspan() 和 axvspan() 函数的参数用法相同，此处不再过多赘述。

接下来，在 3.5.1 小节绘制的正弦和余弦曲线图中添加参考区域，增加的代码如下。

```
# 添加参考区域
plt.axvspan(xmin=0.5, xmax=2.0, alpha=0.3)
plt.axhspan(ymin=0.5, ymax=1.0, alpha=0.3)
```

运行代码，效果如图 3-12 所示。

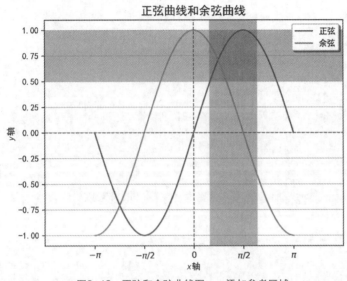

【扫描看图】

图3-12 正弦和余弦曲线图——添加参考区域

从图 3-12 中可以看出，绘图区域中添加了两块矩形区域，这两块矩形区域就是参考区域。

### 3.5.3 实例 4：全校高二年级各班男生、女生英语成绩

为了全面了解上学期各班级男生和女生在英语方面的学习情况，学校进行了一次英语考试，并在考试结束后对全体学生的成绩进行了统计，不仅计算了全体高二年级学生的平均成绩（88.5 分），以获取整个年级的英语整体水平，还计算了各个班级男生和女生的平均成绩，以了解不同班级男生、女生的学习表现和差距。高二年级各班男生、女生的英语平均成绩如表 3-2 所示。

表 3-2 高二年级各班男生、女生的英语平均成绩

| 班级名称 | 男生英语平均成绩 | 女生英语平均成绩 |
| --- | --- | --- |
| 高二 1 班 | 90.5 | 92.7 |
| 高二 2 班 | 89.5 | 87.0 |
| 高二 3 班 | 88.7 | 90.5 |
| 高二 4 班 | 88.5 | 85.0 |
| 高二 5 班 | 85.2 | 89.5 |
| 高二 6 班 | 86.6 | 89.8 |

　　根据表 3-2 的数据绘制一张柱形图，具体要求如下。

　　（1）图中总共有两组柱形，分别代表各个班级男生和女生的英语平均成绩。

　　（2）图中有一条类型为虚线的水平参考线，代表全体高二年级学生的平均成绩。

　　（3）添加标题，标题的内容为"高二各班男生、女生英语平均成绩"。

　　（4）添加 y 轴的标签，标签的内容是"分数"。

　　（5）设置 x 轴的刻度及刻度标签，标签的内容是所有班级名称。

　　（6）添加图例，图例位于右下角位置。

　　按照要求编写代码绘制柱形图，用于反映高二年级各班男生、女生的英语平均成绩，具体代码如下。

```
1   import numpy as np
2   import matplotlib.pyplot as plt
3   plt.rcParams['font.sans-serif'] = ['SimHei']
4   fig = plt.figure()
5   ax = fig.add_subplot()
6   # 男生和女生的英语平均成绩
7   men_means = (90.5, 89.5, 88.7, 88.5, 85.2, 86.6)
8   women_means = (92.7, 87.0, 90.5, 85.0, 89.5, 89.8)
9   x = np.arange(len(men_means))
10  width = 0.2
11  # 绘制两组柱形
12  ax.bar(x - width / 2, men_means, width, label='男生平均成绩')
13  ax.bar(x + 0.15, women_means, width, label='女生平均成绩')
14  # 添加标题
15  ax.set_title('高二各班男生、女生英语平均成绩')
16  # 设置 y 轴的标签
17  ax.set_ylabel('分数')
18  # 设置 x 轴的刻度及刻度标签
19  ax.set_xticks(x)
20  ax.set_xticklabels(['高二1班', '高二2班', '高二3班', '高二4班',
21                      '高二5班', '高二6班'])
22  # 添加水平参考线
23  ax.axhline(88.5, linestyle='--', linewidth=1.0, label='全体平均成绩')
24  # 添加图例
25  ax.legend(loc="lower right")
26  plt.show()
```

　　上述代码中，第 15 行代码通过 ax 对象调用 set_title()方法添加标题，第 17 行代码调用 set_ylabel()方法设置 y 轴的标签，第 19～21 行代码分别调用 set_xticks()和 set_xticklabels()方法设置 x 轴的刻度及刻度标签，第 23 行代码调用 axhline()方法添加水平参考线，用于展示全体平均成绩，第 25 行代码调用 legend()方法添加图例。

　　运行代码，效果如图 3-13 所示。

　　在图 3-13 中，虚线代表高二年级的英语平均成绩。由图 3-13 可知，高二 2 班、4 班女生和 5 班、6 班男生对应的柱形低于参考线，说明这些班级男生或女生的平均成绩均低于高二年级的英语平均成绩。针对这种情况，教师可以采取一些措施来提升这些班级学生的英语学习水平，例如提供辅导课程，调整教学方法，鼓励学生积极参与英语学习活动等。

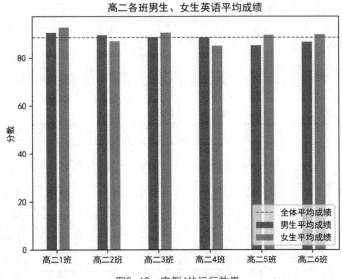

【扫描看图】

图3-13　实例4的运行效果

## 3.6　添加注释文本

注释文本是图表的重要组成部分，它能够对图形进行简短描述，有助于用户理解图表。注释文本按注释对象的不同主要分为指向型注释文本和无指向型注释文本，其中指向型注释文本一般是针对图表某一部分的特定说明，无指向型注释文本一般是针对图表整体的特定说明。接下来，本节将介绍添加指向型注释文本和无指向型注释文本的方式。

### 3.6.1　添加指向型注释文本

指向型注释文本是图表中使用的一种注释方式，它通过指示箭头或指示线将注释内容与目标位置连接起来，以突出注释内容与目标位置的关联性。注释内容用于解释和说明目标位置的特点、属性或含义。在 Matplotlib 中，使用 pyplot 模块的 annotate()函数可以为图表添加指向型注释文本，该函数的语法格式如下。

```
annotate(text, xy, xytext=None, xycoords='data', textcoords=None,
         arrowprops=None, annotation_clip=None, **kwargs)
```

上述函数中常用参数的含义如下。

① text：表示注释文本的内容。

② xy：表示被注释位置的坐标，接收形如(x, y)的元组。

③ xytext：表示注释文本所在的坐标位置，接收形如(x, y)的元组。如果未指定，则默认与数据点的位置相同。

④ arrowprops：用于设置指示箭头的外观，默认值为 None，即不绘制箭头，只绘制指示线。arrowprops 参数接收一个字典，通过向字典中添加键值对来控制指示箭头的外观，常用的键包括 width、headwidth、headlength、shrink、arrowstyle 等，其中 arrowstyle 与其他键属于互斥关系，也就是说，如果指定了 arrowstyle，则其他控制箭头外观的键将不再起作用，而是由 arrowstyle 决定箭头的整体样式。关于这几个常用键的说明如下。

- width：用于指定箭头线的宽度，以点为单位。
- headwidth：用于指定箭头头部的宽度，以点为单位。
- headlength：用于指定箭头头部的长度，以点为单位。
- shrink：用于指定箭头的缩进量。
- arrowstyle：用于指定箭头的样式，其对应的取值及箭头样式如表 3-3 所示。

表 3-3　arrowstyle 参数的取值及其对应的箭头样式

| 取值 | 样式 | 取值 | 样式 |
|---|---|---|---|
| - | —— | ]- | ⊣ |
| <- | ← | -[ | ⊤[ |
| -> | → | ]-[ | ⊣⊢ |
| <-> | ↔ | \|-\| | ⊢ |
| <\| | ← | ]-> | ⊣→ |
| -\|> | → | <-[ | ←[ |
| <\|-\|> | ←→ | simple | ➡ |
| fancy | ➤ | wedge | ◢ |

此外，还可以使用 Axes 类对象的 annotate()方法在图表中添加指向型注释文本，这个方法与 annotate()函数的参数用法相同，此处不再过多赘述。

接下来，在 3.5.2 小节绘制的正弦和余弦曲线图中添加指向型注释文本，增加的代码如下。

```
# 添加指向型注释文本
plt.annotate("最小值", xy=(-np.pi / 2, -1.0),
             xytext=(-(np.pi / 2), -0.5),
             arrowprops=dict(arrowstyle="->"))
```

上述代码调用 annotate()函数添加指向型注释文本，该函数中第一个参数的值为"最小值"，说明注释文本的内容为"最小值"；参数 xy 的值为(-np.pi / 2, -1.0)，说明被注释数据点的 $x$ 坐标为 $-\pi/2$，$y$ 坐标为 -1.0；参数 xytext 的值为(-(np.pi / 2), -0.5)，说明注释文本的 $x$ 坐标为 $-\pi/2$，$y$ 坐标为 -0.5；参数 arrowprops 的值为 dict(arrowstyle="->")，用于指定箭头的样式为——→。

运行代码，效果如图 3-14 所示。

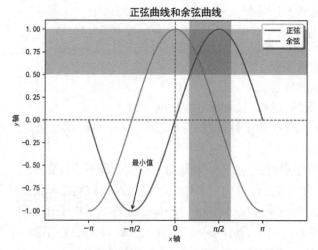

【扫描看图】

图3-14　正弦和余弦曲线图——添加指向型注释文本

从图 3-14 中可以看出，（-π/2, -0.5）处添加了一个带指示箭头的注释文本，注释文本的内容是"最小值"。

### 3.6.2　添加无指向型注释文本

无指向型注释文本通常是指在图表中额外添加的一段文本，它与被注释的图形元素之间没有明确的指示箭头或指示线进行关联，通常用于对整个图表或者特定的图形元素提供说明、标签或注释信息。在 Matplotlib 中，使用 pyplot 模块的 text()函数可以为图表添加无指向型注释文本，该函数的语法格式如下。

```
text(x, y, s, fontdict=None, bbox=None, ha='left', va='baseline',
    **kwargs)
```

上述函数中常用参数的含义如下。

① x、y：表示注释文本的 $x$ 坐标和 $y$ 坐标，用于控制注释文本的位置。

② s：表示注释文本的内容。

③ fontdict：用于控制注释文本的字体样式，该参数需要接收一个字典。

④ bbox：用于控制注释文本的边框样式。该参数需要接收一个字典，字典的键是预定义的字符串，常见的键具体如下。

- boxstyle：边框的形状，取值可以是'square'（正方形）、'circle'（圆形）、'ellipse'（椭圆形）、'larrow'（向左的箭头形状）、'rarrow'（向右的箭头形状）、'darrow'（向下的箭头形状）、'round'（圆角矩形）等。

- alpha：边框的透明度，取值范围从 0 到 1，0 表示完全透明，1 表示完全不透明。

- pad：边框内部文本与边框边缘的距离。

- linewidth：边框线的宽度。

⑤ ha：表示文本的水平对齐方式，默认值为'left'，即文本在水平方向上左对齐，该参数的取值还包括'center'（居中对齐）和'right'（右对齐）。

⑥ va：表示文本的垂直对齐方式，默认值为'baseline'，即文本在垂直方向上与水平基线对齐，该参数还支持一些其他取值，包括'center'（居中对齐）、'top'（顶部对齐）、'bottom'（底部对齐）和'center_baseline'（居中且与水平基线对齐）。

此外，还可以使用 Axes 类对象的 text()方法在图表中添加无指向型注释文本，这个方法与 text()函数的参数用法相同，此处不再过多赘述。

接下来，在 3.6.1 小节绘制的正弦和余弦曲线图中添加无指向型注释文本，增加的代码如下所示。

```
# 添加无指向型注释文本
plt.text(3.1, 0.1, "y=sin(x)", bbox=dict(alpha=0.2, boxstyle='round'))
```

运行代码，效果如图 3-15 所示。

从图 3-15 中可以看出，正弦曲线末尾右端增加了一个带圆角矩形边框的注释文本，注释文本的内容是"y=sin(x)"。

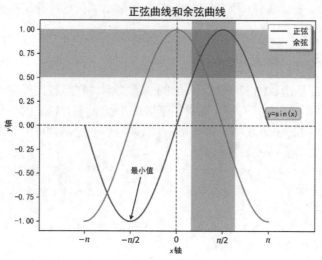

【扫描看图】

图3-15　正弦和余弦曲线图——添加无指向型注释文本

### 3.6.3　实例 5：2018—2022 年国内生产总值（添加注释文本）

虽然柱形图中可以通过柱形的高度反映每组数据的大小，但是仍然无法让用户精准地知道具体数值。因此，柱形图经常会与注释文本配合使用，在柱形的顶部标注具体数值。

在 2.2.2 小节的实例中绘制了一张柱形图，用于展示 2018—2022 年的国内生产总值，但图表中并没有标注出具体的数值，可能导致读者无法准确获取每年的生产总值。为了提供更详细的数值信息，这里将在每个柱形的顶部添加无指向型注释文本，以标注具体的数值。

下面在 2.2.2 小节代码的基础上修改代码，在柱形图中添加注释文本，具体代码如下。

```
1   import numpy as np
2   import matplotlib.pyplot as plt
3   plt.rcParams['font.sans-serif'] = ['SimHei']
4   x = np.arange(1, 6)
5   y = np.array([919281, 986515, 1013567, 1149237, 1210207])  # 生产总值
6   # 根据 x 和生产总值 y 绘制一组柱形
7   plt.bar(x, y, tick_label=['2018年', '2019年', '2020年',
8           '2021年', '2022年'], width=0.5)
9   # 设置 y 轴的刻度标签显示为原始数字
10  plt.ticklabel_format(style='plain', axis='y')
11  # 添加无指向型注释文本
12  for i in range(len(y)):
13      plt.text(x[i], y[i], str(y[i]), ha='center', va='bottom')
14  # 设置 y 轴的标签
15  plt.ylabel('生产总值（亿元）')
16  plt.show()
```

上述代码中，第 12～13 行代码创建一个循环用于遍历整数序列，循环的次数与 y 的长度保持一致，在循环内部调用 text() 函数添加无指向型注释文本，该函数中前两个参数的值为 x[i] 和 y[i]，说明将 x 和 y 的每个值作为注释文本的坐标；第 3 个参数的值为 str(y[i])，说明注释文本的内容为生产总值；参数 ha 的值为 'center'，用于将注释文本与柱形在水平方向居中对齐；参数 va 的值为 'bottom'，用于将注释文本底部紧贴到柱形上方。

运行代码，效果如图 3-16 所示。

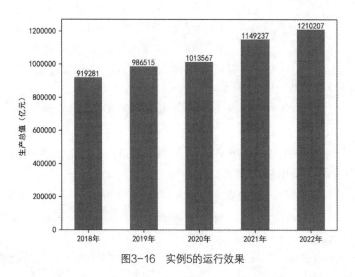

图3-16　实例5的运行效果

从图 3-16 中可以看出，每个柱形的上方都标注了具体的数值，便于用户准确了解各年份对应的生产总值。

## 3.7　添加表格

大部分图表在展示时通常只能呈现有限的信息，为了使用户能够准确地了解数据的更多细节，可以通过在图表中添加表格来提供更加详细的数据。Matplotlib 中提供了在图表中添加表格的方式。接下来，本节将对表格的添加进行讲解。

### 3.7.1　添加自定义样式的表格

在图表中，表格是一种用于罗列数据的工具，它由行和列组成，每个单元格可以包含文本、数字或其他类型的数据，便于用户快速比较不同行或列之间的数值。另外，用户可以自定义表格的样式，例如加粗标题行、高亮显示某些单元格或添加总计行等，这些操作能够提高表格的可读性。在 Matplotlib 中，使用 pyplot 模块的 table()函数可以为图表添加表格，并根据需要自定义表格的样式。table()函数的语法格式如下。

```
table(cellText=None, cellColours=None, cellLoc='right',
      colWidths=None, rowLabels=None, rowColours=None, rowLoc='left',
      colLabels=None, colColours=None, colLoc='center', loc='bottom',
      bbox=None, edges='closed', **kwargs)
```

上述函数中常用参数的含义如下。

① cellText：表示表格中每个单元格（行标题和列标题单元格除外）的文本，该参数接收一个二维列表或二维数组。

② cellColours：表示单元格的颜色，默认值为 None，即按默认颜色填充。

③ cellLoc：表示单元格中文本的对齐方式，该参数支持'left'、'right'和'center'3 种取值，默认值为'right'，即文本在单元格中靠右对齐。

④ colWidths：表示每列单元格的宽度，默认值为 None，即所有列将根据内容的宽度自动调整列宽。若希望自定义列宽，则需要传入一个列表，列表中一个元素对应一列单元格的宽度。

⑤ rowLabels：表示行标题单元格的文本，默认值为 None，即不显示行标题。

⑥ rowColours：表示行标题单元格的颜色，默认值为 None，即按与表格其他部分一致的颜色填充。

⑦ rowLoc：表示行标题的对齐方式，该参数支持'left'、'right'和'center'3 种取值，默认值为'left''，即标题在单元格中靠左对齐。

⑧ colLabels：表示列标题单元格的文本。

⑨ colColours：表示列标题单元格的颜色。

⑩ colLoc：表示列标题的对齐方式，该参数支持'left'、'right'和'center'3 种取值，默认值为'left'，即标题在单元格中靠左对齐。

⑪ loc：表示表格的位置，该参数支持'upper right'、'upper left'、'lower left'、'lower right'、'lower center'、'top'、'bottom'、'left'、'right'和'center'等几种取值，默认值为'bottom'，即将表格放在图表底部位置。

此外，还可以使用 Axes 类对象的 table()方法为图表添加表格，此方法与 table()函数的参数用法相似，此处不再赘述。

接下来，在 3.6.2 小节的基础上编写代码，为包含正弦曲线和余弦曲线的图表添加表格，具体代码如下所示。

```python
# 添加表格
plt.table(cellText=[[0, -1, 0, 1, 0], [-1, 0, 1, 0, -1]],
          colWidths=[0.08] * 5, cellLoc='center',
          rowLabels=['正弦值', '余弦值'], rowLoc='center',
          colLabels=['$-\pi$', '$-\pi/2$', '0', '$\pi/2$', '$\pi$'],
          colLoc='center', loc='lower right')
```

上述代码调用 table()函数为图表添加表格。该函数中参数 cellText 用于指定表格中每个单元格的文本；参数 colWidths 用于指定每个单元格的宽度均为 0.08；参数 cellLoc 用于指定单元格文本的对齐方式；参数 rowLabels 用于指定行标题单元格的文本；参数 rowLoc 用于指定行标题与单元格的对齐方式；参数 colLabels 用于指定列标题单元格的文本；参数 colLoc 用于指定列标题与单元格的对齐方式；参数 loc 用于指定表格位于图表的什么位置。

【扫描看图】

运行代码，效果如图 3-17 所示。

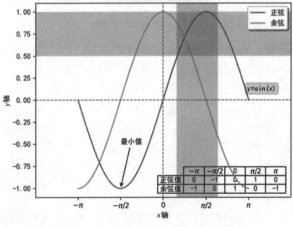

图3-17　正弦和余弦曲线图——添加表格

从图 3-17 中可以看出，绘图区域右下角的位置增加了一个表格，表格中分别罗列了-π、-π/2、0、π/2、π 这 5 个特殊值对应的正弦值和余弦值。

### 3.7.2　实例 6：2023 年各品种粮食产量

2023 年，我国全年粮食产量再创历史新高。据国家统计局统计，2023 年各品种粮食的产量具体如表 3-4 所示。

表 3-4　2023 年各品种粮食的产量

| 品种名称 | 产量（亿斤） |
|---|---|
| 玉米 | 5776.8 |
| 大豆 | 416.8 |
| 薯类 | 602.8 |
| 稻谷 | 4132.1 |
| 小麦 | 2731.8 |

下面根据表 3-4 的数据绘制一张饼图，具体要求如下。

（1）图中总共有 5 个扇区，分别对应一个品种名称。

（2）扇区中心位置显示其对应的百分比，保留一位小数。

（3）在扇区下方添加一张表格，用于罗列各品种粮食对应的具体产量。

按照要求编写代码绘制饼图，用于展示 2023 年各品种粮食的产量占比情况，具体代码如下。

```
1   import numpy as np
2   import matplotlib.pyplot as plt
3   plt.rcParams['font.sans-serif'] = ['SimHei']
4   fig = plt.figure()
5   ax = fig.add_subplot()
6   # 产量
7   company_count = np.array([5776.8, 416.8, 602.8, 4132.1, 2731.8])
8   # 品种名称
9   category_name = np.array(['玉米', '大豆', '薯类', '稻谷', '小麦'])
10  # 绘制图形
11  ax.pie(company_count, radius=1, labels=category_name, autopct='%.1f%%')
12  # 添加表格
13  ax.table(cellText=[company_count], cellLoc='center',
14          colWidths=[0.2] * 5, rowLabels=['产量(亿斤)'],
15          rowLoc='center', colLabels=category_name,
16          colLoc='center', loc='lower center')
17  plt.show()
```

上述代码中，第 13 行代码通过 ax 对象调用 table() 方法添加表格，该方法中参数 cellText 的值是一个二维列表，其中外层列表只有一个列表元素，内层列表有 5 个元素，说明表格的布局为 1 行 5 列；参数 loc 的值为 'lower center'，说明表格位于图表底部。

【扫描看图】

运行代码，效果如图 3-18 所示。

从图 3-18 中可以看出，玉米的产量最高，共 5776.8 亿斤，占比为 42.3%；稻谷的产量次之，共 4132.1 亿斤，占比

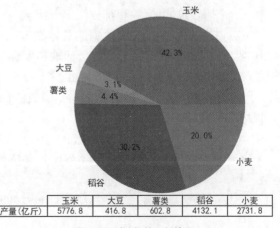

| 　 | 玉米 | 大豆 | 薯类 | 稻谷 | 小麦 |
|---|---|---|---|---|---|
| 产量(亿斤) | 5776.8 | 416.8 | 602.8 | 4132.1 | 2731.8 |

图3-18　实例6的运行效果

为30.2%；小麦的产量位居第三，共 2731.8 亿斤，占比为 20.0%。

## 3.8    本章小结

本章主要介绍了图表辅助元素的定制，首先介绍了图表常用的辅助元素，然后介绍了图表常见辅助元素的设置，包括坐标轴标签、刻度标签和刻度范围的设置，标题、图例、参考线、参考区域、注释文本、表格的添加以及网格的显示。通过学习本章的内容，读者能熟悉常见图表辅助元素的用途和用法，可以为图表选择合适的辅助元素。

## 3.9    习题

### 一、填空题

1. 在 pyplot 模块中，使用_____函数可以设置 $x$ 轴的标签。
2. 在图表中，_____用于解释不同数据系列或图形元素的含义。
3. _____注释文本通过指示箭头或指示线将注释内容与目标位置连接起来。
4. 在图表中，_____用于概括性描述或解释图表的内容。
5. 在 Matplotlib 中，可以使用 pyplot 模块的_____函数为图表添加标题。

### 二、判断题

1. Matplotlib 中的图例一直位于图表的右上方，它的位置是不能调整的。（      ）
2. 参考线可以为图形数据与特殊值之间的比较提供参考。（      ）
3. 坐标轴的标签代表图表名称，一般位于图表顶部居中的位置。（      ）
4. 若坐标轴没有刻度，则无法显示网格。（      ）
5. 坐标轴的刻度范围取决于数据的最大值和最小值。（      ）

### 三、选择题

1. 下列关于图表辅助元素的说法中，描述错误的是（      ）。
A. 标题一般位于图表的顶部中心，可以帮助用户理解图表要说明的内容
B. 参考区域是标记坐标轴上特殊值的一条直线
C. 图例通常由标签和符号两部分组成
D. 表格主要用于强调数据的具体细节
2. 下列选项中，用于设置坐标轴刻度标签的函数是（      ）。
A. xlim()              B. grid ()              C. xticks()              D. axhline()
3. 当使用 pyplot 模块的 legend()函数添加图例时，可以通过以下哪个参数控制图例的列数？（      ）
A. loc              B. ncol              C. bbox_to_anchor              D. fancybox
4. 下列选项中，能够为图表添加一条值为 1.5 的水平参考线的是（      ）。
A.

```
plt.axhline(y=1.5, ls='--', linewidth=1.5)
```

B.

```
plt.axhline(y=1, ls='--', linewidth=1.5)
```

C.

```
plt.axvline(x=1.5, ls='--', linewidth=1.5)
```

D.
```
plt.axvline(x=1, ls='--', linewidth=1.5)
```
5. 下列选项中，哪个生成的表格是 2 行 3 列且没有行标题的？（　　　）

A.
```
plt.table(cellText=[[6, 6, 6], [8, 8, 8]])
```
B.
```
plt.table(cellText=[[6, 6], [8, 8], [0, 0]])
```
C.
```
plt.table(cellText=[[6, 6], [8, 8], [0, 0]],
          rowLabels=['a', 'b', 'c'])
```
D.
```
plt.table(cellText=[[6, 6, 6], [8, 8, 8]], rowLabels=['a', 'b'])
```

## 四、简答题

1. 请简述指向型和无指向型注释文本的区别。

2. 请列举图表常用的辅助元素及其作用。

## 五、编程题

1. 在第 2 章"习题"中编程题第 1 题的基础上定制柱形图的辅助元素，具体要求如下。

（1）设置 $y$ 轴的标签，标签的内容为"平均成绩（分）"；

（2）设置 $x$ 轴的刻度标签，使所有的刻度和刻度标签位于两组柱形中间；

（3）添加标题，标题的内容为"高二男生、女生的平均成绩"；

（4）添加图例；

（5）在每个柱形的顶部添加注释文本，文本的内容为平均成绩。

定制完成的柱形图如图 3-19 所示。

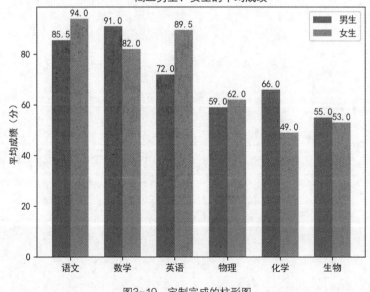

图3-19　定制完成的柱形图

2. 在第 2 章"习题"中编程题第 2 题的基础上定制饼图的辅助元素，具体要求如下。

（1）添加标题，标题的内容为"拼多多平台子类目的销售额"；

【扫描看图】

（2）添加图例，图例以两列的形式呈现；
（3）添加表格，罗列子类目的销售额。
定制完成的饼图如图 3-20 所示。

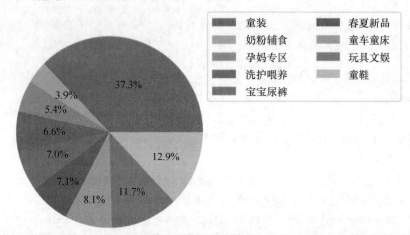

| | 童装 | 奶粉辅食 | 孕妈专区 | 洗护喂养 | 宝宝尿裤 | 春夏新品 | 童车童床 | 玩具文娱 | 童鞋 |
|---|---|---|---|---|---|---|---|---|---|
| 销售额(亿) | 29665 | 3135.4 | 4292.4 | 5240.9 | 5543.4 | 5633.8 | 6414.5 | 9308.1 | 10353 |

图3-20    定制完成的饼图

# 第4章

# 图表样式的美化

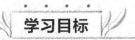

★ 熟悉默认图表样式，能够阐述常用配置项的功能。

★ 掌握图表样式的修改方式，能够通过局部修改和全局修改两种方式修改图表的样式。

★ 掌握使用基础颜色的方式，能够通过颜色参数将图表元素设置为指定的基础颜色。

★ 掌握使用颜色映射表的方式，能够通过关键字参数 cmap 和 set_cmap()函数对图表元素应用颜色映射表。

★ 掌握选择线条类型的方式，能够根据需求将线条设置为指定的类型。

★ 掌握数据标记的添加和修改方式，能够为折线图或散点图添加各种各样的数据标记。

★ 掌握设置字体样式的方式，能够为图表的文本设置指定样式的字体。

★ 掌握切换主题风格的方式，能够通过 use()函数切换图表的主题风格。

★ 掌握填充区域的方式，能够根据需求填充多边形或曲线之间的区域。

根据前文的实例可知，Matplotlib 绘制的图表默认采用了固定的样式，例如，线条的类型默认总是实线，散点图的数据点默认总是圆点，图形的颜色总是固定的一组颜色。这样的固定样式使图表显得十分单调。为了美化图表，Matplotlib 提供了一些修改图表样式的方式，图表样式包括颜色、线型、数据标记、字体和主题风格等。本章将详细介绍如何修改这些样式来美化图表。

## 4.1 图表样式概述

### 4.1.1 默认图表样式

Matplotlib 在绘图的过程中会读取本地存储的配置文件 matplotlibrc，并根据 matplotlibrc 文件中的默认配置信息指定图表元素的样式。这样一来，开发人员无须逐个设置图表元素的样式，可直接使用这些默认设置，使图表具有一致的外观和样式。

在 matplotlibrc 文件中，默认配置信息其实是众多图表元素的配置项，可以通过

rc_params()函数查看全部的配置项，示例代码如下。

```
import matplotlib
matplotlib.rc_params()
```

运行代码，结果如下所示。

```
RcParams({'_internal.classic_mode': False,
          'agg.path.chunksize': 0,
          'animation.bitrate': -1,
          'animation.codec': 'h264',
          'animation.convert_args': ['-layers', 'OptimizePlus'],
          ......
          'ytick.minor.right': True,
          'ytick.minor.size': 2.0,
          'ytick.minor.visible': False,
          'ytick.minor.width': 0.6,
          'ytick.right': False})
```

由以上结果可知，rc_params()函数返回一个 RcParams 类的对象。RcParams 类是从 dict 类继承而来的一个特殊的类，可以将它看作一个字典对象，可以使用键访问其对应的值，其中字典的键是配置项，值为配置项对应的默认值。

配置项主要由配置要素和属性两部分构成。配置要素是指配置项的类别或范围，比如 ytick、animation 等；属性指的是配置项在所属范围内的具体设置，比如 size、visible、width 等。

所有的配置项按作用对象的不同主要分为 10 种配置要素，包括 lines（线条）、patch（图形）、font（字体）、text（文本）、axes（坐标系）、xtick 和 ytick（刻度）、grid（网格）、legend（图例）、figure（画布）及 savefig（保存图像）。

Matplotlib 常用的配置项及其功能说明如表 4-1 所示。

表 4-1　Matplotlib 常用的配置项

| 配置项 | 说明 | 默认值 |
| --- | --- | --- |
| lines.color | 线条颜色 | 'C0'，即颜色循环的第一种颜色 |
| lines.linestyle | 线条类型 | '-'，即实线 |
| lines.linewidth | 线条宽度 | 1.5，即 1.5 点 |
| lines.marker | 线条标记 | 'None'，即没有标记 |
| lines.markerfacecolor | 标记颜色 | auto，即使用线条的颜色自动填充标记的颜色 |
| lines.markersize | 标记大小 | 6.0，即 6 点 |
| font.family | 字体系列 | 'sans-serif'，即无衬线字体 |
| font.sans-serif | 字体列表，用于指定无衬线字体的备选项，具体的值由操作系统决定。Matplotlib 会按照此列表中的顺序依次尝试使用这些字体，并选择第一个字体作为绘图的字体 | Windows 系统的默认值为 ['DejaVu Sans', 'Bitstream Vera Sans', 'Computer Modern Sans Serif', 'Lucida Grande', 'Verdana','Geneva', 'Lucid', 'Arial','Helvetica', 'Avant Garde','sans-serif'] |
| font.size | 字体大小 | 10.0，即 10 号 |
| font.style | 字体风格 | 'normal'，即正常风格 |
| axes.unicode_minus | 是否使用 Unicode 显示负号 | True，即使用 |
| axes.prop_cycle | 颜色循环，用于自动为图形中的多个线条或点等设置不同颜色 | cycler('color', ['1f77b4', 'ff7f0e', '2ca02c', 'd62728', '9467bd', '8c564b', 'e377c2', '7f7f7f', 'bcbd22', '17becf']) |
| figure.constrained_layout.use | 是否启用约束布局 | False，即不启用 |

需要说明的是，Matplotlib 载入时会主动调用 rc_params() 函数获取所有的默认配置信息，并将这些配置信息赋给特殊变量 rcParams。rcParams 的值是一个字典，用户通过访问字典 rcParams 的方式可以设置或获取相应的配置项。

### 4.1.2　图表样式修改

在 Matplotlib 中可以通过灵活地修改配置项来改变图表的样式，而不必拘泥于系统默认的配置。图表的样式可以通过两种方式进行修改：局部修改和全局修改。下面分别对这两种修改方式进行介绍。

#### 1. 局部修改

局部修改的方式是指通过代码动态地修改 Matplotlib 配置项，此方式用于满足程序局部定制的需求。若希望局部修改图表的样式，则可以通过以下任意一种方式实现。

（1）通过给绘图函数或者设置图表辅助元素的关键字参数传值来修改图表元素的样式。例如，调用 plot() 函数绘制线的同时将线条的宽度设为 3 点，具体代码如下。

```
plt.plot([1, 2, 3], [3, 4, 5], linewidth=3)
```

（2）通过 "rcParams[配置项]" 重新为指定的配置项赋值来修改图表元素的样式。例如，通过 rcParams 字典获取配置项 lines.linewidth，之后重新对该配置项进行赋值，将线条的宽度设为 3 点，具体代码如下。

```
plt.rcParams['lines.linewidth'] = 3
```

（3）通过给 rc() 函数的关键字参数传值来修改图表元素的样式。rc() 函数的语法格式如下。

```
rc(group, **kwargs)
```

上述函数的 group 参数表示配置要素，**kwargs 参数是一个关键字参数的字典，用于传递配置要素的属性及其对应的新值。例如，调用 rc() 函数修改线条宽度的配置项，将线条的宽度设为 3，具体代码如下。

```
plt.rc('lines', linewidth=3)
```

需要注意的是，第 1 种方式只能对某个图表中指定元素的样式进行修改，而第 2 种和第 3 种方式可以对整个代码文件中指定元素的样式进行修改。

#### 2. 全局修改

全局修改的方式是指直接修改 matplotlibrc 文件的配置项，此方式用于满足程序全局定制的需求，可以对指定的图表样式进行统一修改，不需要每次在具体的程序中进行单独修改，这不仅提高了代码的编写效率，还减轻了重复操作的负担。

matplotlibrc 文件主要存在于 3 个路径：当前工作路径、用户配置路径和系统配置路径，关于它们的介绍如下。

- 当前工作路径：程序运行的目录。
- 用户配置路径：通常位于 HOME/.matplotlib/ 目录中。
- 系统配置路径：位于 Matplotlib 安装路径下的 mpl-data 目录中。

Matplotlib 在加载 matplotlibrc 文件时会按照一定的顺序搜索上述 3 个路径：首先搜索当前工作路径中是否存在 matplotlibrc 文件，如果存在，则使用该文件进行配置，如果不存在则继续搜索用户配置路径；如果用户配置路径中存在，则使用该文件进行配置，如果不存在，则将会搜索系统配置路径。因此，当前工作路径的优先级最高，系统配置路径的优先级最低。

如果以上 3 个路径中都存在 matplotlibrc 文件，Matplotlib 将按照一定的优先级进行加载，较高优先级的路径下的文件的配置会覆盖较低优先级路径下的文件的配置。

Matplotlib 中可以使用 matplotlib_fname() 函数查看当前使用的 matplotlibrc 文件所在的路径，示例代码如下。

```
import matplotlib
# 获取当前使用的 matplotlibrc 文件的路径
matplotlib.matplotlib_fname()
```

运行代码，结果如下所示。

```
'C:\\Users\\itcast\\anaconda3\\Lib\\site-packages\\matplotlib\\
mpl-data\\matplotlibrc'
```

以上提供了多种修改图表样式的方式，具体选择哪种方式完全取决于程序的需求。若用户开发的程序中包含多个相同的配置项，可以采用全局修改的方式修改图表样式；若用户开发的程序中需要定制个别配置项，可以采用局部修改的方式灵活地修改图表的样式，例如，第 2 章中使用了 rcParams 字典设置中文字体。

## 4.2 使用颜色

在图表中，人们最容易感知的是图表中的颜色。正确使用颜色，可以使图表看起来更加美观，且易于用户理解和记忆。Matplotlib 内置了一些表示单一颜色的基础颜色和表示一组颜色的颜色映射表。接下来，本节将对基础颜色和颜色映射表的使用进行详细介绍。

### 4.2.1 基础颜色

基础颜色是一组预定义的颜色，例如红色、蓝色、绿色等。Matplotlib 中的基础颜色主要有 3 种表示方式：颜色单词或缩写、十六进制数、RGB 元组，具体介绍如下。

#### 1. 颜色单词或缩写表示的颜色

Matplotlib 中支持使用颜色单词或缩写表示 8 种颜色，分别是青色、洋红色、黄色、黑色、红色、绿色、蓝色、白色。8 种颜色的颜色单词和颜色缩写如表 4-2 所示。

表 4-2    8 种颜色的颜色单词和颜色缩写

| 颜色单词 | 颜色缩写 | 说明 |
| --- | --- | --- |
| cyan | c | 青色 |
| magenta | m | 洋红色 |
| yellow | y | 黄色 |
| black | k | 黑色 |
| red | r | 红色 |
| green | g | 绿色 |
| blue | b | 蓝色 |
| white | w | 白色 |

除了表 4-2 中罗列的颜色单词，Matplotlib 中还支持更多的颜色单词，可以通过 matplotlib.colors 模块下的 cnames 字典来查看所有可用的颜色单词，示例代码如下。

```
from matplotlib import colors
colors.cnames.keys()
```

运行代码，结果如下所示。

```
dict_keys(['aliceblue', 'antiquewhite', 'aqua', 'aquamarine', 'azure', 'beige',
'bisque', 'black', 'blanchedalmond', 'blue', 'blueviolet', 'brown', 'burlywood',
'cadetblue', 'chartreuse', 'chocolate', 'coral', 'cornflowerblue', 'cornsilk',
'crimson', 'cyan', ……, 'violet', 'wheat', 'white', 'whitesmoke', 'yellow',
'yellowgreen'])
```

#### 2. 十六进制数表示的颜色

Matplotlib 中支持使用十六进制数表示颜色，这些颜色代码以 #开头，后跟六位的十六进制数，前两位表示红色分量，中间两位表示绿色分量，最后两位表示蓝色分量。例如 #FF0000 表示红色，#00FF00 表示绿色，#0000FF 表示蓝色。这些颜色代码同样存储在 cnames 字典中，可通过访问 cnames 字典来查看全部十六进制数表示的颜色，示例代码如下。

```
from matplotlib import colors
colors.cnames.values()
```

运行代码，结果如下所示。

```
dict_values(['#F0F8FF', '#FAEBD7', '#00FFFF', '#7FFFD4', '#F0FFFF', '#F5F5DC',
'#FFE4C4', '#000000', '#FFEBCD', '#0000FF', '#8A2BE2', '#A52A2A', '#DEB887',
'#5F9EA0', '#7FFF00', '#D2691E', '#FF7F50', '#6495ED', '#FFF8DC', '#DC143C',
'#00FFFF', '#00008B', '#008B8B', ……, '#EE82EE', '#F5DEB3', '#FFFFFF', '#F5F5F5',
'#FFFF00', '#9ACD32'])
```

#### 3. RGB 元组表示的颜色

Matplotlib 支持使用 RGB 元组表示颜色，其中元组的第 1 个元素代表红色通道的颜色强度，第 2 个元素代表绿色通道的颜色强度，第 3 个元素代表蓝色通道的颜色强度，且每个元素的取值均是 0～1 的实数。元素的值越大，其对应的通道颜色越强烈。示例代码如下。

```
color = (0.3, 0.3, 0.4)
```

前面介绍的 3 种方式都可以表示颜色，那么如何将这些颜色应用到图表元素上呢？当调用绘图函数绘制图形元素，或者调用添加辅助元素的函数添加一些辅助元素时，可以给这些函数或方法中指定颜色的参数 color、c 或者其他颜色相关的参数传入要使用的颜色，从而将图形元素或辅助元素设置为指定的颜色。

例如，绘制一张折线图，将折线图中所有线条的颜色设置为绿色，并分别用多种方式表示绿色，具体代码如下。

```
# 设置线条的颜色为绿色，使用单词缩写的方式指定绿色
plt.plot([1, 2, 3], [3, 4, 5], color='g')
# 设置线条的颜色为绿色，使用十六进制数的方式指定绿色
plt.plot([1, 2, 3], [3, 4, 5], color='#2E8B57')
# 设置线条的颜色为绿色，使用 RGB 元组的方式指定绿色
plt.plot([1, 2, 3], [3, 4, 5], color=(0.0, 0.5, 0.0))
```

### 4.2.2  颜色映射表

颜色映射表（Colormap）是一种数据可视化的方法，用于将不同数值范围映射到颜色空间中，以便于在图表中使用颜色表示数据的特性。颜色映射表是由多种颜色按照一定的分布顺序排列而成的，这些颜色组成一个连续的或离散的颜色渐变。

Matplotlib 内置了众多预定义的颜色映射表，使用这些颜色映射表可以为用户提供更多的颜色建议，为用户节省大量的开发时间。pyplot 模块中提供了 colormaps()函数，该函数用于查看所有可用的颜色映射表，示例代码如下。

```
import matplotlib.pyplot as plt
plt.colormaps()
```

运行代码，结果如下所示。

```
['magma',
 'inferno',
 'plasma',
 'viridis',
 'cividis',
 'twilight',
 ......
 'magma_r',
 'inferno_r',
 'plasma_r',
 'viridis_r',
 'cividis_r',
 'twilight_r']
```

观察上述结果可知，颜色映射表的名称分为有_r 后缀和无_r 后缀两种，其中有_r 后缀的颜色映射表相当于同名的无_r 后缀的反转后的颜色映射表。例如，颜色映射表 demo 包含的颜色顺序为 black、white、gray，那么颜色映射表 demo_r 的颜色顺序为 gray、white、black。

为了帮助开发人员选择合适的颜色映射表，接下来通过一张表来描述 Matplotlib 中常用的颜色映射表及其特点，具体如表 4-3 所示。

表 4-3　常用的颜色映射表及其特点

| 颜色映射表 | 特点 | 适用场景 |
| --- | --- | --- |
| viridis | 从深蓝色到黄绿色的连续渐变色 | 适用于表示连续性的数据 |
| plasma | 从紫色到亮黄色的连续渐变色 | 适用于表示连续性的数据 |
| inferno | 从深红色到亮黄色的连续渐变色 | 适用于表示连续性的数据 |
| magma | 从暗紫色到亮黄色的连续渐变色 | 适用于表示连续性的数据 |
| cool | 从深蓝色到浅蓝色的连续渐变色 | 适用于表示温度等程度的数据 |
| hot | 从黑色到红色的连续渐变色 | 适用于表示温度等程度的数据 |
| spring | 从洋红色到黄色的连续渐变色 | 适用于表示温度等程度的数据 |
| summer | 从绿色到黄色的连续渐变色 | 适用于表示温度等程度的数据 |
| bwr | 从蓝色到白色再到红色的连续渐变色 | 适用于表示温度等程度的数据 |
| flag | 由红、白、蓝三色组成，对比度高，颜色分界明显 | 适用于表示正负值之间的转变 |

此外，开发人员也可以自定义新的颜色映射表。首先需要创建 ListedColormap 或 LinearSegmentedColormap 类的对象，其中 ListedColormap 类适用于创建离散的颜色映射表，LinearSegmentedColormap 类适用于创建连续的颜色映射表。根据自己的需求设置颜色映射表的参数，例如颜色列表、颜色的透明度、颜色分段等，然后通过 matplotlib.cm.register_cmap() 函数将自定义的颜色映射表添加到 Matplotlib 中。

Matplotlib 主要有两种使用颜色映射表的方式：第一种方式是在调用函数或方法，绘制图表或添加辅助元素时将颜色映射表传递给关键字参数 cmap；第二种方式是直接调用 set_cmap() 函数进行设置。不过在使用颜色映射表之前，需要先通过参数 c 指定每个图形对应的数值，之后颜色映射表会根据这些数值映射颜色。例如，使用颜色映射表 viridis，数值越小的图形映射的颜色越接近深蓝色，数值越大的图形映射的颜色越接近黄绿色。

不同的函数可能对参数 c 的要求略有不同，有些函数要求参数 c 接收一个标量、列表或一维数组，而有些函数要求参数 c 接收一个二维数组，具体的要求可以查阅相关函数的文档。例如，scatter() 函数中要求参数 c 需要接收一个列表或一维数组，其中每个元素对应一个数据点的数值。

下面以绘制散点图为例，演示如何通过两种方式在散点图中使用颜色映射表，具体内容如下。

（1）使用关键字参数 cmap 设置颜色映射表，示例代码如下。

```
x = np.array([2, 3, 5, 3, 4, 2])
y = np.array([2, 6, 3, 1, 5, 3])
# 绘制数据点，指定数据点的数值为 y，使用颜色映射表 viridis
plt.scatter(x, y, c=y, cmap=matplotlib.cm.viridis)
```

（2）使用 set_cmap()函数设置颜色映射表，示例代码如下。

```
x = np.array([2, 3, 5, 3, 4, 2])
y = np.array([2, 6, 3, 1, 5, 3])
# 绘制数据点，指定数据点的数值为 y
plt.scatter(x, y, c=y)
# 使用颜色映射表 viridis
plt.set_cmap(matplotlib.cm.viridis)
```

### 4.2.3 实例 1：2023 年全国居民人均消费支出及其构成

在当今物质丰富的社会背景下，居民的生活水平逐渐提高，消费支出逐渐成为评价一个家庭或一个社会的居民生活质量的重要指标之一。每个国家的居民的消费水平存在很大差异，我们有必要了解全国居民人均消费支出及其构成，了解不同消费构成带来的生活差异和民生变化。根据国家统计局公布的 2023 年数据，全国居民人均消费支出及其构成情况具体如表 4-4 所示。

表 4-4 全国居民人均消费支出及其构成情况

| 分类 | 费用（元） |
| --- | --- |
| 食品烟酒 | 7983 |
| 衣着 | 1479 |
| 居住 | 6095 |
| 生活用品及服务 | 1526 |
| 交通通信 | 3652 |
| 教育文化娱乐 | 2904 |
| 医疗保健 | 2460 |
| 其他用品及服务 | 697 |

下面根据表 4-4 的数据绘制一张饼图，将分类一列的数据作为饼图的标签，将费用一列的数据作为饼图的数据，并且为饼图中的扇区指定一组颜色，使饼图中每个部分的差异能够清晰地展示出来，具体代码如下。

```
1   import numpy as np
2   import matplotlib.pyplot as plt
3   plt.rcParams['font.sans-serif'] = ['SimHei']
4   fig = plt.figure()
5   ax = fig.add_subplot()
6   # 支出分类
7   kinds = ['食品烟酒', '衣着', '居住', '生活用品及服务', '交通通信',
8            '教育文化娱乐', '医疗保健', '其他用品及服务']
9   # 支出分类对应的费用
10  money_scale = np.array([7983, 1479, 6095, 1526,
11                          3652, 2904, 2460, 697])
```

```
12  # 饼图的颜色
13  pie_colors = np.array(['lightcoral', 'lightseagreen', 'darkorange',
14                          'skyblue', 'tomato', 'lawngreen', 'gold',
15                          'mediumpurple'])
16  # 处理百分比总和偏离 100 的情况
17  total = money_scale.sum()
18  percentages = np.round(money_scale / total * 100, 1)
19  percentages[-1] = 100 - percentages[:-1].sum()
20  # 绘制图形，给扇区指定一组颜色
21  patches, texts, autotexts = ax.pie(percentages, labels=kinds,
22                          colors=pie_colors, autopct='%.1f%%',
23                          startangle=90)
24  # 设置标签"其他用品及服务"的位置
25  texts[7].set_position((-0.35, 1.09))
26  plt.show()
```

上述代码中，第 7～15 行代码依次创建了 3 个数组 kinds、money_scale、pie_colors，分别表示支出分类、支出分类对应的费用、饼图的颜色。第 21～23 行代码通过 ax 对象调用 pie()函数绘制图形，该函数中参数 colors 的值为 pie_colors，说明根据一组颜色设置每个扇区的颜色，调用完成后将返回结果分别赋给变量 patches、texts、autotexts，其中变量 texts 的值是一个保存了饼图中所有标签的列表。

第 25 行代码先通过索引获取了最后一个标签，也就是标签"其他用品及服务"，再调用 set_position()方法单独设置最后一个标签的位置，避免最后一个标签与其他标签重叠在一起。

运行代码，效果如图 4-1 所示。

【扫描看图】

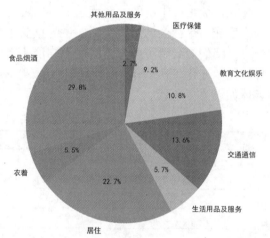

图4-1　实例1的运行效果

在图 4-1 中，每个扇区的颜色不再是默认的一组颜色，而是变成了重新指定的一组颜色。由图 4-1 可知，食品烟酒的占比最大，具体为 29.8%；居住的占比次之，具体为 22.7%。

## 4.3　选择线型

### 4.3.1　选择指定的线型

在同一图表中，每条线所代表的含义可能各不相同，它们对应的数据序列也不同。为了让用户更容易区分不同的数据序列，可以使用不同的线型代表它们，例如，使用实线表示一个数据序列，使用虚线表示另一个数据序列。Matplotlib 中总共有 4 种线型可供选择，分别是短虚线、点划线、长虚线、实线，默认情况下使用的是实线。这 4 种线型对应的取值和样式如图 4-2 所示。

| 线型取值 | 说明 | 样式 |
| --- | --- | --- |
| ':' | 短虚线 | ------------------------- |
| '-.' | 点划线 | —— - —— - —— - —— |
| '--' | 长虚线 | — — — — — — — — |
| '-' | 实线 | _____ |

图4-2　线型的取值和样式

当使用 pyplot 模块绘制折线图、显示网格或添加参考线时，可以将线型的取值传递给 linestyle 或 ls 参数，来选择线条类型。例如，将折线图中的线条设置为长虚线，具体代码如下。

```
import matplotlib.pyplot as plt
# 绘制一条线，线条的类型为长虚线
plt.plot([1, 2, 3], [3, 4, 5], linestyle='--')
plt.show()
```

运行代码，效果如图 4-3 所示。

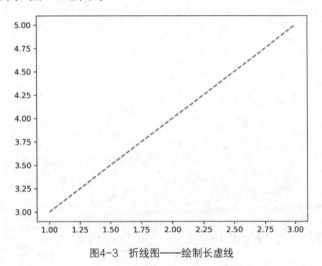

图4-3　折线图——绘制长虚线

### 4.3.2　实例 2：2023 年社会消费品零售总额同比增速

社会消费品零售总额按消费类型可以分为商品零售额和餐饮收入，已知 2023 年 11 月分别统计了前 10 个月的商品零售额和餐饮收入同比增速，具体如表 4-5 所示。

表 4-5　2023 年 1-10 月商品零售额和餐饮收入同比增速

| 月份 | 商品零售额同比增速（%） | 餐饮收入同比增速（%） |
| --- | --- | --- |
| 1-2 月 | 2.9 | 9.2 |
| 3 月 | 9.1 | 26.3 |
| 4 月 | 15.9 | 43.8 |
| 5 月 | 10.5 | 35.1 |
| 6 月 | 1.7 | 16.1 |
| 7 月 | 1.0 | 15.8 |
| 8 月 | 3.7 | 12.4 |
| 9 月 | 4.6 | 13.8 |
| 10 月 | 6.5 | 17.1 |

根据表 4-5 的数据绘制一张折线图，具体要求如下。

（1）图中总共有两条线，分别代表商品零售额和餐饮收入同比增速。

（2）商品零售额对应线条的样式：深蓝色、实线、宽度为 2。

（3）餐饮收入对应线条的样式：紫色、长虚线、宽度为 2。

（4）添加标题，标题内容为"2023 年 1-10 月商品零售额和餐饮收入同比增速"。

（5）添加水平网格，网格线的宽度为 0.5。

（6）添加 $y$ 轴的标签，标签的内容为"同比增速(%)"。

（7）添加图例，并自动选择最佳位置。

按照要求编写代码以绘制折线图，展示商品零售额和餐饮收入这两种类型社会消费品的同比增速，具体代码如下。

```
1   import numpy as np
2   import matplotlib.pyplot as plt
3   plt.rcParams['font.sans-serif'] = ['SimHei']
4   plt.rcParams["axes.unicode_minus"] = False
5   fig = plt.figure()
6   ax = fig.add_subplot()
7   # 商品零售额同比增速
8   goods_rate = np.array([2.9, 9.1, 15.9, 10.5, 1.7, 1.0, 3.7, 4.6, 6.5])
9   # 餐饮收入同比增速
10  catering_rate = np.array([9.2, 26.3, 43.8, 35.1, 16.1, 15.8,
11                            12.4, 13.8, 17.1])
12  # 月份
13  mouth = np.array(['1-2月', '3月', '4月', '5月', '6月', '7月',
14                    '8月', '9月', '10月'])
15  # 绘制第一条线，线的样式为：深蓝色、实线、宽度为2
16  ax.plot(mouth, goods_rate, color='#006374', linewidth=2,
17          label='商品零售额同比增速')
18  # 绘制第二条线，线的样式为：紫色、长虚线、宽度为2
19  ax.plot(mouth, catering_rate, color='#8a2e76', ls='--',
20          linewidth=2, label='餐饮收入同比增速')
21  ax.set_title('2023年1-10月商品零售额和餐饮收入同比增速')
22  ax.grid(visible=True, axis='y', linewidth=0.5)
23  ax.set_ylim(-10, 50)
24  ax.set_ylabel('同比增速(%)')
25  ax.legend()
26  plt.show()
```

上述代码中，第 16~17 行代码通过 ax 对象调用 plot()方法绘制第一条线，表示商品零售额同比增速，线条的颜色为深蓝色、类型为实线、宽度为 2；第 19~20 行代码再次通过 ax 对象调用 plot()方法绘制第二条线，表示餐饮收入同比增速,线条的颜色为紫色、类型为长虚线、宽度为 2。

【扫描看图】

运行代码，效果如图 4-4 所示。

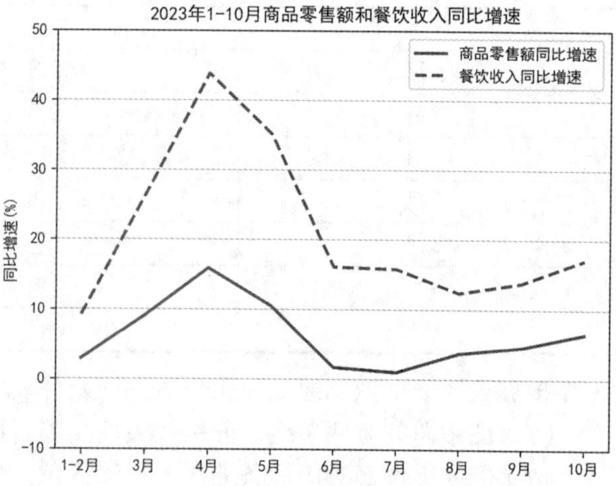

在图 4-4 中，虚线代表餐饮收入同比增速，实线代表商品零售额同比增速。由图 4-4 可知，餐饮收入同比增速高于商品零售额同比增速，同时，二者

图4-4  实例2的运行效果

从 1 月到 4 月均呈现快速增长的趋势，从 4 月到 6 月均呈现快速下降的趋势，从 6 月到 10 月总体均呈现增长的趋势。

## 4.4　添加或修改数据标记

数据标记是图表中突出显示数据点的可视化元素，能够直观标识数据位置并提升可读性。数据标记通过特定的符号标识数据，这些符号可以是圆点、方形、三角形或者其他符号，通常用在折线图或散点图中。在 Matplotlib 中，折线图默认只显示连接线而不显示数据标记，而散点图默认使用的数据标记为圆点。接下来，本节将介绍如何添加或修改折线图或散点图的数据标记。

### 4.4.1　添加或修改折线图或散点图的数据标记

Matplotlib 中内置了许多数据标记，使用这些数据标记可以在折线图或散点图中突出数据点。数据标记的取值、符号及说明如图 4-5 所示。

| 数据标记取值 | 符号 | 说明 |
|---|---|---|
| 's' | ■ | 正方形 |
| '8' | ● | 八边形 |
| '>' | ▶ | 右三角 |
| '<' | ◀ | 左三角 |
| '^' | ▲ | 正三角 |
| 'v' | ▼ | 倒三角 |
| 'o' | ● | 圆形 |
| 'X' | ✖ | 叉形 |
| 'P' | ✚ | 十字交叉形 |
| 'd' | ♦ | 长菱形 |
| 'D' | ◆ | 正菱形 |
| 'H' | ⬢ | 六边形1 |
| 'h' | ⬣ | 六边形2 |
| '*' | ★ | 星形 |

| 数据标记取值 | 符号 | 说明 |
|---|---|---|
| '+' | + | 加号 |
| ',' | · | 像素点 |
| '.' | • | 点 |
| '1' | Y | 下三叉 |
| '2' | ⅄ | 上三叉 |
| '3' | ≺ | 左三叉 |
| '4' | ≻ | 右三叉 |
| 'x' | × | 乘号 |
| '_' | — | 水平线 |
| 0 | — | 水平线，位于基线左方 |
| 1 | — | 水平线，位于基线右方 |
| '\|' | \| | 垂直线 |
| 2 | \| | 垂直线，位于基线上方 |
| 3 | \| | 垂直线，位于基线下方 |

| 数据标记取值 | 符号 | 说明 |
|---|---|---|
| 4 | ◀ | 朝左方向键，位于基线右方 |
| 5 | ▶ | 朝右方向键，位于基线左方 |
| 6 | ▲ | 朝上方向键，位于基线下方 |
| 7 | ▼ | 朝下方向键，位于基线上方 |
| 8 | ◀ | 朝左方向键，位于基线左方 |
| 9 | ▶ | 朝右方向键，位于基线右方 |
| 10 | ▲ | 朝上方向键，位于基线上方 |
| 11 | ▼ | 朝下方向键，位于基线下方 |

图4-5　数据标记

使用 pyplot 模块的 plot()或 scatter()函数绘制折线图或散点图时，可以将数据标记的取值传递给 marker 参数，这样便可以添加或修改指定的数据标记。例如，绘制一条带有星形数据标记的折线，具体代码如下。

```
import matplotlib.pyplot as plt
# 绘制一条线，线条的数据标记为星形
plt.plot([1, 2, 3], [3, 4, 5], marker='*')
plt.show()
```

除了设置数据标记的符号或形状，还可以通过其他参数调整数据标记的大小、颜色和透明度等属性。数据标记的其他参数具体如下。

① markeredgecolor 或 mec：表示数据标记的边框颜色，默认没有颜色。

② markeredgewidth 或 mew：表示数据标记的边框宽度，默认宽度为 1.0。

③ markerfacecolor 或 mfc：表示数据标记的填充颜色，默认没有颜色。

④ markerfacecoloralt 或 mfcalt：表示数据标记备用的填充颜色，默认没有颜色。

⑤ markersize 或 ms：表示数据标记的大小，默认大小为 6 点。

⑥ alpha：表示数据标记的透明度，默认值为 1.0，即完全不透明。

例如，为刚刚添加的星形数据标记设置大小和颜色，具体代码如下。

```python
import matplotlib.pyplot as plt
# 绘制一条线，线条的数据标记为星形，大小为 20 点，填充颜色为黄色
plt.plot([1, 2, 3], [3, 4, 5], marker='*', markersize=20,
         markerfacecolor='y')
plt.show()
```

运行代码，效果如图 4-6 所示。

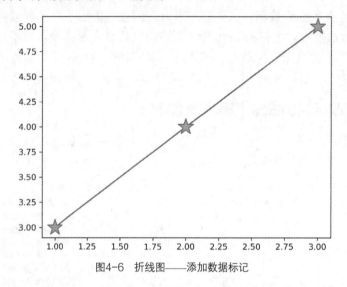

【扫描看图】

图4-6　折线图——添加数据标记

### 多学一招：Matplotlib 格式字符串

在 Matplotlib 中，如果想要在绘制折线图的同时指定线条的颜色、类型和数据标记的形状，则需要分别给参数 color、linestyle 或 ls、marker 传值，这样的编码方式显得过于烦琐。为了简化线条基本样式的设置方式，快速指定线条的类型、颜色和数据标记，Matplotlib 提供了由颜色、数据标记、线型构成的格式字符串，其语法格式如下。

```
'[颜色][数据标记][线型]'
```

该字符串的每个选项都是可选的，选项之间没有任何先后顺序，这些选项可以按照需求自由组合。当某个选项不需要指定时可以省略。需要说明的是，如果格式字符串中只有一个颜色选项，则可以使用颜色单词、颜色缩写、十六进制数这几种形式表示的颜色；如果格式字符串中除了颜色选项还有其他选项，则只能使用颜色缩写表示颜色。

pyplot 模块中 plot() 函数的参数 fmt 用于接收格式字符串，以便能同时为线条指定基本样式，但该参数不支持以 fmt 为关键字的形式传递，而支持以位置参数的形式传递。例如，绘制带有圆形标记的洋红色虚线，具体代码如下。

```python
import matplotlib.pyplot as plt
plt.plot([1, 2, 3], [3, 4, 5], 'mo--')
plt.show()
```

### 4.4.2　实例 3：标记各季度不同产品的销售额

已知某公司旗下共有 3 款明星产品：产品 A、产品 B 和产品 C，为了解每款产品全年的销售额，公司对每款产品各季度的销售额分别进行了统计，统计后的结果如表 4-6 所示。

表 4-6　各季度产品 A、B、C 的销售额

| 季度 | 产品 A 销售额（万元） | 产品 B 销售额（万元） | 产品 C 销售额（万元） |
|---|---|---|---|
| 第 1 季度 | 2144 | 853 | 153 |
| 第 2 季度 | 4617 | 1214 | 155 |
| 第 3 季度 | 7674 | 2414 | 292 |
| 第 4 季度 | 6666 | 4409 | 680 |

下面根据表 4-6 的数据绘制一张折线图，具体要求如下。

（1）图中总共有 3 条线，分别代表产品 A、产品 B 和产品 C 的销售额。

（2）产品 A 对应线条的样式：青色、实线、数据标记为正菱形。

（3）产品 B 对应线条的样式：洋红色、短虚线、数据标记为正三角形。

（4）产品 C 对应线条的样式：黄色、长虚线、数据标记为正方形。

（5）添加 $y$ 轴的标签，标签的内容为"销售额（万元）"。

（6）设置 $x$ 轴的刻度标签，标签的内容为季度一列的数据。

（7）添加网格，网格线的透明度为 0.5。

（8）添加图例，并自动选择最佳位置。

按照要求编写代码绘制折线图，用于展示不同季度产品 A、产品 B、产品 C 的销售额变化趋势，具体代码如下。

```
1   import numpy as np
2   import matplotlib.pyplot as plt
3   plt.rcParams['font.sans-serif'] = ['SimHei']
4   # 创建画布
5   fig = plt.figure()
6   # 添加绘图区域
7   ax = fig.add_subplot()
8   # 绘制 3 条线，每条线具有不同的样式
9   sale_a = np.array([2144, 4617, 7674, 6666])
10  sale_b = np.array([853, 1214, 2414, 4409] )
11  sale_c = np.array([153, 155, 292, 680] )
12  ax.plot(sale_a, 'cD-', sale_b, 'm^:', sale_c, 'ys--')
13  # 定制图表
14  ax.set_ylabel('销售额(万元)')
15  ax.set_xticks(np.arange(len(sale_c)))
16  ax.set_xticklabels(['第 1 季度', '第 2 季度', '第 3 季度', '第 4 季度'])
17  ax.grid(alpha=0.5)
18  ax.legend(['产品 A', '产品 B', '产品 C'])
19  # 展示图表
20  plt.show()
```

上述代码中，第 12 行代码通过 ax 对象调用 plot()方法绘制 3 条线，该方法中第 2 个参数的值是格式字符串'cD-'，用于设置第一条线的样式，即线条的颜色为青色，线条的数据标记为正菱形，线条的类型为实线；第 4 个参数的值是格式字符串'm^:'，用于设置第二条线的样式，即线条的颜色为洋红色，线条的数据标记为正三角形，线条的类型为短虚线；第 6 个参数的值是格式字符串'ys--'，用于设置第三条线的样式，即线条的颜色为黄色，线条的数据标记为正方形，线条的类型为长虚线。

运行代码，效果如图 4-7 所示。

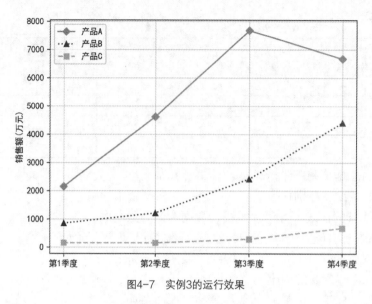

【扫描看图】

图4-7　实例3的运行效果

在图 4-7 中，每条线均使用数据标记标注了数据点的位置，其中带正菱形数据标记的青色实线表示产品 A 各季度的销售额；带正三角形数据标记的洋红色虚线表示产品 B 各季度的销售额；带正方形数据标记的黄色虚线表示产品 C 各季度的销售额。由图 4-7 可知，产品 A 在各季度的销售额都高于另两个产品，产品 C 在各季度的销售额都低于另两个产品。

## 4.5　设置字体

不同的字体具有不同的特点和风格，例如宋体给人传统、稳重的感觉；而黑体则给人沉稳、夺人眼球的印象。选择适合的字体可以增强图表的表达力，并确保文字信息的清晰传达。Matplotlib 提供了多种选项来设置图表中的字体样式，以满足不同需求。接下来，本节将针对图表中字体样式的设置进行详细讲解。

### 4.5.1　设置字体样式

字体样式是指字体呈现出的视觉特征和风格，比如字体类别、字体大小、字体旋转角度等。通过设置字体样式，可以改变文本的外观和表现效果，增加其可读性和视觉冲击力。

在 Matplotlib 中，可以为图表中的文本设置字体样式，包括图表标题、坐标轴标签、刻度标签、注释文本等。其实这些文本对象都是 text 模块中 Text 类的对象，可以通过之前介绍的 text()、annotate()、title()等函数进行创建。Text 类中提供了一系列设置字体样式的属性，包括字体类别、字体大小、字体风格、字体旋转角度等，常用的属性如表 4-7 所示。

表 4-7　Text 类的常用属性

| 属性 | 说明 |
| --- | --- |
| fontfamily 或 family | 用于设置字体族或字体名称，可以是系统字体名称或系统支持的其他字体名称，取值可以为 'serif'、'sans-serif'、'cursive'、'fantasy'和'monospace' |
| fontsize 或 size | 用于设置字体大小，既可以是以点为单位的绝对大小，也可以是相对大小，相对大小的取值包括'xx-small'（极小）、'x-small'（非常小）、'small'（小）、'medium'（中等）、'large'（大）、'x-large'（非常大）、'xx-large'（极大） |

续表

| 属性 | 说明 |
| --- | --- |
| fontstretch 或 stretch | 用于设置字体的拉伸程度，既支持 0～1000 的数值，也支持从'ultra-condensed'（极度压缩）、'extra-condensed'（非常压缩）、'condensed'（压缩）、'semi-condensed'（半压缩）、'normal'（正常）、'semi-expanded'（半扩展）、'expanded'（扩展）、'extra-expanded'（非常扩展）、'ultra-expanded'（极度扩展）中取任一值 |
| fontstyle 或 style | 用于设置字体风格，取值可以为'normal'（标准）、'italic'（斜体）或'oblique'（倾斜） |
| fontvariant 或 variant | 用于设置字体变体，取值可以为'normal'（正常字体样式）和'small-caps'（小型大写字体样式） |
| fontweight 或 weight | 用于设置字体粗细，既支持 0～1000 的数值，也支持从'ultralight'（非常细）、'light'（细型）、'normal'（正常粗细）、'regular'（正常粗细）、'book'（正常粗细）、'roman'（正常粗细）、'medium'（中等粗细）、'semibold'（半粗体）、'demibold'（半粗体）、'demi'（半粗体）、'bold'（加粗）、'heavy'（非常粗）、'extrabold'（非常粗）、'black'（特别粗）中取任一值 |
| rotation | 文本的旋转角度，既支持角度值，单位是°，也支持从'vertical'、'horizontal'中取任一值。旋转角度可以是正值或负值，其中正值表示顺时针旋转，负值表示逆时针旋转 |

需要说明的是，表 4-7 列举的属性也可以作为 text()、annotate()、title()函数的同名关键字参数，以便用户在创建文本的同时设置字体的样式。

例如，在折线图的线条上添加注释文本，并设置字体的相关属性，具体代码如下。

```
import matplotlib.pyplot as plt
plt.plot([1, 2, 3], [3, 4, 5])
# 添加注释文本，并设置文本的字体样式
plt.text(1.9, 3.75, 'y=x+2', bbox=dict(facecolor='y'), family='serif',
         fontsize=18, fontstyle='italic', rotation=-60)
plt.show()
```

上述代码中，调用 text()函数添加了无指向型注释文本，该函数中参数 bbox 的值为 dict(facecolor='y')，说明边框的填充颜色为黄色；参数 family 的值为'serif'，说明注释文本的字体族为衬线字体；参数 fontsize 的值为 18，说明注释文本的字体大小为 18 点；参数 fontstyle 的值为'italic'，说明注释文本的字体风格为斜体；参数 rotation 的值为-60，说明注释文本沿着逆时针方向旋转 60°。

运行代码，效果如图 4-8 所示。

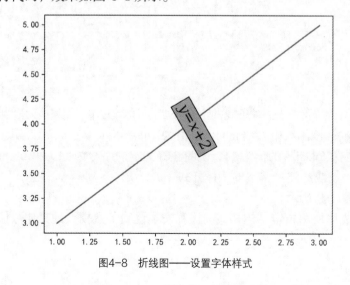

【扫描看图】

图4-8　折线图——设置字体样式

从图 4-8 中可以看出，线条上显示了注释文本，且注释文本旋转了一定的角度。

### 4.5.2　实例 4：未来 15 天的最高气温和最低气温（设置字体样式）

2.1.2 小节的实例 1 中绘制了折线图，通过折线图展示未来 15 天最高气温和最低气温的变化趋势，不过这张图既没有使用数据标记标注数据点的位置，也没有使用注释文本标注具体的气温值，影响用户对图表的解读。因此要在折线图中添加数据标记和注释文本，设置注释文本的字体样式，以增强图表的可读性。

下面在 2.1.2 小节实例 1 的基础上修改代码，在折线图中添加数据标记和注释文本，设置注释文本的字体样式，此外添加一些辅助元素，具体代码如下。

```
1   import numpy as np
2   import matplotlib.pyplot as plt
3   plt.rcParams['font.sans-serif'] = ['SimHei']
4   # 未来 15 天的日期
5   x = np.array(['9/4', '9/5', '9/6', '9/7', '9/8', '9/9', '9/10',
6                 '9/11', '9/12', '9/13', '9/14', '9/15', '9/16',
7                 '9/17', '9/18'])
8   # 未来 15 天的最高气温和最低气温
9   y_max = np.array([32, 33, 34, 34, 33, 31, 30, 29, 30, 29, 26, 23,
10                    21, 25, 31])
11  y_min = np.array([19, 19, 20, 22, 22, 21, 22, 16, 18, 18, 17, 14,
12                    15, 16, 16])
13  # 根据日期和最高气温绘制一条线
14  plt.plot(x, y_max, marker='o', label='最高气温')
15  # 根据日期和最低气温绘制一条线
16  plt.plot(x, y_min, marker='s', label='最低气温')
17  # 添加注释文本，设置注释文本的字体样式
18  x_temp = 0
19  for y_h, y_l in zip(y_max, y_min):
20      plt.text(x_temp, y_h + 0.6, y_h, family='Times New Roman',
21              fontsize=11, ha='center')
22      plt.text(x_temp, y_l + 0.6, y_l, family='Times New Roman',
23              fontsize=11, ha='center')
24      x_temp += 1
25  plt.title('未来 15 天的最高气温和最低气温')
26  plt.ylabel('气温($^\circ$C)')
27  plt.ylim(y_min.min() - 4, y_max.max() + 6)
28  plt.legend()
29  plt.show()
```

上述代码中，第 18~24 行代码在每条线的上方添加了注释文本，其中第 20 行代码调用 text()函数添加注释文本，该函数中参数 family 的值为'Times New Roman'，说明注释文本的字体为新罗马字体；参数 fontsize 的值为 11，说明注释文本的字号为 11，第 22 行代码采用相同的方式设置了另一条线的注释文本的字体样式。

运行代码，效果如图 4-9 所示。

在图 4-9 中，每条线均使用指定字体样式的注释文本说明了数据点的具体数值，便于用户了解每一天的气温。

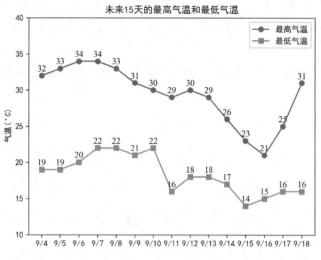

【扫描看图】

图4-9 实例4的运行效果

# 4.6 切换主题风格

主题风格指的是应用于图表的一组预定义的外观设置，用于定义图表的整体样式和可视化效果。主题风格包括颜色方案、字体样式、线条样式、背景设置和其他视觉元素。通过切换不同的主题风格，可以改变图表的外观，以适应不同的需求和偏好。

Matplotlib 的 style 模块中预定义了一些图表的主题风格，这些主题风格都存储于 matplotlib.style 模块内部的.mplstyle 文件中，可以通过访问 available 变量查看所有可用的主题风格的名称列表，示例代码如下。

```
import matplotlib.style as ms
ms.available
```

运行代码，结果如下所示。

```
['Solarize_Light2', '_classic_test_patch', '_mpl-gallery',
 '_mpl-gallery-nogrid', 'bmh', 'classic',
 'dark_background', 'fast', 'fivethirtyeight',
 'ggplot', 'grayscale', 'seaborn-v0_8',
 'seaborn-v0_8-bright', 'seaborn-v0_8-colorblind',
 'seaborn-v0_8-dark', 'seaborn-v0_8-dark-palette',
 'seaborn-v0_8-darkgrid', 'seaborn-v0_8-deep',
 'seaborn-v0_8-muted', 'seaborn-v0_8-notebook',
 'seaborn-v0_8-paper', 'seaborn-v0_8-pastel',
 'seaborn-v0_8-poster', 'seaborn-v0_8-talk',
 'seaborn-v0_8-ticks', 'seaborn-v0_8-white',
 'seaborn-v0_8-whitegrid', 'tableau-colorblind10']
```

在 Matplotlib 中，默认情况下不使用任何主题风格。可以使用 use()函数切换图表的主题风格，use()函数的语法格式如下。

```
use(style)
```

上述函数的参数 style 表示图表主题风格的名称，该参数可以接收 Matplotlib 中所有可用的主题风格的名称，也可以接收"default"来恢复默认设置。

例如，在 4.4.1 小节的折线图中切换主题风格为 "seaborn-dark"，具体代码如下。

```
ms.use('seaborn-dark')
```

运行代码，主题风格切换前后的折线图如图 4-10 所示。

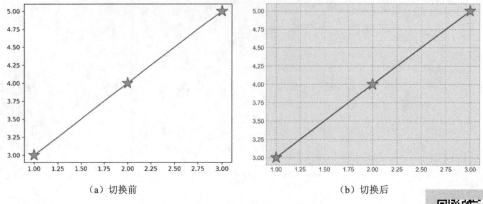

（a）切换前                    （b）切换后

图4-10    主题风格切换前后的折线图

【扫描看图】

## 4.7　填充区域

在数据可视化过程中，填充区域是一种常用的技巧，用于突出显示数据间的关系或比较不同数据集之间的差异。通过在曲线、多边形或坐标轴之间添加颜色块，填充区域能够给观众带来更直观的视觉效果，增强数据表达的力度和图表的可读性。Matplotlib 中提供了填充多边形或曲线之间的区域的方式。接下来，本节将针对填充区域的相关内容进行讲解。

### 4.7.1　填充多边形或曲线之间的区域

Matplotlib 中提供了多个函数填充多边形或曲线之间的区域，分别为 fill()、fill_between() 和 fill_betweenx()，其中 fill() 函数用于填充多边形，fill_between() 和 fill_betweenx() 函数分别用于填充两条水平曲线或垂直曲线之间的区域。下面分别介绍 fill()、fill_between() 和 fill_betweenx() 函数的用法。

#### 1. 使用 fill() 函数填充多边形

fill() 函数用于绘制多边形并填充指定的颜色，fill() 函数的语法格式如下。

```
fill(*args, data=None, facecolor=None, edgecolor=None,
     linewidth=1, alpha=1, **kwargs)
```

上述函数中常用参数的含义如下。

① *args：用于指定多边形的 x 坐标、y 坐标或者颜色。该参数支持以下几种形式的取值。

● 两个数组或序列，分别对应多边形顶点的 x 坐标和 y 坐标，比如 fill(x, y)。

● 两个数组或序列和一个字符串，第 1 个和第 2 个数组或序列分别对应多边形顶点的 x 坐标和 y 坐标，字符串用于指定填充颜色，比如 fill(x, y, "b")。

● 4 个数组或序列，前两个数组或序列对应一个多边形顶点的 x 坐标和 y 坐标，后两个数组或序列对应另一个多边形顶点的 x 坐标和 y 坐标，此情况下会产生两个多边形的填充区域，比如 fill(x, y, x2, y2)。

● 4 个数组或序列和两个字符串，前两个数组或序列对应一个多边形顶点的 x 坐标和

$y$ 坐标，第一个字符串用于指定多边形的颜色，后两个数组或序列对应另一个多边形顶点的 $x$ 坐标和 $y$ 坐标，第二个字符串用于指定另一个多边形的颜色，比如 fill(x, y, "b", x2, y2, "r")。

② data：用于指定数据的来源，默认没有指定。如果指定了数据来源，则可以直接使用列名引用数据而不需要指定坐标，比如 fill("time", "signal", data={"time": [0, 1, 2], "signal": [0, 1, 0]})。

③ facecolor：表示填充区域的颜色，默认填充区域的颜色为蓝色。如果 *args 参数已经指定了填充颜色，那么通过 facecolor 参数指定其他颜色后会覆盖之前的颜色。

④ edgecolor：表示填充区域边缘线的颜色，默认填充区域边缘线的颜色和填充区域颜色相同。

⑤ linewidth：表示填充区域边缘线的宽度，默认填充区域边缘线的宽度为 1。

⑥ alpha：表示填充区域的透明度，默认是完全不透明。

需要说明的是，当使用 fill() 函数绘制填充区域时，会自动将绘制区域的起点和终点相连，从而形成一个封闭的多边形。

例如，绘制一个由 5 个顶点构成的多边形，并给多边形填充指定的颜色，具体代码如下所示。

```
import matplotlib.pyplot as plt
x_data = [1, 2, 3, 4, 5]
y_data = [1, 4, 9, 16, 25]
# 填充多边形
plt.fill(x_data, y_data, facecolor='red', edgecolor='black',
         linewidth=2, alpha=0.3)
plt.show()
```

【扫描看图】

上述代码中，首先创建了两个列表，每个列表里面包含 5 个元素，然后调用 fill() 函数填充多边形。该函数中传入参数 facecolor 的值为'red'，说明多边形的颜色为红色；参数 edgecolor 的值为'black'，说明多边形边缘线的颜色为黑色；参数 linewidth 的值为 2，说明多边形边缘线的宽度为 2；参数 alpha 的值为 0.3，说明多边形是稍微透明的。

运行代码，效果如图 4-11 所示。

**2. 使用 fill_between() 函数填充两条水平曲线之间的区域**

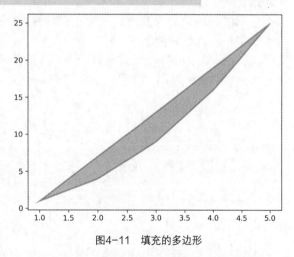

图4-11　填充的多边形

fill_between() 函数用于填充两条水平曲线之间的区域，突出某个范围或者展示数据的不确定性。fill_between() 函数的语法格式如下。

```
fill_between(x, y1, y2=0, where=None, interpolate=False, step=None,
             *, data=None, **kwargs)
```

上述函数中常用参数的含义如下。

① x：表示水平曲线的 $x$ 坐标，接收一个数组或序列。

② y1：表示第一条水平曲线的 $y$ 坐标。

③ y2：表示第二条水平曲线的 *y* 坐标，默认值为 0。

④ where：用于接收一个条件表达式，表示要填充区域的条件。y1>y2 表示第一条水平曲线位于第二条水平曲线上方时填充区域；y1<y2 表示第二条水平曲线位于第一条水平曲线上方时填充区域。

⑤ step：表示填充方式，该参数的取值可以为整数或字符串。若取值为整数，则表示填充区域的步长，比如 step =1，会在相邻两个数据点之间填充，形成一系列垂直方向的矩形。若取值为字符串，则可以是'pre'、'post'或'mid'中任意一个，其中'pre'代表在当前 x 值之前填充，'post'代表在当前 x 值之后填充，'mid'代表在当前 x 值中间填充。

### 3. 使用 fill_betweenx()函数填充两条垂直曲线之间的区域

fill_betweenx()函数用于填充两条垂直曲线之间的区域，其语法格式如下。

```
fill_betweenx(y, x1, x2=0, where=None, step=None, interpolate=False,
              *, data=None, **kwargs)
```

该函数常用参数的含义如下。

① y：表示垂直曲线的 *y* 坐标，接收一个数组或序列。

② x1：表示第一条垂直曲线的 *x* 坐标。

③ x2：表示第二条垂直曲线的 *x* 坐标，默认值为 0。

④ where：用于接收一个条件表达式，表示要填充区域的条件。x1>x2 表示第一条垂直曲线位于第二条垂直曲线右方时填充；x1<x2 表示第二条垂直曲线位于第一条垂直曲线右方时填充。

值得一提的是，还可以使用 Axes 类的 fill()、fill_between()和 fill_ betweenx()方法填充多边形或曲线之间的区域，这些方法与同名函数的参数用法相同，此处不再赘述。

接下来，绘制一条正弦曲线和余弦曲线，只要正弦曲线位于余弦曲线上方就将这两条曲线之间的区域填充为蓝色，只要正弦曲线位于余弦曲线下方就将这两条曲线之间的区域填充为橙色，具体代码如下。

```
import numpy as np
import matplotlib.pyplot as plt
x = np.linspace(0, 8 * np.pi, 1000)
sin_y = np.sin(x)
cos_y = np.cos(1.5 * x / np.pi) / 2
# 填充正弦曲线和余弦曲线之间的区域
plt.fill_between(x, cos_y, sin_y, cos_y < sin_y,
                 color='dodgerblue', alpha=0.5)
plt.fill_between(x, cos_y, sin_y, cos_y > sin_y,
                 color='orangered', alpha=0.5)
plt.show()
```

上述代码中，首先创建了 3 个数组 x、sin_y 和 cos_y，分别表示曲线的 *x* 坐标、正弦值和余弦值，然后调用 fill_between()函数填充正弦曲线和余弦曲线之间的区域。该函数中第四个和第五个参数的值分别为 cos_y < sin_y 和 color='dodgerblue'，说明余弦值小于正弦值时使用蓝色填充区域，接着再次调用 fill_between()函数填充正弦曲线和余弦曲线之间的区域，该函数中第四个和第五个参数的值分别为 cos_y > sin_y 和 color='orangered'，说明余弦值大于正弦值时使用橙色填充区域。

运行代码，填充正弦曲线和余弦曲线之间区域的效果如图 4-12 所示。

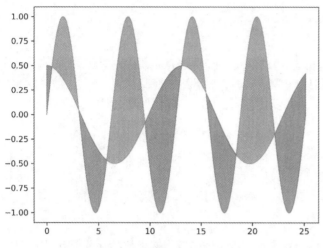

【扫描看图】

图4-12 填充正弦曲线和余弦曲线区域的效果

### 4.7.2 实例 5: 彩色的科赫雪花

科赫雪花,又称科赫曲线,是一种具有自相似结构的分形图形。其特点是由无限个相似的自我重复的图形组成,每个小部分都类似于整体的形状,外形看起来十分像雪花。科赫雪花的构建过程始于一个边长为 1 的等边三角形。在这个三角形中,在每边中间的三分之一处接上一个边长为原三角形三分之一的小三角形,然后将小三角形的底边去掉,得到一个六角形。随后,对六角形的每条边都进行同样的变换,即在每条边的中间三分之一处接上更小的三角形,如此循环。随着变换的进行,外围越来越曲折,形状逐渐接近理想化的雪花。科赫雪花的构建过程如图 4-13 所示。

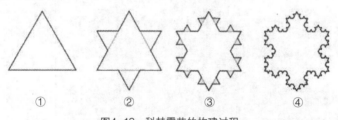

①      ②      ③      ④

图4-13 科赫雪花的构建过程

下面绘制一个科赫雪花的形状,给科赫雪花的形状填充指定的颜色,具体代码如下。

```
1   import numpy as np
2   import matplotlib.pyplot as plt
3   # 定义函数,用于根据阶数 order 和尺度 scale 生成科赫雪花的坐标
4   def koch_snowflake(order, scale=10):
5     def _koch_snowflake_complex(order):
6       if order == 0:
7         # 初始的等边三角形
8         angles = np.array([0, 120, 240]) + 90
9         return scale / np.sqrt(3) * np.exp(np.deg2rad(angles) * 1j)
10      else:
11        ZR = 0.5 - 0.5j * np.sqrt(3) / 3
12        p1 = _koch_snowflake_complex(order - 1)    # 起始点
13        p2 = np.roll(p1, shift=-1)                 # 结束点
14        dp = p2 - p1                               # 连接向量
```

```
15            new_points = np.empty(len(p1) * 4, dtype=np.complex128)
16            new_points[::4] = p1
17            new_points[1::4] = p1 + dp / 3
18            new_points[2::4] = p1 + dp * ZR
19            new_points[3::4] = p1 + dp / 3 * 2
20            return new_points
21        points = _koch_snowflake_complex(order)
22        x, y = points.real, points.imag
23        return x, y
24    fig = plt.figure()
25    ax = fig.add_subplot()
26    x, y = koch_snowflake(order=3)
27    # 填充科赫雪花的形状
28    ax.fill(x, y, facecolor='lightsalmon', edgecolor='orangered',
29            linewidth=3)
30    plt.show()
```

上述代码中，第 4~23 行代码定义了一个函数，该函数的功能是生成科赫雪花的坐标。该函数有两个参数，参数 order 表示科赫雪花的阶数，即构建科赫雪花过程中的变换次数；参数 scale 表示科赫雪花的尺度，即每一次变换生成的线段的长度，默认尺度为 10。

第 28~29 行代码通过 ax 对象调用 fill()方法填充科赫雪花的形状，该方法中参数 facecolor 的值为'lightsalmon'，说明科赫雪花被填充为指定的浅鲜肉色；参数 edgecolor 的值为'orangered'，说明科赫雪花的边缘线为橙红色；参数 linewidth 的值为 3，说明科赫雪花边缘线的宽度为 3。

运行代码，效果如图 4-14 所示。

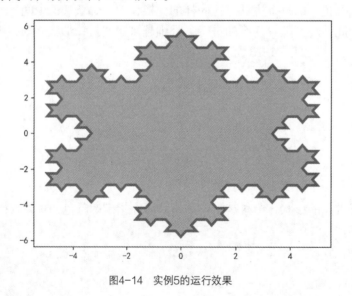

【扫描看图】

图4-14    实例5的运行效果

## 4.8    本章小结

本章主要介绍了图表样式的美化，包括图表样式概述、使用颜色、选择线型、添加或修改数据标记、设置字体、切换主题风格和填充区域。通过学习本章的内容，读者可以明确图表美化的意义，并能够采取适当的方式对图表的元素进行美化。

## 4.9 习题

### 一、填空题

1. Matplotlib 载入时会主动获取所有的配置信息并将其赋给变量＿＿＿＿。
2. Matplotlib 中配置项＿＿＿＿用于设置线条的宽度。
3. ＿＿＿＿是一种数据可视化方法，用于将不同数值范围映射到颜色空间中。
4. Matplotlib 中坐标轴标签其实是一个＿＿＿＿类的对象。
5. Matplotlib 中可以使用＿＿＿＿函数切换图表的主题风格。

### 二、判断题

1. Matplotlib 中线条的类型默认是长虚线。（ ）
2. Matplotlib 中折线图的线条默认不显示数据标记。（ ）
3. Matplotlib 中散点图默认会显示正方形的数据标记。（ ）
4. Matplotlib 支持使用多种方式表示颜色。（ ）
5. Matplotlib 中使用 use('default')可以将图表主题风格恢复成默认设置。（ ）

### 三、选择题

1. 关于图表样式的说法，下列描述正确的是（ ）。
A. Matplotlib 会读取 matplotlibrc 文件的配置信息以指定图表的默认样式
B. 图表的样式只能通过代码的方式进行修改
C. Matplotlib 不能修改 matplotlibrc 文件的配置信息
D. matplotlibrc 文件一定保存在当前工作路径下
2. 下列选项中，表示的颜色是黑色的是（ ）。（多选）
A. 'k'                          B. 'green'
C. (0.0, 0.0, 0.0)              D. 'b'
3. 请阅读下面一段代码。

```
import matplotlib.pyplot as plt
plt.scatter([1, 2, 3], [3, 4, 5], s=10, marker='^')
plt.show()
```

以上代码运行后，会展示一个带有什么数据标记的散点图？（ ）
A. 正方形        B. 星形            C. 菱形            D. 正三角形
4. 下列函数中，用于切换图表主题风格的是（ ）。
A. turn()        B. change()        C. use()           D. replace()
5. 下列函数中，用于填充多边形的是（ ）。
A. fill()                       B. fill_between()
C. fill_betweenx()              D. fill_betweeny()

### 四、简答题

1. 请简述局部修改图表样式的几种方式。
2. 请简述 fill()、fill_between()和 fill_betweenx()的区别。

### 五、编程题

1. 已知 2022 年和 2023 年物流行业的快递业务量情况如表 4-8 所示。

表 4-8    2022 年和 2023 年物流行业的快递业务量

| 月份 | 2022 年业务量（亿件） | 2023 年业务量（亿件） |
| --- | --- | --- |
| 1 月 | 39 | 45 |
| 2 月 | 20 | 28 |
| 3 月 | 40 | 48 |
| 4 月 | 38 | 49 |
| 5 月 | 42 | 50 |
| 6 月 | 43 | 51 |
| 7 月 | 41 | 50 |
| 8 月 | 41 | 50 |
| 9 月 | 45 | 51 |
| 10 月 | 48 | 52 |
| 11 月 | 52 | 70 |
| 12 月 | 50 | 65 |

根据表 4-8 的数据绘制折线图，具体要求如下。

（1）折线图的 $x$ 轴为月份；$y$ 轴为业务量，$y$ 轴的标签为"业务量（亿件）"。

（2）2022 年业务量对应线条的样式：颜色为#8B0000，数据标记为正三角形，线型为长虚线，线宽为 1.5。

（3）2023 年业务量对应线条的样式：颜色为#006374，数据标记为长菱形，线型为实线，线宽为 1.5。

（4）折线图的主题风格切换为 fivethirtyeight。

2.  绘制一个包含正弦曲线和余弦曲线的图表，具体要求如下。

（1）正弦曲线的样式：红色，线宽为 1.0。

（2）余弦曲线的样式：蓝色，线宽为 1.0，透明度为 0.5。

（3）$x$ 轴的刻度标签为−π、−π/2、0、π/2、π。

（4）在 x=1、y=np.cos(1) 的位置添加指向型注释文本。

（5）填充 $|x|<0.5$ 且余弦值大于 0.5 的区域为绿色，透明度为 0.25。

绘制完成的图表效果如图 4-15 所示。

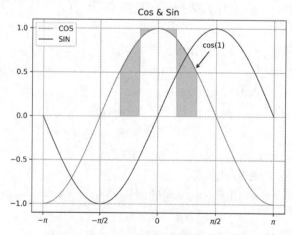

图4-15    包含正弦曲线和余弦曲线的图表

# 第5章

# 子图的绘制及坐标轴共享

**学习目标**

★ 了解子图，能够归纳子图的概念以及布局结构。

★ 掌握绘制等分区域子图的方式，能够通过 subplot()和 subplots()函数将画布规划为矩阵区域，并根据编号或索引选择一个或多个区域来绘制子图。

★ 掌握绘制跨越区域子图的方式，能够通过 subplot2grid()函数将画布规划为矩阵区域，并选择跨越多行或多列的区域绘制子图。

★ 掌握绘制自定义区域子图的方式，能够根据需求创建网格布局结构，并基于此布局结构选择相应的区域绘制子图。

★ 掌握共享子图坐标轴的方式，能够共享相邻、非相邻或同一子图的坐标轴。

★ 掌握子图的布局技巧，能够通过约束布局和紧密布局合理安排多个子图的位置。

为了更全面且深入地解读数据，用户通常会将一组相关的图表并排显示在同一个窗口中，以便从多个角度比较和分析不同数据之间的关系，或展示同一数据的不同特征。为满足这一需求，Matplotlib 引入了子图的概念，并提供了相应的绘制子图和管理子图的功能，通过这些功能可以轻松实现在同一窗口中同时展示多张图表的效果。本章将详细介绍子图的相关知识，包括子图的绘制、子图坐标轴的共享以及子图的布局技巧。

## 5.1 子图概述

子图在数据可视化中扮演着重要的角色。Matplotlib 允许用户将多个相关图表组织在一个画布上，以便直观地比较和展示不同数据之间的关系。子图是指在同一个画布上绘制的每个图表，其类型没有限制，可以单独地呈现一种特定的图表类型。用户可以将这些图表按照一定的排列方式组织在一起，以确定每个子图在整个画布的位置。

为了灵活地管理整个窗口中所有子图的布置和排列方式，并根据需求调整子图所占区域的大小，Matplotlib 中主要提供了两种布局结构：网格布局和自由布局。关于它们的介绍如下。

- 网格布局。网格布局可以将画布规划成由行和列组成的矩阵区域，之后根据行数和列数在指定位置的区域绘制子图。这种方式适合创建规则的布局结构，用户可以在画布中放置大量的子图，并且能够比较灵活地控制它们的位置和大小。

- 自由布局。自由布局不受网格区域的限制，它允许用户在画布中自由放置子图，并且可以根据具体需求自由调整每个子图的大小和位置。这种方式适合创建自定义的、不规则的布局结构，用户可以更精确地控制子图的位置和大小。

这两种布局方式各有各的优势，具体使用哪种方式取决于布局需求和个人偏好。网格布局是比较基础的布局方式，也是本章重点要介绍的布局结构。

在网格布局中，整个画布被均匀地规划成 $M$ 行 $N$ 列的矩阵区域，每个区域的大小都是相等的，以便子图充分展示。例如，将画布规划成 3 行 2 列的矩阵区域，具体如图 5-1 所示。

用户既可以选择一个区域来放置一个子图，也可以跨行或跨列选择多个区域来放置子图，以实现更为复杂的排列结构。为了便于用户获取目标位置的区域，可以通过指定行索引、列索引或者编号访问获取，其中行索引和列索引是从 0 开始的整数，编号是从 1 开始的，之后按照从左到

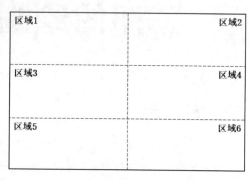

图5-1　3行2列的矩阵区域

右、从上到下的顺序递增。例如，通过编号 1 或者行索引 0 和列索引 0 都可以获取左上角的区域。

总而言之，通过合理地排列和布局子图，能够更清晰地展示数据的多个方面，同时提高图表的信息密度。

## 5.2　绘制等分区域的子图

### 5.2.1　绘制单子图

pyplot 模块提供了 subplot()函数，该函数用于根据指定的行数和列数将画布规划为矩阵区域，之后在指定位置的区域绘制单个子图。subplot()函数的语法格式如下。

```
subplot(*args, projection=None, sharex=False, sharey=False, **kwargs)
```

上述函数中常用参数含义如下。

① *args：表示可选的参数，用于确定矩阵区域的行数和列数，以及当前操作区域的编号，默认值为(1, 1, 1)。该参数支持以下几种形式的值。

- 一个三位整数：该整数中各位的数字从左到右依次表示区域的行数和列数以及当前操作区域的编号。

- 三个整数：每个整数分别表示区域的行数和列数以及当前操作区域的编号。

- SubplotSpec 类的对象，表示子图的网格布局结构。

② projection：表示绘图所需的投影类型，该参数的默认值为 None，表示当前操作区域的投影类型为二维直角坐标系，此外还支持以下几种取值。

- 'aitoff'：Aitoff 投影，适用于展示天文学数据。

- 'hammer'：Hammer 投影，适用于绘制全球地图。
- 'lambert'：Lambert 投影，适用于绘制区域地图。
- 'mollweide'：Mollweide 投影，适用于绘制全球地图。
- 'polar'：投影类型是极坐标系。
- 'rectilinear'：投影类型是二维直角坐标系。

③ sharex、sharey：表示是否共享子图的 $x$ 轴或 $y$ 轴。

subplot()函数会返回一个 Axes 类及其子类的对象，表示子图要绘制的区域。

值得一提的是，使用 Figure 类对象的 add_subplot()方法也可以绘制单个子图，此方式与 subplot()函数的功能是等价的，参数的用法完全相同，此处不再赘述。

例如，将画布规划成 3 行 2 列的矩阵区域，并在编号为 6 的区域中绘制一个子图，具体代码如下。

```
1   # 弹出新窗口显示图表
2   %matplotlib auto
3   import matplotlib.pyplot as plt
4   # 先将画布规划为 3 行 2 列的矩阵区域，再选择编号为 6 的区域
5   ax_one = plt.subplot(326)
6   # 在选好的区域绘制线条
7   ax_one.plot([1, 2, 3, 4, 5])
8   # 阻塞脚本的执行，直到窗口被关闭才会继续执行
9   plt.show(block=True)
```

上述代码中，第 5 行代码调用 subplot()函数从规划好的矩阵区域中选择要操作的区域，该函数中传入了一个三位整数 326，其中前两位数字 3 和 2 分别表示矩阵区域的行数和列数，最后一位数字 6 表示当前操作区域的编号。

运行代码，效果如图 5-2 所示。

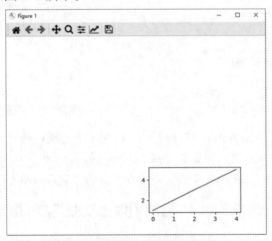

图5-2　在等分区域绘制的单个子图

**多学一招：Jupyter Notebook 的绘图模式**

Jupyter Notebook 工具在运行 Matplotlib 程序时，默认会以静态图片的形式显示运行结果，此时的图片不支持放大或缩小等交互操作。实际上，Jupyter Notebook 支持两种绘图模式，分别为静态绘图模式和交互式绘图模式。

### 1. 静态绘图模式

在静态绘图模式下，绘制的图表或图形将以静态图片的形式显示在 Jupyter Notebook 的输出区域中，不提供用户交互操作。当使用 Matplotlib 进行绘图时，默认情况下就是使用静态绘图模式。开发者可以在 Matplotlib 程序中显式添加魔术命令（以百分号或双百分号开头的特殊命令，用于配置和控制 Matplotlib 图形或图表的显示）"%matplotlib inline"，启用静态绘图模式，在输出区域中显示图表或图形。启用静态绘图模式的示例及运行结果如图 5-3 所示。

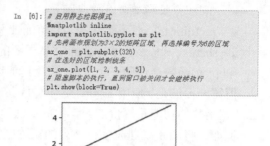

图5-3　启用静态绘图模式的示例及运行结果

### 2. 交互式绘图模式

在交互式绘图模式下，绘制的图表或图形将以单独窗口的形式显示，窗口上方有一组控制按钮，允许用户对图形进行交互操作，比如平移、缩放、存储等。开发者可以在 Matplotlib 程序中显式添加魔术命令 "%matplotlib auto" 或 "%matplotlib notebook"，启用交互式绘图模式，在弹出的窗口中显示图表或图形。启用交互式绘图模式的示例及运行结果分别如图 5-4 和图 5-5 所示。

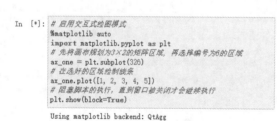

图5-4　启用交互式绘图模式的示例

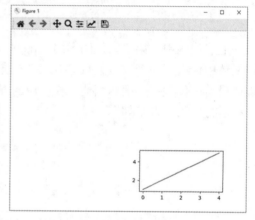

图5-5　启用交互式绘图模式的运行结果

需要注意的是，在 Matplotlib 程序中添加完设置绘图模式的魔术命令后，可能会出现延迟设置绘图模式的现象。因此，这里建议大家重启服务，即在 Jupyter Notebook 工具的菜单栏中选择 "Kernel" → "Restart" 命令，之后在弹出的 "重启内核？" 窗口中选择重启即可。

## 5.2.2　实例 1：2023 年 11 月规模以上工业月度同比情况

据国家统计局统计，2022 年 11 月到 2023 年 11 月规模以上工业、钢材、十种有色金属同比增长速度如表 5-1 所示。

表 5-1　规模以上工业、钢材、十种有色金属同比增长速度

| 月份 | 规模以上工业同比增速（%） | 钢材同比增速（%） | 十种有色金属同比增速（%） |
| --- | --- | --- | --- |
| 2022 年 11 月 | 2.2 | 7.1 | 8.8 |
| 2022 年 12 月 | 1.3 | −2.6 | 7.3 |

| 月份 | 规模以上工业同比增速（%） | 钢材同比增速（%） | 十种有色金属同比增速（%） |
|---|---|---|---|
| 2023 年 1–2 月 | 2.4 | 3.6 | 9.8 |
| 2023 年 3 月 | 3.9 | 8.1 | 6.9 |
| 2023 年 4 月 | 5.6 | 5.0 | 6.1 |
| 2023 年 5 月 | 3.5 | −1.3 | 5.1 |
| 2023 年 6 月 | 4.4 | 5.4 | 6.1 |
| 2023 年 7 月 | 3.7 | 14.5 | 4.2 |
| 2023 年 8 月 | 4.5 | 11.4 | 6.1 |
| 2023 年 9 月 | 4.5 | 5.5 | 7.3 |
| 2023 年 10 月 | 4.6 | 3.0 | 8.2 |
| 2023 年 11 月 | 6.6 | 4.2 | 7.1 |

下面根据表 5-1 中的数据在同一画布上绘制 3 张子图，这 3 张子图都是折线图，分别展示规模以上工业、钢材、十种有色金属的同比增长速度。其中第 1 个子图位于画布上方，宽度与画布相等，高度为画布的三分之一；第 2 个子图位于画布中间，宽度与画布相等，高度为画布的三分之一；第 3 个子图位于画布下方，宽度与画布相等，高度为画布的三分之一，具体代码如下。

```
1  %matplotlib auto
2  import numpy as np
3  import matplotlib.pyplot as plt
4  plt.rcParams['font.sans-serif'] = ['SimHei']
5  plt.rcParams['axes.unicode_minus'] = False
6  x_month = np.array(['2022年\n11月', '12月', '2023年\n1-2月',
7                      '3月', '4月', '5月', '6月', '7月', '8月',
8                      '9月', '10月', '11月'])
9  # 规模以上工业同比增速
10 industry_rate = np.array([2.2, 1.3, 2.4, 3.9, 5.6, 3.5, 4.4, 3.7,
11                      4.5, 4.5, 4.6, 6.6])
12 # 钢材同比增速
13 steels_rate = np.array([7.1, -2.6, 3.6, 8.1, 5.0, -1.3, 5.4, 14.5,
14                      11.4, 5.5, 3.0, 4.2])
15 # 十种有色金属同比增速
16 metal_rate = np.array([8.8, 7.3, 9.8, 6.9, 6.1, 5.1, 6.1, 4.2,
17                      6.1, 7.3, 8.2, 7.1])
18 # 绘制第 1 个子图
19 ax_one = plt.subplot(311)
20 ax_one.plot(x_month, industry_rate, 'r-s', ms=3)
21 ax_one.set_title('规模以上工业同比增长速度')
22 ax_one.set_ylabel('增长速度(%)')
23 ax_one.set_ylim(0, 10)
24 for i in range(len(industry_rate)):
25     ax_one.text(x_month[i], industry_rate[i]+0.3, industry_rate[i],
26              ha='center')
27 # 绘制第 2 个子图
28 ax_two = plt.subplot(312)
29 ax_two.plot(x_month, steels_rate, 'g-s', ms=3)
30 ax_two.set_title('钢材同比增长速度')
```

```
31  ax_two.set_ylabel('增长速度(%)')
32  ax_two.set_ylim(-5, 20)
33  for i in range(len(steels_rate)):
34      ax_two.text(x_month[i], steels_rate[i]+1, steels_rate[i],
35                  ha='center')
36  # 绘制第 3 个子图
37  ax_thr = plt.subplot(313)
38  ax_thr.plot(x_month, metal_rate, 'b-s', ms=3)
39  ax_thr.set_title('十种有色金属同比增长速度')
40  ax_thr.set_ylabel('增长速度(%)')
41  ax_thr.set_ylim(0, 15)
42  for i in range(len(metal_rate)):
43      ax_thr.text(x_month[i], metal_rate[i]+0.3, metal_rate[i],
44                  ha='center')
45  # 启用紧密布局，防止子图之间出现部分元素重叠的情况
46  plt.tight_layout()
47  plt.show(block=True)
```

上述代码中，第 46 行代码调用 tight_layout()函数启用紧密布局，防止子图之间出现部分元素重叠的情况，此函数会在 5.6.2 小节进行详细介绍。

【扫描看图】

运行代码，效果如图 5-6 所示。

在图 5-6 中，窗口由上至下显示了 3 张折线图，每张折线图各自占了窗口的三分之一。观察图 5-6 中上方的折线图可知，2023 年规模以上工业同比增长速度基本稳步上升，11 月同比增长速度达到最高，具体为 6.6%。

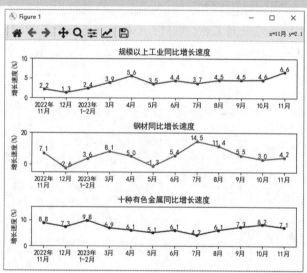

图5-6  实例1的运行效果

### 5.2.3  绘制多子图

pyplot 模块提供了 subplots()函数，该函数用于根据指定的行数和列数将画布规划为矩阵区域，之后可以在所有的区域中绘制多个子图。subplots()函数的语法格式如下。

```
subplots(nrows=1, ncols=1, *, sharex=False, sharey=False,
         squeeze=True, width_ratios=None, height_ratios=None,
         subplot_kw=None, gridspec_kw=None, **fig_kw)
```

上述函数中常用参数的含义如下。

① nrows：表示矩阵区域的行数，默认值为 1。

② ncols：表示矩阵区域的列数，默认值为 1。

③ sharex、sharey：表示是否共享子图的 $x$ 轴或 $y$ 轴。

④ squeeze：表示是否将返回的 Axes 对象的数组缩减为一个维度，默认值为 True。当参数 squeeze 的值为 True 时，如果参数 nrows 和 ncols 的值均为 1，则 subplots()函数会返回一个 Axes 对象；如果参数 nrows 和 ncols 的值只有一个为 1，则 subplots()函数会返回一个包

含 Axes 对象的一维数组；如果参数 nrows 和 ncols 的值都大于 1，则会返回一个包含 Axes 对象的二维数组或嵌套列表；当参数 squeeze 的值为 False 时，subplots()函数不会缩减维度，而是直接返回一个包含 Axes 对象的二维数组或嵌套列表。

⑤ gridspec_kw：表示用于控制布局结构属性的字典。

subplots()函数会返回两个值 fig 和 ax，其中 fig 是一个表示画布的 Figure 对象，ax 是 Axes 类的对象或者包含一组 Axes 类对象的数组。

例如，将画布规划成 2 行 2 列的矩阵区域，之后在所有的区域中绘制子图，具体代码如下。

```
1   %matplotlib auto
2   import matplotlib.pyplot as plt
3   # 将画布规划为 2 行 2 列的矩阵区域
4   fig, ax_arr = plt.subplots(2, 2)
5   # 选择左上角的区域，绘制第一个子图
6   ax_one = ax_arr[0, 0]
7   ax_one.plot([1, 2, 3, 4, 5])
8   # 选择右上角的区域，绘制第二个子图
9   ax_two = ax_arr[0, 1]
10  ax_two.plot([1, 2, 3, 4, 5])
11  # 选择左下角的区域，绘制第三个子图
12  ax_thr = ax_arr[1, 0]
13  ax_thr.plot([1, 2, 3, 4, 5])
14  # 选择右下角的区域，绘制第四个子图
15  ax_fou = ax_arr[1, 1]
16  ax_fou.plot([1, 2, 3, 4, 5])
17  plt.show(block=True)
```

上述代码中，第 4 行代码调用 subplots()函数将画布规划为 2 行 2 列的矩阵区域。第 6~7 行代码在左上角的区域中绘制第一个子图，其中第 6 行代码通过行索引 0 和列索引 0 获取数组 ax_arr 中的第一个元素，即代表左上角区域的 Axes 类对象。第 9~16 行代码采用相同的方式依次在右上角的区域、左下角的区域和右下角的区域绘制子图。

运行代码，效果如图 5-7 所示。

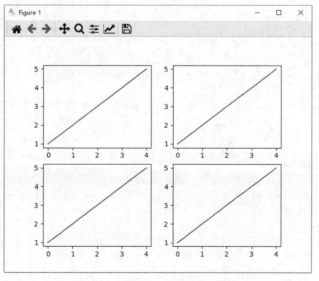

图5-7　在等分区域绘制的多个子图

### 5.2.4 实例 2：部分国家养猫与养狗人群比例

现代社会，宠物已经成为许多人生活中不可或缺的一部分，它们不仅能给主人带来快乐，还能提供无条件的爱和支持。在众多宠物中，猫和狗无疑是最受欢迎的两种选择。然而有趣的是，不同国家的人对于养猫和养狗的喜好程度却有所不同。据某数据平台统计，部分国家养猫和养狗人群比例的情况如表 5-2 所示。

表 5-2　部分国家养猫和养狗人群的比例

| 国家 | 养猫人群比例（%） | 养狗人群比例（%） |
| --- | --- | --- |
| 中国 | 19 | 25 |
| 加拿大 | 33 | 33 |
| 巴西 | 28 | 58 |
| 澳大利亚 | 29 | 39 |
| 日本 | 14 | 15 |
| 墨西哥 | 24 | 64 |
| 俄罗斯 | 57 | 29 |
| 韩国 | 6 | 23 |
| 瑞士 | 26 | 22 |
| 土耳其 | 15 | 11 |
| 英国 | 27 | 27 |
| 美国 | 39 | 50 |

下面根据表 5-2 的数据绘制两张条形图，它们以左右并列的方式并排显示在同一个画布上，其中国家一列的数据作为条形图的刻度标签，养猫人群比例和养狗人群比例这两列的数据作为条形的长度，分别展示部分国家养猫人群和养狗人群的比例，具体代码如下。

```
1   %matplotlib auto
2   import numpy as np
3   import matplotlib.pyplot as plt
4   plt.rcParams['font.sans-serif'] = ["SimHei"]
5   y = np.arange(12)
6   # 养猫人群比例和养狗人群比例
7   x1 = np.array([19, 33, 28, 29, 14, 24, 57, 6, 26, 15, 27, 39])
8   x2 = np.array([25, 33, 58, 39, 15, 64, 29, 23, 22, 11, 27, 50])
9   # 国家
10  labels = np.array(['中国', '加拿大', '巴西', '澳大利亚', '日本', '墨西哥',
11                     '俄罗斯', '韩国', '瑞士', '土耳其', '英国', '美国'])
12  # 将画布规划为 1 行 2 列的矩阵区域
13  fig, (ax1, ax2) = plt.subplots(1, 2)
14  # 在左侧的区域绘制第一个子图
15  ax1.barh(y, x1, height=0.5, tick_label=labels, color='#FFA500')
16  ax1.set_xlabel('人群比例(%)')
17  ax1.set_title('部分国家养猫人群的比例')
18  ax1.set_xlim(0, x1.max() + 10)
19  for i in range(len(x1)):
20      ax1.text(x1[i] + 1, y[i], x1[i], ha='left', va='center')
21  # 在右侧的区域绘制第二个子图
22  ax2.barh(y, x2, height=0.5, tick_label=labels, color='#20B2AA')
```

```
23  ax2.set_xlabel('人群比例(%)')
24  ax2.set_title('部分国家养狗人群的比例')
25  ax2.set_xlim(0, x2.max() + 10)
26  for i in range(len(x2)):
27      ax2.text(x2[i] + 1, y[i], x2[i], ha='left', va='center')
28  # 启用紧密布局，防止子图之间出现重叠的情况
29  plt.tight_layout()
30  plt.show(block=True)
```

运行代码，效果如图 5-8 所示。

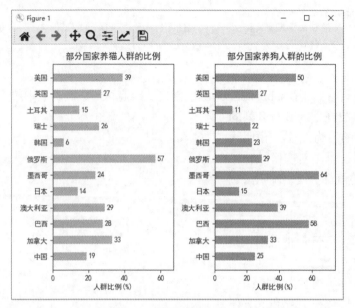

【扫描看图】

图5-8　实例2的运行效果

在图 5-8 中，窗口同时显示了两个条形图，各自占了窗口的一半，其中左侧的条形图展示了部分国家养猫人群的比例，右侧的条形图展示了部分国家养狗人群的比例。由图 5-8 可知，俄罗斯养猫人群的比例最高，墨西哥养狗人群的比例最高。

## 5.3　绘制跨越区域的子图

### 5.3.1　绘制跨越区域的单子图

pyplot 模块提供了 subplot2grid()函数，该函数用于根据指定的行数和列数将画布规划为矩阵区域，在指定位置的区域通过跨行或跨列调整区域的大小，之后在调整好的区域绘制子图，subplot2grid()函数的语法格式如下。

```
subplot2grid(shape, loc, rowspan=1, colspan=1, fig=None, **kwargs)
```

上述函数中常用参数的含义如下。

① shape：表示规划的矩阵区域，该参数的值是一个包含两个整型数据的元组，其中第 1 个元素表示规划区域的行数，第 2 个元素表示规划区域的列数。

② loc：表示子图要绘制在哪个区域，该参数的值是一个包含两个整型数据的元组，其中第 1 个元素表示子图所在区域的行索引，第 2 个元素表示子图所在区域的列索引，索

引从 0 开始。

③ rowspan：表示区域跨越的行数，默认值为 1。

④ colspan：表示区域跨越的列数，默认值为 1。

subplot2grid()函数会返回一个 Axes 类或其子类的对象。

例如，将画布规划成 2 行 3 列的矩阵区域，并在跨越两行和两列的区域中绘制子图，具体代码如下。

```
1   %matplotlib auto
2   import matplotlib.pyplot as plt
3   # 将画布规划为 2 行 3 列的矩阵区域，在跨越两行两列的区域中绘制子图
4   ax = plt.subplot2grid((2, 3), (0, 1), rowspan=2, colspan=2)
5   ax.plot([1, 2, 3, 4, 5])
6   plt.show(block=True)
```

上述代码中，第 4 行代码调用 subplot2grid()函数创建了跨越区域。该函数中第一个参数的值为(2, 3)，说明画布被规划为 2 行 3 列的矩阵区域；第二个参数的值为(0, 1)，说明绘制位置为行索引 0 和列索引 1 对应区域；参数 rowspan 和 colspan 的值都为 2，说明区域跨越两行和两列。

运行代码，效果如图 5-9 所示。

由图 5-9 可知，图表位于画布右侧，其宽度大约占画布宽度的三分之二，高度与画布的高度是相等的。不过从视觉上来看图表跟画布是不等高的，它与画布上方和下方还留着一些空白位置，其实这些位置是为辅助元素预留的。

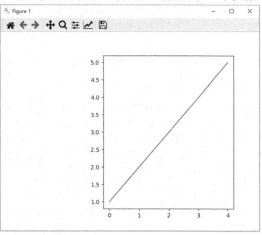

图5-9    在跨越区域绘制的单个子图

### 5.3.2    实例 3：2023 年抖音和快手用户画像对比

2023 年社交媒体已经成为人们追逐潮流、展示才华和与他人互动的主要平台。在这个竞争日益激烈的市场中，抖音和快手从诸多社交应用中脱颖而出，成为无数用户追捧的热门选择。然而，尽管它们都以短视频为特色，却展示出了截然不同的用户画像。某研究咨询机构根据 2023 年 5 月份的数据统计了抖音和快手平台的用户情况，具体如表 5-3 和表 5-4 所示。

表 5-3    抖音和快手平台用户城市分布

| 城市分类 | 抖音用户比例（%） | 快手用户比例（%） |
|---|---|---|
| 五线城市 | 12.1 | 14.4 |
| 四线城市 | 17.1 | 18.9 |
| 三线城市 | 16.7 | 17.5 |
| 二线城市 | 16.3 | 15.1 |
| 新一线城市 | 16.5 | 13.9 |
| 一线城市 | 5.9 | 4.5 |

表 5-4　抖音和快手平台用户年龄分布

| 年龄区间 | 抖音用户比例（%） | 快手用户比例（%） |
| --- | --- | --- |
| 18 岁以下 | 5.8 | 8.3 |
| 18~24 岁 | 13.2 | 11.0 |
| 25~34 岁 | 23.4 | 21.9 |
| 35~44 岁 | 23.4 | 25.4 |
| 45 岁以上 | 24.8 | 26.2 |

　　下面根据表 5-3 和表 5-4 的数据绘制 3 个子图，其中第一个子图位于画布上方，宽度与画布相等，高度为画布的三分之一，它是柱形图，用于展示抖音和快手平台用户城市分布情况；其他两个子图位于画布下方，它们的大小相等，其中宽度为画布的二分之一，高度为画布的三分之二，它们都是条形图，分别展示抖音平台和快手平台的用户年龄分布情况。

　　根据上述要求编写代码，依次绘制 3 个子图，具体代码如下。

```
1  %matplotlib auto
2  import numpy as np
3  import matplotlib.pyplot as plt
4  plt.rcParams['font.sans-serif'] = ["SimHei"]
5  # 年龄
6  y = np.arange(5)
7  ages = np.array(['18 岁以下', '18~24 岁', '25~34 岁',
8                   '35~44 岁', '45 岁以上'])
9  tiktok_scale2 = np.array([5.8, 13.2, 23.4, 23.4, 24.8])
10 quicker_scale2 = np.array([8.3, 11.0, 21.9, 25.4, 26.2])
11 # 城市
12 x = np.arange(6)
13 citys = np.array(['五线城市', '四线城市', '三线城市', '二线城市',
14                   '新一线城市', '一线城市'])
15 tiktok_scale3 = np.array([12.1, 17.1, 16.7, 16.3, 16.5, 5.9])
16 quicker_scale3 = np.array([14.4, 18.9, 17.5, 15.1, 13.9, 4.5])
17 # 绘制第一个子图
18 ax_one = plt.subplot2grid((3, 2), (0, 0), colspan=2)
19 rect1 = ax_one.bar(x, tiktok_scale3, tick_label=citys,
20                    color='#2F4F4F', width=0.3)
21 rect2 = ax_one.bar(x+0.3, quicker_scale3, color='#FFD700', width=0.3)
22 ax_one.set_ylabel('用户比例(%)')
23 ax_one.set_title('抖音和快手平台用户城市分布')
24 ax_one.set_ylim(0, 25)
25 ax_one.legend([rect1, rect2], ['抖音', '快手'])
26 for i in range(len(x)):
27     ax_one.text(x[i], tiktok_scale3[i]+0.5,
28                 tiktok_scale3[i], ha='center')
29     ax_one.text(x[i]+0.3, quicker_scale3[i]+0.5,
30                 quicker_scale3[i], ha='center')
31 # 绘制第二个子图
32 ax_two = plt.subplot2grid((3, 2), (1, 0), rowspan=2)
33 ax_two.barh(y, tiktok_scale2, color='#2F4F4F', tick_label=ages,
34             height=0.5)
35 ax_two.set_xlabel('用户比例(%)')
36 ax_two.set_title('抖音平台用户年龄分布')
37 ax_two.set_xlim(0, 30)
```

```
38  for i in range(len(y)):
39      ax_two.text(tiktok_scale2[i], y[i], tiktok_scale2[i], va='center')
40  # 绘制第三个子图
41  ax_thr = plt.subplot2grid((3, 2), (1, 1), rowspan=2)
42  ax_thr.barh(y, quicker_scale2, color='#FFD700', tick_label=ages,
43              height=0.5)
44  ax_thr.set_xlabel('用户比例(%)')
45  ax_thr.set_title('快手平台用户年龄分布')
46  ax_thr.set_xlim(0, 30)
47  for i in range(len(y)):
48      ax_thr.text(quicker_scale2[i], y[i], quicker_scale2[i], va='center')
49  # 启用紧密布局，防止子图之间出现重叠的情况
50  plt.tight_layout()
51  plt.show(block=True)
```

运行代码，效果如图 5-10 所示。

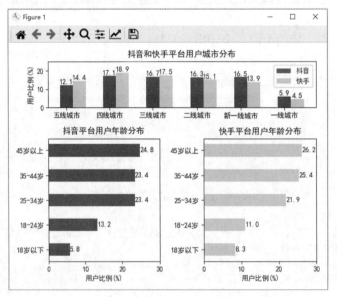

【扫描看图】

图5-10    实例3的运行效果

观察图 5-10 中的柱形图可知，快手平台在三线、四线、五线城市的用户比例大于抖音平台，抖音平台在一线、新一线、二线城市的用户比例大于快手平台；观察图 5-10 中的条形图可知，抖音平台和快手平台 45 岁以上的用户比例最大。

## 5.4    绘制自定义区域的子图

为了能够更灵活地调整子图的位置，用户可以根据自己的需求创建一个网格布局结构，并根据网格布局结构划分画布为指定行数和列数的矩阵区域，将一些区域进行调整以得到最终绘图的区域，之后便可以在这些自定义的区域中绘制子图。

Matplotlib 的 gridspec 模块中提供了一个 GridSpec 类，通过实例化 GridSpec 类的对象可以创建一个网格布局结构。Matplotlib 中提供了两种方式创建 GridSpec 类的对象，一种方式是使用 GridSpec 类的构造方法，另一种方式是通过画布对象调用 add_gridspec()方法，下面分别对这两种方式进行介绍。

### 1. GridSpec 类的构造方法

GridSpec 类的构造方法的语法格式如下。

```
GridSpec(nrows, ncols, figure=None, left=None, bottom=None,
         right=None, top=None, wspace=None, hspace=None,
         width_ratios=None, height_ratios=None)
```

上述方法中常用参数的含义如下。

① nrows：表示网格布局结构的行数。

② ncols：表示网格布局结构的列数。

③ figure：表示网格布局结构应用的画布。

④ left、bottom、right、top：用于设置子图区域相对于画布的边界位置，这些参数的取值为 0 到 1 之间的浮点数。

⑤ wspace：表示子图之间预留的宽度。

⑥ hspace：表示子图之间预留的高度。

例如，通过 GridSpec 类的构造方法创建一个 3 行 3 列的网格布局结构，具体代码如下。

```
import matplotlib.gridspec as gs
gs.GridSpec(ncols=3, nrows=3)
```

### 2. add_gridspec()方法

add_gridspec()方法是 Figure 类提供的方法，用于在画布上添加一个网格布局结构，该方法的语法格式如下。

```
add_gridspec(nrows=1, ncols=1, **kwargs)
```

上述方法中，参数 nrows 和 ncols 分别表示网格布局结构的行数和列数，它们的默认值都为 1。

例如，通过 add_gridspec()方法在画布上创建一个 3 行 3 列的网格布局结构，将画布规划为 3 行 3 列的矩阵区域，具体代码如下。

```
fig = plt.figure()
fig.add_gridspec(3, 3)
```

GridSpec 类对象与数组的使用方式相似，它也可以通过索引或切片的形式访问每个子图的区域，每个元素其实是一个 SubplotSpec 类的对象。Matplotlib 中提供了在画布中快速根据网格布局结构创建区域的方式，即调用 subplot()函数或 add_subplot()方法时直接传入 SubplotSpec 类的对象。

下面通过一个示例演示如何在画布上应用网格布局结构将画布划分为 5 个区域，在每个区域中分别绘制一条线，从而得到 5 个都是折线图的子图，具体代码如下。

```
1   %matplotlib auto
2   import matplotlib.pyplot as plt
3   import matplotlib.gridspec as gs
4   # 创建网格布局结构，用于将画布规划为 3 行 3 列的矩阵区域
5   spec3 = gs.GridSpec(ncols=3, nrows=3)
6   # 选择第 1 行所有列的区域，绘制第一个子图
7   ax1 = plt.subplot(spec3[0, :])
8   ax1.plot([1, 2, 3, 4, 5])
9   # 选择第 2 行第 1、2 列的区域，绘制第二个子图
10  ax2 = plt.subplot(spec3[1, :2])
11  ax2.plot([1, 2, 3, 4, 5])
12  # 选择第 2、3 行第 3 列的区域，绘制第三个子图
```

```
13  ax3 = plt.subplot(spec3[1:, 2])
14  ax3.plot([1, 2, 3, 4, 5])
15  # 选择第 3 行第 1 列的区域，绘制第四个子图
16  ax4 = plt.subplot(spec3[2, 0])
17  ax4.plot([1, 2, 3, 4, 5])
18  # 选择第 3 行第 2 列的区域，绘制第五个子图
19  ax5 = plt.subplot(spec3[2, 1])
20  ax5.plot([1, 2, 3, 4, 5])
21  plt.show(block=True)
```

上述代码中，第 3 行代码导入了 matplotlib.gridspec 模块，将该模块命名为 gs，第 5 行代码通过 gs 调用 GridSpec 类的构造方法创建一个网格布局结构，用于将画布规划为 3 行 3 列的矩阵区域；第 7 行代码调用 subplot()函数创建绘图用到的区域 ax1，该区域占据第 1 行所有列，第 8 行代码通过 ax1 调用 plot()方法绘制一条线，此时便生成了第一个子图，第 10 ~ 20 行代码通过相同的方式依次生成了其他 4 个子图。

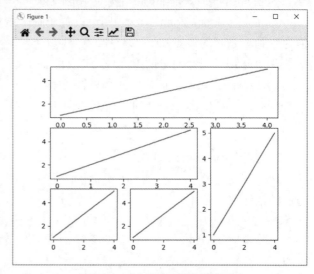

运行代码，效果如图 5-11 所示。

需要说明的是，使用 subplot2grid()函数创建的子图默认拥有自定义的布局，例如，ax=plt.subplot2grid((2, 2), (0, 0))的功能等价于下面几行代码。

图5-11　在自定义区域绘制的子图

```
import matplotlib.gridspec as gs
grid_spec = gs.GridSpec(2, 2)
ax = plt.subplot(grid_spec[0,0])
```

## 5.5  共享子图的坐标轴

在同一画布中，每个子图都有自己独立的坐标轴，如果两个或多个子图的坐标轴上具有相同的刻度，则可以共享这些子图的坐标轴。通过共享坐标轴，多个子图可以在相同的刻度和比例下进行缩放，使得数据的变化和趋势更易于观察和理解。下面分别对相邻和非相邻子图之间共享坐标轴的方式进行详细介绍。

### 5.5.1  共享相邻子图的坐标轴

共享相邻子图的坐标轴是指相邻的两个子图共享相同的坐标轴，如果两个子图位于同一行或同一列，那么它们之间可以共享相同的 $x$ 轴和 $y$ 轴。

当使用 pyplot 模块的 subplots()函数创建子图的区域时，可以通过参数 sharex 或 sharey 控制是否共享子图的 $x$ 轴或 $y$ 轴。参数 sharex 和 sharey 支持几种取值，这些取值的含义具体如下。

① True 或'all'：表示所有子图之间共享 $x$ 轴或 $y$ 轴。

② False 或'none'：表示所有子图之间不共享 $x$ 轴或 $y$ 轴。

③ 'row'：表示每一行的子图之间共享 $x$ 轴或 $y$ 轴。

④ 'col'：表示每一列的子图之间共享 $x$ 轴或 $y$ 轴。

下面以画布中 2 行 2 列的子图为例，通过画图的方式解释 sharex 参数接收不同取值的效果，具体如图 5-12 所示。

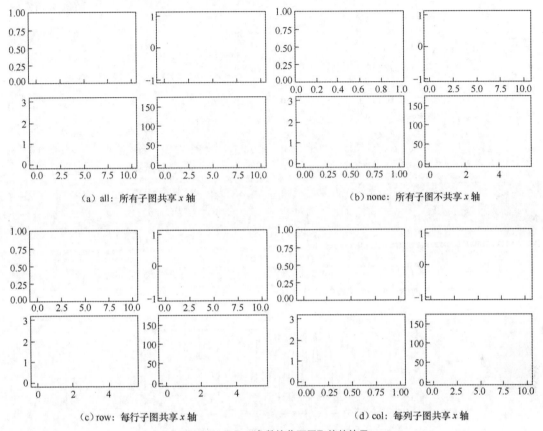

（a）all：所有子图共享 $x$ 轴　　　　　　（b）none：所有子图不共享 $x$ 轴

（c）row：每行子图共享 $x$ 轴　　　　　　（d）col：每列子图共享 $x$ 轴

图5-12　sharex参数接收不同取值的效果

观察图 5-12（a）可知，第一行子图的 $x$ 轴上没有刻度标签，第二行子图的 $x$ 轴上有刻度标签，且刻度完全一样；观察图 5-12（b）可知，每个子图的 $x$ 轴上都有刻度标签，且刻度完全不同，都是独立的；观察图 5-12（c）可知，每个子图的 $x$ 轴上都有刻度标签，第一行子图的刻度标签完全相同，第二行子图的刻度标签完全相同；观察图 5-12（d）可知，第一行子图的 $x$ 轴上没有刻度标签，第二行子图的 $x$ 轴上有刻度标签，且两列刻度完全不一样。

例如，将画布规划成 2 行 2 列的矩阵区域，依次在每个区域中绘制子图，每一列子图之间共享 $x$ 轴，具体代码如下。

```
%matplotlib auto
import numpy as np
import matplotlib.pyplot as plt
plt.rcParams['axes.unicode_minus'] = False
# 将画布规划为 2 行 2 列的矩阵区域，共享每一列区域的 x 轴
fig, ax_arr = plt.subplots(2, 2, sharex='col')
```

```
# 选择左上角的区域，在该区域绘制第一个子图余弦曲线
ax1 = ax_arr[0, 0]
x1 = np.linspace(0, 2 * np.pi, 400)
y1 = np.cos(x1**2)
ax1.plot(x1, y1)
# 选择右上角的区域，在该区域绘制第二个子图正弦曲线
ax2 = ax_arr[0, 1]
x2 = np.linspace(0.01, 10, 100)
y2 = np.sin(x2)
ax2.plot(x2, y2)
# 选择左下角的区域，在该区域绘制第三个子图数据点
ax3 = ax_arr[1, 0]
x3 = np.random.rand(10)
y3 = np.linspace(0,3,10)
ax3.scatter(x3, y3)
# 选择右下角的区域，在该区域绘制第四个子图数据点
ax4 = ax_arr[1, 1]
x4 = np.arange(0,6, 0.5)
y4 = np.power(x4,3)
ax4.scatter(x4, y4)
plt.show(block=True)
```

运行代码，效果如图 5-13 所示。

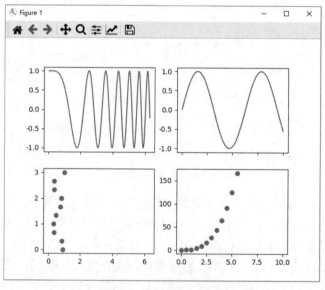

图5-13　每列子图共享 $x$ 轴

从图 5-13 中可以看出，第一个子图的 $x$ 轴没有刻度标签，它与第三个子图共享 $x$ 轴；第二个子图的 $x$ 轴也没有刻度标签，它与第四个子图共享 $x$ 轴。

### 5.5.2　共享非相邻子图的坐标轴

当使用 pyplot 模块的 subplot() 函数绘制单个子图时，也可以将代表其他子图的变量传递给该函数的参数 sharex 或 sharey，从而共享非相邻子图之间的坐标轴。

例如，将画布规划成 2 行 2 列的矩阵区域，之后在编号为 1 的区域中先绘制一个子图；

再次将画布规划成 2 行 2 列的矩阵区域，之后在编号为 4 的区域中绘制另一个子图，后绘制的子图与先绘制的子图共享 $x$ 轴，具体代码如下。

```
%matplotlib auto
import numpy as np
import matplotlib.pyplot as plt
ax_one = plt.subplot(221)
x1 = np.linspace(0, 2 * np.pi, 400)
y1 = np.cos(x1**2)
ax_one.plot(x1, y1)
x2 = np.linspace(0.01, 10, 100)
y2 = np.sin(x2)
# 与子图区域 ax_one 共享 x 轴
ax_two = plt.subplot(224, sharex=ax_one)
ax_two.plot(x2, y2)
plt.show(block=True)
```

运行代码，效果如图 5-14 所示。

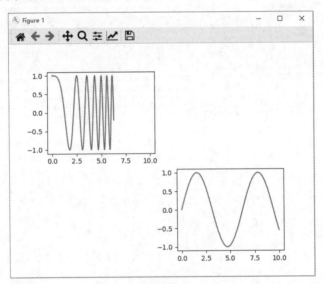

图5-14　非相邻子图共享坐标轴

从图 5-14 中可以看出，两个子图处于对角线的位置，并不相邻，但它们的 $x$ 轴具有相同的刻度。

### 5.5.3　同一子图共享坐标轴

同一子图也可以共享坐标轴，即一个子图共享 $x$ 轴但具有独立的 $y$ 轴，常见于比较不同量级或具有不同单位的数据的情况。例如，在同一画布中同时绘制柱形图和折线图，柱形图参考左侧的 $y$ 轴，折线图参考右侧的 $y$ 轴。Matplotlib 中提供了 twinx() 函数，该函数用于创建一个共享 $x$ 轴的新绘图区域，新绘图区域会覆盖原来的绘图区域，且显示右侧 $y$ 轴的刻度。twinx() 函数的语法格式如下。

```
twinx(ax=None)
```

上述函数的参数 ax 表示要共享 $x$ 轴的绘图区域，它的值是一个 Axes 类或其子类的对象，默认值为 None，即默认在当前的绘图区域创建新的对象。如果指定了参数，会在指定的绘图区域创建共享 $x$ 轴但有独立 $y$ 轴的新对象。

twinx()函数返回一个新的 Axes 类的对象，它与原始 Axes 对象共享 $x$ 轴，但具有独立的 $y$ 轴。

例如，在一个绘图区域绘制一组数据点，创建一个共享 $x$ 轴的新绘图区域，在新的绘图区域绘制一条线，具体代码如下。

```python
%matplotlib auto
import numpy as np
import matplotlib.pyplot as plt
fig, ax_old = plt.subplots()
# 在绘图区域绘制数据点
x = np.arange(0, 6, 0.5)
y_sa = np.power(x, 3)
ax_old.scatter(x, y_sa)
# 创建共享 x 轴的新绘图区域
ax_new = ax_old.twinx()
# 在新的绘图区域绘制线
y_pl = np.sin(x)
ax_new.plot(x, y_pl)
plt.show(block=True)
```

运行代码，效果如图 5-15 所示。

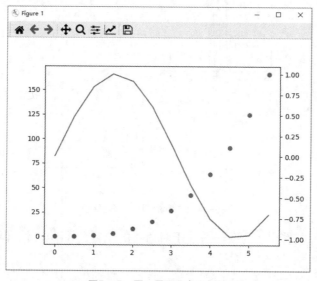

图5-15　同一子图共享坐标轴

从图 5-15 可以看出，绘图区域中总共有两组图形，分别是数据点和折线，其中数据点参照左侧的 $y$ 轴，折线参照右侧的 $y$ 轴。

### 5.5.4　实例 4：某地区全年气温与降水量、蒸发量的关系

全年的气温、降水量和蒸发量之间存在着紧密的关系。高气温促使蒸发量增加，而湿热空气会形成降水，导致降水量增加。这种关系对于水循环、气候变化和资源管理至关重要。了解全年气温与降水量、蒸发量之间的关系，有助于我们更好地预测和应对气候变化的影响。已知某地区全年的平均气温、降水量、蒸发量如表 5-5 所示。

表 5-5　某地区全年的平均气温与降水量、蒸发量

| 月份 | 平均气温（℃） | 降水量（ml） | 蒸发量（ml） |
| --- | --- | --- | --- |
| 1 月 | 2.0 | 2.6 | 2.0 |
| 2 月 | 2.2 | 5.9 | 4.9 |
| 3 月 | 3.3 | 9.0 | 7.0 |
| 4 月 | 4.5 | 26.4 | 23.2 |
| 5 月 | 6.3 | 28.7 | 25.6 |
| 6 月 | 10.2 | 70.7 | 76.7 |
| 7 月 | 20.3 | 175.6 | 135.6 |
| 8 月 | 33.4 | 182.2 | 162.2 |
| 9 月 | 23.0 | 48.7 | 32.6 |
| 10 月 | 16.5 | 18.8 | 20.0 |
| 11 月 | 12.0 | 6.0 | 6.4 |
| 12 月 | 6.2 | 2.3 | 3.3 |

下面根据表 5-5 的数据绘制一张图表，该图表中包含两组柱形和一条折线，将月份一列的数据作为 x 轴的刻度标签，将平均气温一列的数据作为折线用到的数据，将降水量和蒸发量这两列的数据作为两组柱形的数据，分别展示平均气温、降水量、蒸发量之间的关系，具体代码如下。

```
%matplotlib auto
import numpy as np
import matplotlib.pyplot as plt
plt.rcParams['font.sans-serif'] = ['SimHei']
fig, ax = plt.subplots()
# 在绘图区域ax上绘制两组柱形
month_x = np.array(['1月', '2月', '3月', '4月', '5月', '6月',
                    '7月', '8月', '9月', '10月', '11月', '12月'])
# 降水量
data_precipitation = np.array([2.6, 5.9, 9.0, 26.4, 28.7, 70.7,
                               175.6, 182.2, 48.7, 18.8, 6.0, 2.3])
# 蒸发量
data_evaporation = np.array([2.0, 4.9, 7.0, 23.2, 25.6, 76.7,
                             135.6, 162.2, 32.6, 20.0, 6.4, 3.3])
bar_ev = ax.bar(month_x, data_evaporation, color='orange')
bar_pre = ax.bar(month_x, data_precipitation,
                 bottom=data_evaporation, color='green')
ax.set_ylabel('水量(ml)')
ax.set_title('平均气温与降水量、蒸发量的关系')
# 创建共享x轴的新绘图区域
ax_right = ax.twinx()
# 平均气温
data_tem = np.array([2.0, 2.2, 3.3, 4.5, 6.3, 10.2, 20.3,
                     33.4, 23.0, 16.5, 12.0, 6.2])
# 在绘图区域ax_right中绘制折线
line = ax_right.plot(month_x, data_tem, 'o-m')
ax_right.set_ylabel('气温($^\circ$C)')
# 添加图例
plt.legend([bar_ev, bar_pre, line[0]], ['蒸发量', '降水量',
           '平均气温'], shadow=True, fancybox=True)
plt.show(block=True)
```

运行代码，效果如图 5-16 所示。

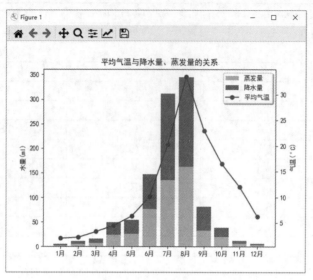

【扫描看图】

图5-16　实例4的运行效果

在图 5-16 中，折线代表全年气温的趋势，参照右方的垂直坐标轴；绿色、橙色的柱形分别代表全年降水量、全年蒸发量，参照左方的垂直坐标轴，它们共享 *x* 轴。由图 5-16 可知，随着气温的升高，降水量和蒸发量均有所增加，降水量与蒸发量的变化趋势大致相等。

## 5.6　子图的布局技巧

当带有标题的多个子图并排显示时，可能会因区域过于紧凑而出现标题和坐标轴重叠的问题，也可能子图的标题超出画布的区域。Matplotlib 中提供了一些调整子图布局的技巧，主要包括约束布局和紧密布局，通过这些技巧可以合理布局多个子图。接下来，本节将对子图的布局技巧进行详细介绍。

### 5.6.1　约束布局

在 Matplotlib 中，约束布局是一种布局方式，用于自动调整子图元素的位置和尺寸，以避免它们之间的重叠，从而在不同大小的画布上都能正确显示。约束布局的实现原理比较简单，首先会预留一定的空间给每个子图元素，保证它们不会超出绘图区域的边界，然后根据一系列约束条件计算各个子图元素的最终位置和尺寸，最后自动调整子图的位置和尺寸，使它们满足约束条件的同时尽可能减少重叠现象。

当绘制多个子图时，Matplotlib 默认未启用约束布局。可以通过两种方式启用约束布局，第一种方式是使用 subplots() 或 figure() 函数的参数 layout 或 constrained_layout，第二种方式是修改 figure.constrained_layout.use 配置项。关于这两种方式的介绍如下。

#### 1.　使用 subplots() 或 figure() 函数的参数 layout 或 constrained_layout

当调用 subplots() 函数创建多个子图的绘图区域，或者调用 figure() 函数创建画布时，可以通过参数 layout 指定布局方式，将该参数的值设置为 constrained，从而启用约束布局，示例代码如下。

```
plt.subplots(layout="constrained")
```

此外也可以通过参数 constrained_layout 指定是否启用约束布局，将该参数的值设置为 True 来明确启用约束布局。

### 2. 修改 figure.constrained_layout.use 配置项

配置项 figure.constrained_layout.use 用于设置是否默认启用约束布局，它的默认值为 False，即不启用约束布局。通过 rcParams 字典或 rc()函数将配置项 figure.constrained_layout. use 的值修改为 True，从而启用约束布局，示例代码如下。

```
plt.rcParams['figure.constrained_layout.use'] = True
```

另外，还可以结合以下两个配置项来调整子图的间距，具体如下。

● figure.constrained_layout.w_pad/ h_pad：用于设置约束布局时子图的水平和垂直间距的填充值，默认值为 0.04167。

● figure.constrained_layout.wspace/ hspace：用于设置约束布局时子图的水平和垂直间距，默认值为 0.02。

例如，使用 subplots()函数创建多个绘图区域，在每个绘图区域中绘制带有标题的子图，并通过 subplots()函数的 constrained_layout 参数启动约束布局，解决子图之间刻度标签与标题重叠的问题，具体代码如下。

```
%matplotlib auto
import matplotlib.pyplot as plt
# 创建多个区域并启用约束布局
fig, axs = plt.subplots(2, 2, constrained_layout=True)
# 依次获取每个区域，添加标题
ax_one = axs[0, 0]
ax_one.set_title('Title')
ax_two = axs[0, 1]
ax_two.set_title('Title')
ax_thr = axs[1, 0]
ax_thr.set_title('Title')
ax_fou = axs[1, 1]
ax_fou.set_title('Title')
plt.show(block=True)
```

约束布局启用前与启用后的效果如图 5-17 所示。

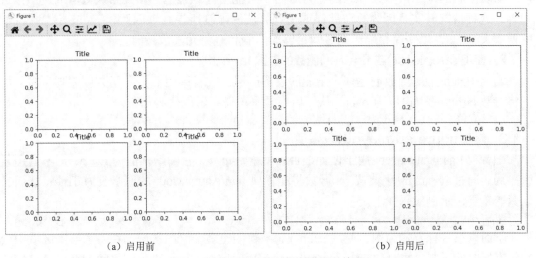

（a）启用前　　　　　　　　　　　　　　　（b）启用后

图5-17　约束布局启用前与启用后的效果

对比图 5-17 中启用前后的效果可知，约束布局启用前，上面一行子图 *x* 轴的刻度标签与下一行子图的标题出现重叠的情况；约束布局启用后，所有子图均匀分布在窗口中，且没有出现重叠的情况。

需要注意的是，约束布局只会考虑刻度标签、坐标轴标签、标题和图例的位置，而不会考虑子图其他元素的位置。因此，使用约束布局后的子图之间可能还是会出现图表元素被裁剪或重叠的问题。

### 5.6.2　紧密布局

紧密布局是另一种布局方式，用于自动调整子图的位置和尺寸，以最大程度地减少子图之间的重叠，并填充整个画布。这有助于在整个图表区域内紧凑地排列子图，在有限的空间中展示更多的图表元素，一般用于子图数量较多的情况。注意，紧密布局只会调整刻度标签、坐标轴标签和标题，可能会导致一些元素的尺寸太小或过于紧密。

Matplotlib 中提供了三种实现紧密布局的方式：第一种方式是调用 tight_layout() 函数；第二种方式是使用 subplots() 或 figure() 函数的参数 layout；第三种方式是修改 figure.autolayout 配置项，关于这三种方式的介绍如下。

#### 1. 调用 tight_layout() 函数

tight_layout() 函数用于自动调整子图之间或周围的空隙，使子图能适应画布，以确保子图的坐标轴标签、标题、刻度标签等不会重叠或被截断。tight_layout() 函数的语法格式如下。

```
tight_layout(*, pad=1.08, h_pad=None, w_pad=None, rect=None)
```

上述函数中的参数含义如下。

① pad：表示画布边缘与子图边缘的间距，默认值为 1.08。

② h_pad、w_pad：表示相邻子图垂直方向和水平方向的间距，默认值为 None，表示使用参数 pad 的值。

③ rect：表示要排列的子图范围，该参数的值是一个四元组(left, bottom, right, top)，元组中每个元素分别表示左、下、右和上边界的位置，默认值为 None，表示使用默认的四元组（0, 0, 1, 1）。注意，该参数的值是相对于图表的归一化坐标，因此范围必须在 0~1。

需要注意的是，当参数 pad 的值为 0 时，可能会导致某些子图元素被裁剪或过于接近边界，这种情况其实是因为算法错误或受到算法的限制所导致。因此，官方建议参数 pad 的值应大于 0.3，以确保相邻子图之间足够的间隔和避免元素被裁剪。

#### 2. 使用 subplots() 或 figure() 函数的参数 layout

当调用 subplots() 函数创建多个子图的绘图区域，或者调用 figure() 函数创建画布时，可以将参数 layout 的值设置为 tight，从而启用紧密布局，示例代码如下。

```
plt.subplots(layout="tight")
```

#### 3. 修改 figure.autolayout 配置项

配置项 figure.autolayout 用于设置是否启用紧密布局，它的默认值为 False，即不启用紧密布局。通过 rcParams 字典或 rc() 函数将配置项 figure.autolayout 的值修改为 True，从而启用紧密布局，示例代码如下。

```
plt.rcParams['figure.autolayout'] = True
```

下面以第一种方式为例，使用 subplots() 函数创建多个绘图区域，在每个绘图区域中绘制带有标题的子图，并通过 tight_layout() 函数启用紧密布局，解决子图之间刻度标签与标题重叠的问题，具体代码如下。

```
1   %matplotlib auto
2   import matplotlib.pyplot as plt
3   fig, axs = plt.subplots(2, 2)
4   # 依次获取每个区域，添加标题
5   ax_one = axs[0, 0]
6   ax_one.set_title('Title')
7   ax_two = axs[0, 1]
8   ax_two.set_title('Title')
9   ax_thr = axs[1, 0]
10  ax_thr.set_title('Title')
11  ax_fou = axs[1, 1]
12  ax_fou.set_title('Title')
13  # 启用紧密布局，指定子图与画布和子图的间隙
14  plt.tight_layout(pad=0.4, w_pad=0.5, h_pad=2)
15  plt.show(block=True)
```

上述代码中，第 14 行代码调用 tight_layout()函数启用紧密布局，该函数中参数 pad 的值为 0.4，说明画布边缘与子图边缘的间距是 0.4；参数 w_pad 的值为 0.5，说明相邻子图水平方向的间距为 0.5；参数 h_pad 的值为 2，说明相邻子图垂直方向的间距为 2。

紧密布局启用前与启用后的效果如图 5-18 所示。

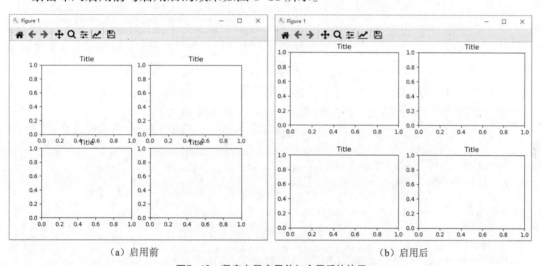

（a）启用前　　　　　　　（b）启用后

图5-18　紧密布局启用前与启用后的效果

通过图 5-18 可知，紧密布局启用前，上面一行子图 x 轴的刻度标签与下一行子图的标题出现重叠的情况；紧密布局启用后，子图之间没有出现重叠的情况，且位于同一列的子图间隔比较大。

### 5.6.3　实例 5：2023 年上半年比亚迪汽车的销售情况

比亚迪作为我国汽车制造业的领军企业，一直以来因其创新技术和环保理念而备受瞩目。多年来，比亚迪坚持自主研发和创新驱动，不断推出具有竞争力的电动汽车和混合动力车型。这一品牌的汽车以高品质、高性能和绿色环保而闻名，在国内和国际市场上获得了广泛的认可和赞誉。已知比亚迪汽车公司在 2023 年上半年的销量和销量的同比增长，具体如表 5-6 和表 5-7 所示。

表 5-6　2023 年上半年比亚迪汽车的销量

| 月份 | 销量（辆） |
| --- | --- |
| 1 月 | 151341 |
| 2 月 | 193655 |
| 3 月 | 207080 |
| 4 月 | 210295 |
| 5 月 | 240220 |
| 6 月 | 253046 |

表 5-7　2023 年上半年比亚迪汽车销量的同比增长

| 月份 | 同比增长（%） |
| --- | --- |
| 1 月 | 58.6 |
| 2 月 | 112.6 |
| 3 月 | 97.4 |
| 4 月 | 98.6 |
| 5 月 | 109.4 |
| 6 月 | 88.2 |

　　下面根据表 5-6 和表 5-7 的数据绘制两个子图。第一个子图位于画布上方，宽度与画布相等，高度为画布的二分之一，该子图是一张柱形图，用于展示上半年比亚迪汽车的销量；第二个子图位于画布下方，它的宽度与画布相等，高度为画布的二分之一，该子图是一张折线图，用于展示上半年比亚迪汽车销量的同比增长。

　　根据上述要求编写代码，依次绘制两个子图，具体代码如下。

```
%matplotlib auto
import numpy as np
import matplotlib.pyplot as plt
plt.rcParams['font.sans-serif'] = ['SimHei']
x_month = np.array(['1月', '2月', '3月', '4月', '5月', '6月'])
# 销量
y_sale_count = np.array([151341, 193655, 207080, 210295, 240220, 253046])
# 同比增长
y_year_growth = np.array([58.6, 112.6, 97.4, 98.6, 109.4, 88.2])
# 创建两个绘图区域，启用约束布局
fig, (ax_one, ax_two) = plt.subplots(2, 1, layout='constrained')
# 绘制第 1 个子图
ax_one.bar(x_month, y_sale_count, width=0.5, color='#3299CC')
ax_one.set_title('2023 年上半年比亚迪汽车的销量')
ax_one.set_ylabel('销量(辆)')
ax_one.set_ylim(0, 300000)
for i in range(len(y_sale_count)):
    ax_one.text(x_month[i], y_sale_count[i] + 2000, y_sale_count[i],
                ha='center')
# 绘制第 2 个子图
ax_two.plot(x_month, y_year_growth, 'm--o', ms=6)
ax_two.set_title('2023 年上半年比亚迪汽车销量的同比增长')
ax_two.set_ylabel('同比增长(%)')
```

```
ax_two.set_ylim(0, 150)
for i in range(len(y_year_growth)):
    ax_two.text(x_month[i], y_year_growth[i] + 5, y_year_growth[i],
                ha='center')
plt.show(block=True)
```

运行代码，效果如图 5-19 所示。

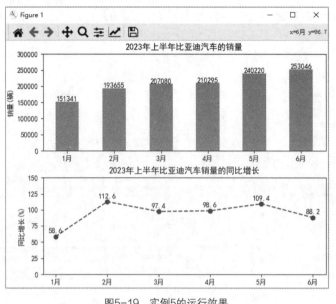

【扫描看图】

图5-19　实例5的运行效果

　　观察图 5-19 的柱形图可知，6 月汽车销量最多，总共为 253046 辆；观察图 5-19 的折线图可知，1 月的同比增长最低，2 月的同比增长快速上升，3~6 月的同比增长有下降的趋势。

## 5.7　本章小结

　　本章主要对子图的相关内容进行了介绍，首先介绍了什么是子图以及子图的布局方式；然后介绍了子图的绘制，包括绘制等分区域、跨越区域、自定义区域的子图；接着介绍了子图坐标轴的共享；最后介绍了子图的布局技巧，包括约束布局和紧密布局。通过学习本章的内容，读者能了解子图的作用，并可以熟练地规划子图的布局。

## 5.8　习题

**一、填空题**

1. Matplotlib 中_____布局将整个画布规划成由行和列组成的矩阵区域。
2. Matplotlib 中使用 subplots()函数绘制子图时可以指定_____参数共享 *x* 轴。
3. Matplotlib 中主要提供了_____和紧密布局两种调整子图布局的方式。
4. Matplotlib 中通过实例化_____类的对象可以创建一个网格布局结构。
5. _____是指在同一个绘图窗口中的每个图表。

**二、判断题**

1. subplot(223)与 subplot(2, 2, 3)的功能是等价的。（      ）
2. Matplotlib 中使用 subplot()函数可以一次性绘制多个子图。（      ）
3. 同一画布的多个子图可以共享同方向的坐标轴。（      ）
4. Matplotlib 中默认未启用约束布局。（      ）
5. 紧密布局适用于图表的所有元素，可以调整所有元素的位置。（      ）

**三、选择题**

1. 下列函数中，用于一次性绘制多个子图的是（      ）。

A. subplot()            B. subplot2grid()            C. twinx()            D. subplots()

2. 请阅读下面一段代码。

```python
%matplotlib auto
import matplotlib.pyplot as plt
ax_one = plt.subplot(223)
ax_one.plot([1, 2, 3, 4, 5])
plt.show(block=True)
```

运行代码，最终的窗口效果为（      ）。

A.

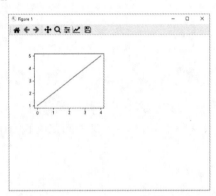

B.

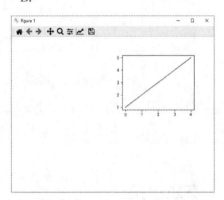

C.

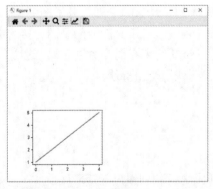

D.

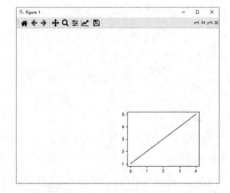

3. 请阅读下面一段代码。

```python
import matplotlib.pyplot as plt
plt.subplots(2, 2, sharex=_____)
plt.show()
```

在横线处填充以下哪个值，可以共享每列子图的坐标轴？（      ）

A. 'col'　　　　　　　B. 'row'　　　　　　　C. 'all'　　　　　　　D. 'none'

4. 下列选项中，用于实现紧密布局的是（　　　）。

A. twinx()　　　　　B. constrained_layout()　C. tight_layout()　D. GridSpec()

5. 当使用 GridSpec 类的构造方法创建网格布局结构时，可以通过（　　　）参数控制子图之间的空隙。

A. nrows　　　　　　B. ncols　　　　　　　C. figure　　　　　　D. wspace

## 四、简答题

1. 请简述 subplot()、subplots()和 subplot2grid()函数的区别。

2. 请简述网格布局的特点。

## 五、编程题

1. 按照要求在同一画布上绘制多个子图，具体要求如下。

（1）画布被规划为 2 行 3 列的矩阵区域；

（2）在编号为 3 的区域内绘制包含一条正弦曲线的子图；

（3）在编号为 6 的区域内绘制包含一条余弦曲线的子图；

（4）共享两个子图的 $x$ 轴。

2. 创建自定义的网格布局结构，具体如图 5-20 所示。

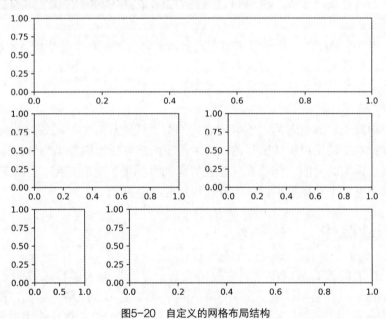

图5-20　自定义的网格布局结构

# 第6章

# 坐标轴的定制

★ 熟悉坐标轴，能够归纳从绘图区域中获取 $x$ 轴、$y$ 轴和轴脊的方式。

★ 熟悉添加坐标轴的方式，能够通过 axes()函数在画布的任意位置添加任意大小的绘图区域，并自动显示坐标轴。

★ 掌握定制刻度的方式，能够根据需求定制刻度的位置、刻度的格式、刻度的样式。

★ 掌握隐藏轴脊的方式，能够隐藏坐标轴的全部轴脊或部分轴脊。

★ 掌握移动轴脊的方式，能够将轴脊移动到指定的位置。

前文中使用的坐标轴有着固定的样式，比如刻度线朝外、坐标轴始终显示，且日期时间格式的刻度标签都是用户手动编写的。为了便于用户灵活地调整坐标轴，Matplotlib 中提供了一些定制坐标轴的功能，包括在任意位置添加坐标轴、定制刻度、隐藏轴脊、移动轴脊，从而使图表更具个性和灵活性。本章将详细介绍坐标轴的定制。

## 6.1 坐标轴概述

坐标轴是图表的重要组成部分，它提供了一个参考框架来解释和说明数据。当使用 Matplotlib 绘制图表时，绘图区域会根据展示的图表类型显示或隐藏坐标轴，例如，绘制饼图时隐藏坐标轴，绘制折线图时显示坐标轴。在 Matplotlib 中绘图默认使用直角坐标系，在直角坐标系中，总共有两条水平坐标轴、两条垂直坐标轴，水平坐标轴位于上下两端，垂直坐标位于左右两侧，这些坐标轴围成的区域用于界定图形显示的范围，其中左侧和下方的坐标轴（分别是 $y$ 轴和 $x$ 轴）经常被使用，上方和右侧的坐标轴很少被使用。

每个坐标轴的基本结构相同，主要包括坐标轴标签、刻度和轴脊等元素。其中坐标轴标签用于说明坐标轴的内容；刻度即表示特定数值或区间的小短线及其文本标记，小短线被称为刻度线，文本标记被称为刻度标签，刻度线又分为主刻度线和次刻度线，次刻度线默认是隐藏的；轴脊是确定坐标轴位置的基准线，通常是一条直线。

坐标轴的每个部分其实都对应 Matplotlib 中的一个类，其中坐标轴对应 Axis 类，轴脊对应 Spine 类，刻度对应 Ticker 类，x 轴对应 Xaxis 类，y 轴对应 Yaxis 类。为便于用户对坐标轴进行精细化定制，Axes 类提供了一些坐标轴相关的属性，用户可通过这些属性直接获取 x 轴、y 轴、轴脊、刻度、标签等特定部分，关于它们的介绍如下。

### 1. xaxis 属性

xaxis 属性用于获取绘图区域的 x 轴，返回一个 Xaxis 类的对象，示例代码如下。

```
import matplotlib.pyplot as plt
fig = plt.figure()
ax = fig.add_axes((0.1, 0.1, 0.8, 0.8))
ax.xaxis          # 获取 x 轴
```

运行代码，结果如下所示。

```
<matplotlib.axis.XAxis at 0x1ece3266190>
```

### 2. yaxis 属性

yaxis 属性用于获取绘图区域的 y 轴，返回一个 Yaxis 类的对象，示例代码如下。

```
ax.yaxis          # 获取 y 轴
```

运行代码，结果如下所示。

```
<matplotlib.axis.YAxis at 0x1ece0802710>
```

### 3. spines 属性

spines 属性用于获取坐标轴的全部轴脊，以便用户进一步定制轴脊的各种属性。访问 spines 属性后会返回一个 Spines 类的对象，示例代码如下。

```
ax.spines          # 获取全部轴脊
```

运行代码，结果如下所示。

```
<matplotlib.spines.Spines at 0x1ece31eefd0>
```

Spines 类表示图表包含的全部轴脊，可以像使用字典一样通过指定轴脊的类型来获取相应的轴脊对象，也就是 Spine 类的对象。轴脊的类型总共有 4 个，分别是'left'、'right'、'bottom' 和 'top'，依次表示左轴脊、右轴脊、下轴脊和上轴脊，示例代码如下。

```
ax.spines['left']     # 获取左轴脊
```

运行代码，结果如下所示。

```
<matplotlib.spines.Spine at 0x1ece324b290>
```

## 6.2　在任意位置添加坐标轴

Matplotlib 支持在画布的任意位置添加自定义大小的绘图区域，并自动显示坐标轴，而不再受到规划区域的限制。使用 pyplot 模块中的 axes()函数可以创建一个 Axes 类的对象，并将其作为绘图区域添加到当前的画布中。axes()函数的语法格式如下。

```
axes(arg=None, projection=None, polar=False, **kwargs)
```

上述函数中常用参数的含义如下。

① arg：用于指定绘图区域的位置和大小，该参数的取值可以是以下任一类型。

● None：默认值，相当于使用 subplot()函数在画布上添加绘图区域，绘图区域会占据整个画布。

● 元组：包含 4 个元素的元组(left, bottom, width, height)，其中 left 和 bottom 用于指定绘图区域左侧和底部到画布左侧和底部的相对距离，从而确定绘图区域的位置；width 和 height 用于指定绘图区域与画布的相对宽度和高度，从而确定绘图区域的大小，每个元素的取值范围为 0~1。

② projection：用于指定绘图区域的投影方式，该参数可以是 None、'aitoff'、'hammer'、'lambert'、'mollweide'、'polar' 或 'rectilinear' 中的任一值，默认值为 None，即绘图区域将使用默认的直角坐标系投影，也就是说，绘图区域将使用常规的直角坐标系，具有水平坐标轴和垂直坐标轴，用于绘制标准的二维图形。

③ polar：表示是否使用极坐标系，默认值为 False，即不使用极坐标系。若该参数的值设为 True，则其作用等价于 projection='polar'。

例如，使用 axes()函数在当前画布上依次添加两个绘图区域，具体代码如下。

```
1  %matplotlib auto
2  import matplotlib.pyplot as plt
3  # 添加第 1 个绘图区域
4  plt.axes((0.2, 0.5, 0.3, 0.3))
5  # 添加第 2 个绘图区域
6  plt.axes((0.6, 0.4, 0.2, 0.2))
7  plt.show(block=True)
```

上述代码中，第 4 行代码调用 axes()函数添加一个绘图区域，该函数中参数的值是一个元组，元组中共有 4 个浮点型的值，其中前两个值为 0.2 和 0.5，说明绘图区域左侧位于画布的五分之一位置，底部位于画布二分之一的位置；后面两个值都为 0.3，说明绘图区域的宽度和高度为画布的 30%。

第 6 行代码调用 axes()函数添加另一个绘图区域，该函数中参数的值也是一个元组，元组中共有 4 个浮点型的值，其中前两个值为 0.6 和 0.4，说明绘图区域左侧位于画布的五分之三位置，底部位于画布五分之二的位置；后面两个值都为 0.2，说明绘图区域的宽度和高度为画布的 20%。

运行代码，效果如图 6-1 所示。

从图 6-1 中可以看出，窗口有两个大小不同的绘图区域，每个绘图区域都显示了坐标轴，且左侧和下方的坐标轴上显示了刻度。

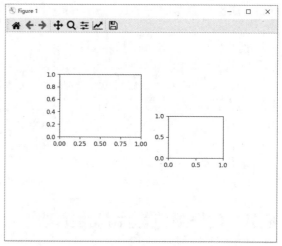

图6-1　添加两个绘图区域

除此之外，还可以使用 Figure 类对象的 add_axes()方法在当前画布的任意位置添加绘图区域，该方法与 axes()函数的参数用法相同，此处不再赘述。

## 6.3  定制刻度

定制刻度是数据可视化中的一项技巧，用户可自定义刻度的位置、格式和样式，以提升图表的可读性和美观度。通过定制刻度，可以精确控制刻度的位置，改变刻度标签的显示方式，以及调整刻度标签的外观，从而更好地呈现数据的特点和趋势。接下来，本节将对定制刻度的相关内容进行详细介绍。

### 6.3.1　定制刻度的位置和格式

在 Matplotlib 中，默认会根据当前坐标轴的范围和数据区间自动计算刻度的位置和数量。然而，在实际应用中，有时需要根据特定需求定制刻度的位置和格式。例如，将刻度与特定数据点对齐，或者将刻度标签变为日期时间形式。为了实现这些需求，Matplotlib 提供了一系列刻度定位器和刻度格式器，可应用于坐标轴的主刻度和次刻度，从而实现刻度位置和格式的定制。下面分别介绍刻度定位器和刻度格式器以及它们的用法。

**1. 刻度定位器**

刻度定位器用于确定坐标轴上刻度的位置，它可以根据用户的需求调整刻度的密度和间隔，以确保刻度位置合理且易于理解。matplotlib.ticker 模块中提供了刻度定位器的基类 Locator，它有很多子类，方便用户根据自己的需求选择合适的刻度定位器。Locator 的常见子类如表 6-1 所示。

表 6-1　Locator 的常见子类

| 类 | 说明 |
| --- | --- |
| AutoLocator | 自动定位器，自动计算刻度位置 |
| MaxNLocator | 最大值定位器，根据指定的最大数量计算刻度位置 |
| LinearLocator | 线性定位器，根据线性间隔的要求计算刻度的位置 |
| LogLocator | 对数定位器，根据对数间隔的要求计算刻度的位置 |
| MultipleLocator | 多点定位器，根据指定的基数（相邻两个刻度的间距）计算刻度的位置 |
| FixedLocator | 定点定位器，将指定的坐标列表直接设置为刻度位置，完全跳过自动刻度计算过程 |
| IndexLocator | 索引定位器，根据指定的整数数量计算刻度的位置 |
| NullLocator | 空定位器，没有任何刻度 |

除此之外，matplotlib.dates 模块中还提供了很多与日期时间相关的刻度定位器，常见的与日期时间相关的刻度定位器如表 6-2 所示。

表 6-2　常见的与日期时间相关的刻度定位器

| 类 | 说明 |
| --- | --- |
| MicrosecondLocator | 微秒级定位器，以微秒为单位定位刻度 |
| SecondLocator | 秒级定位器，以秒为单位定位刻度 |
| MinuteLocator | 分钟级定位器，以分钟为单位定位刻度 |
| HourLocator | 小时级定位器，以小时为单位定位刻度 |
| DayLocator | 天级定位器，以每月的指定日期为单位定位刻度 |
| WeekdayLocator | 工作日级定位器，以工作日为单位定位刻度 |
| MonthLocator | 月份级定位器，以月为单位定位刻度 |
| YearLocator | 年份级定位器，以年为单位定位刻度 |

表 6-1 和表 6-2 列举了多个刻度定位器的类，用户可以通过这些类的构造方法创建对象，从而生成一个刻度定位器。此外，Matplotlib 也支持自定义刻度定位器，用户只需要定义一个继承 Locator 的子类，并在该子类中重写__call__()方法即可。

下面以 HourLocator 为例介绍刻度定位器，HourLocator 类表示小时级定位器，它会以指定的小时为间隔显示刻度。HourLocator 类构造方法的语法格式如下所示。

```
HourLocator(byhour=None, interval=1, tz=None)
```

上述方法中各参数的含义如下。

① byhour：指定要显示刻度的小时，默认值为 range(24)，即每个小时。

② interval：用于指定刻度之间的小时间隔，默认值为 1。

③ tz：表示时区，默认值为 None，即按照本地时区进行刻度定位。

例如，通过 HourLocator 类的构造方法创建间隔为两小时的刻度定位器，具体代码如下。

```
hour_loc = HourLocator(interval=2)
```

使用 Matplotlib 的 set_major_locator()或 set_minor_locator()方法可以设置坐标轴的主刻度或次刻度的定位器。例如，将 hour_loc 设为 x 轴的主刻度定位器，具体代码如下。

```
ax.xaxis.set_major_locator(hour_loc)
```

### 2. 刻度格式器

刻度格式器用于设置坐标轴上刻度标签的格式。matplotlib.ticker 模块中提供了刻度格式器的基类 Formatter，它有很多子类，方便用户根据自己的需求选择合适的刻度格式器。Formatter 的常见子类如表 6-3 所示。

表 6-3　Formatter 的常见子类

| 类 | 说明 |
| --- | --- |
| NullFormatter | 空格式器，不显示任何刻度标签 |
| IndexFormatter | 索引格式器，用于显示离散化的序列刻度值 |
| FixedFormatter | 固定格式器，用于显示固定列表中的刻度标签 |
| FuncFormatter | 函数格式器，用于执行用户定义的函数以格式化刻度标签 |
| StrMethodFormatter | 字符串方法格式器，使用内置的 Python 字符串方法格式化刻度标签 |
| FormatStrFormatter | 格式字符串格式器，使用类似于格式化字符串等类型定义格式 |
| ScalarFormatter | 标量格式器，用于显示数值型刻度值，比如 100000 以科学记数法表示为 1E5 |
| LogFormatter | 对数格式器，基于对数刻度值显示刻度标签 |
| LogFormatterExponent | 对数刻度指数格式器，以指数表示形式显示刻度标签 |
| LogFormatterMathtext | 对数刻度数学符号格式器，使用数学公式来显示刻度标签 |
| LogFormatterSciNotation | 对数刻度科学符号格式器，使用科学符号来显示刻度标签 |
| PercentFormatter | 百分比格式器，用于将刻度值转换为百分比形式的刻度标签 |

除此之外，matplotlib.dates 模块中还提供了很多与日期时间相关的刻度格式器，常见的与日期时间相关的刻度格式器如表 6-4 所示。

表 6-4　常见的与日期时间相关的刻度格式器

| 类 | 说明 |
| --- | --- |
| AutoDateFormatter | 自动日期格式器，用于自动识别并格式化坐标轴上的日期刻度，默认的格式为 '%Y-%m-%d'，即年-月-日 |
| ConciseDateFormatter | 简洁日期格式器，通常用于显示连续时间范围并使用日期偏移量格式化日期刻度 |
| DateFormatter | 日期格式器，用于手动指定坐标轴上的日期格式 |

表 6-3 和表 6-4 列举了多个刻度格式器的类，用户可以通过这些类的构造方法创建对

象，从而生成一个刻度格式器。此外，Matplotlib 中也支持自定义刻度格式器，用户只需要定义一个继承 Formatter 的子类，并在该子类中重写__call__()方法即可。

下面以 DateFormatter 为例介绍刻度格式器，DateFormatter 类构造方法的语法格式如下。

```
DateFormatter(fmt, tz=None, *, usetex=None)
```

上述方法中各参数的含义如下。

① fmt：表示日期格式字符串，用于根据格式控制符定义日期的显示格式。格式控制符与 datetime 或 time 模块中的日期时间格式控制符的用法相同。

② tz：表示时区，默认值为 None，即本地时区。

③ usetex：用于启用或禁用 TeX 渲染文本，以生成精美的数学公式、符号和特殊字符。当设置为 True 时，日期格式字符串中的任何 TeX 代码都将被解析和渲染。

例如，通过 DateFormatter 类的构造方法创建日期格式为"年/月/日"的刻度格式器，具体代码如下。

```
date_fmt = DateFormatter('%Y/%m/%d')
```

使用 Matplotlib 的 set_major_formatter()或 set_minor_formatter()方法设置坐标轴的主刻度或次刻度的格式器。例如，将 date_fmt 设为 x 轴的主刻度格式器，具体代码如下。

```
ax.xaxis.set_major_formatter(date_fmt)
```

为了帮助大家更好地理解，接下来通过一个案例演示如何通过刻度定位器和刻度格式器定制 x 轴的刻度，具体代码如下。

```
1   import matplotlib.pyplot as plt
2   from matplotlib.dates import HourLocator, DateFormatter
3   from datetime import datetime
4   dates = ['202310240', '2023102402', '2023102404',
5            '2023102406', '2023102408']
6   x_date = [datetime.strptime(d, '%Y%m%d%H') for d in dates]
7   y_date = [1, 2, 3, 4, 5]
8   ax = plt.axes((0.2, 0.2, 0.6, 0.6))
9   ax.plot(x_date, y_date)
10  # 创建小时级定位器，时间间隔为两小时
11  hour_loc = HourLocator(interval=2)
12  # 设置 x 轴的主刻度定位器
13  ax.xaxis.set_major_locator(hour_loc)
14  # 创建日期格式器，指定日期格式字符串为%H:%M
15  date_fmt = DateFormatter('%H:%M')
16  # 设置 x 轴的主刻度格式器
17  ax.xaxis.set_major_formatter(date_fmt)
18  plt.show()
```

上述代码中，第 4～7 行代码创建了两个列表 x_date 和 y_date，将其作为 x 坐标和 y 坐标，其中列表 x_date 里面的元素都是 datetime 对象，每个对象都包含年份、月份、日期、小时这几项信息。第 8～9 行代码在当前画布上添加了一个指定位置和大小的绘图区域 ax，之后在这个绘图区域绘制一条线。

第 11 行代码调用 HourLocator()方法创建小时级定位器 hour_loc，该方法中参数 interval 的值为 2，说明每间隔两个小时会放置一个刻度。第 13 行代码先通过 ax 对象访问 xaxis 属性获取 x 轴，再调用 set_major_locator()方法将主刻度定位器设置为 hour_loc。

第 15 行代码调用 DateFormatter()方法创建日期格式器 date_fmt，该方法中传入的参数为'%H:%M'，说明刻度标签的格式为"小时:分钟"。第 17 行代码先通过 ax 对象访问 xaxis 属性获取 $x$ 轴，再调用 set_major_formatter()方法将主刻度格式器设置为 date_fmt。

运行代码，效果如图 6-2 所示。

从图 6-2 中可以看出，$x$ 轴上显示了 5 个刻度，每个刻度标签的格式都是"小时:分钟"。

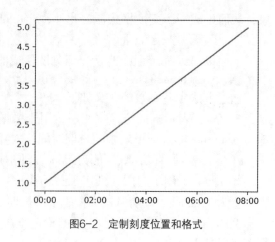

图6-2　定制刻度位置和格式

### 6.3.2　定制刻度的样式

Matplotlib 中的坐标轴刻度是有固定样式的，例如，刻度线的方向默认朝外，颜色默认为黑色等。为了满足用户自定义刻度样式的需求，pyplot 模块提供了 tick_params()函数，可以用于设置图表刻度线和刻度标签的各种属性。tick_params()函数的语法格式如下。

```
tick_params(axis='both', which='major', direction='out', length=None,
            width=None, color=None, pad=None, labelsize=None,
            labelcolor=None, bottom=None, top=None, left=None,
            right=None, labelbottom=None, labeltop=None, labelleft=None,
            labelright=None, labelrotation=None, **kwargs)
```

上述函数中常用参数的含义如下。

① axis：用于指定要设置属性的坐标轴，取值可以为'x'（$x$ 轴）、'y'（$y$ 轴）或'both'（$x$ 轴和 $y$ 轴），默认值为'both'，即同时应用于 $x$ 轴和 $y$ 轴的刻度。

② which：表示刻度的类型，取值可以为'major'（主刻度）、'minor'（次刻度）或'both'（主刻度和次刻度），默认值为'major'，即设置主刻度线和主刻度标签的属性。

③ direction：表示刻度线的方向，取值可以为'in'（朝内）、'out'（朝外）或'inout'（内外皆有），默认值为'out'，即刻度线的方向是朝外的。

④ length：表示刻度线的长度，默认值为 4 磅。

⑤ width：表示刻度线的宽度，默认值为 0.5 磅。

⑥ color：表示刻度线的颜色，默认颜色为黑色。

⑦ pad：表示刻度线与刻度标签之间的间隙，默认值为 4 磅。

⑧ labelsize：表示刻度标签文本的字体大小。

⑨ labelcolor：表示刻度标签文本的颜色。

⑩ bottom、top、left、right：表示是否显示下方、上方、左侧、右侧的刻度线。

⑪ labelbottom、labeltop、labelleft、labelright：表示是否显示下方、上方、左侧、右侧的刻度标签。

⑫ labelrotation：表示刻度标签旋转的角度。

例如，设置坐标轴上的刻度线样式，使其方向朝内、长度为 6 磅、宽度为 2 磅、颜色为红色，具体代码如下。

```
import matplotlib.pyplot as plt
# 设置刻度线的样式
```

```
plt.tick_params(direction='in', length=6, width=2, colors='r')
plt.show()
```

运行代码，效果如图 6-3 所示。

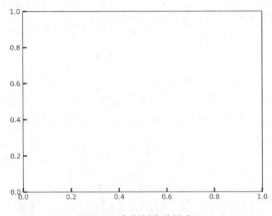

【扫描看图】

图6-3　定制刻度的样式

除此之外，还可以使用 Axes 类对象的 tick_params()方法或 Axis 类的 set_tick_params()方法定制刻度的样式，它们与 tick_params()函数的参数用法相同，此处不再赘述。

### 6.3.3　实例 1：深圳市 24 小时的平均风速

深圳市是一个经济发达、现代化的城市，气象是城市规划不可忽视的因素。其中，24小时平均风速是一个重要的气象指标，它描述了单位时间内的平均风速。了解深圳市的 24小时平均风速，可以更好地了解该城市的天气特点，为城市规划和公众生活提供参考。已知深圳市气象局从 10 月 24 日 0 时到 25 日 0 时对天气情况进行了监测，并对这 24 小时内的平均风速进行了统计，最终统计的结果如表 6-5 所示。

表 6-5　深圳市 24 小时的平均风速

| 时间 | 平均风速（km/h） |
|---|---|
| 00:00 | 7 |
| 02:00 | 9 |
| 04:00 | 11 |
| 06:00 | 14 |
| 08:00 | 8 |
| 10:00 | 15 |
| 12:00 | 22 |
| 14:00 | 11 |
| 16:00 | 10 |
| 18:00 | 11 |
| 20:00 | 11 |
| 22:00 | 13 |
| 00:00 | 8 |

根据表 6-5 的数据绘制一张折线图，具体要求如下。

（1）图中有一条蓝色的实线，代表 24 小时的平均风速。

（2）线上方显示朝右三角形标记，标记的大小是 6，填充颜色为#FF9900。

（3）添加标题，标题的内容为"深圳市 24 小时的平均风速"。

（4）添加 y 轴的标签，标签的内容是"平均风速（km/h）"。

（5）设置 y 轴的刻度范围为 5~25。

（6）在标记上方添加注释文本，文本的内容是平均风速一列的数值。

（7）设置 x 轴的刻度标签，标签文本的格式为"小时:分钟"，旋转 45°。

（8）设置坐标轴的刻度样式：方向朝内、长度为 6、宽度为 2、字体大小为 12 磅。

按照要求编写代码绘制折线图，用于展示深圳市 24 小时的平均风速，具体代码如下。

```
import numpy as np
from datetime import datetime
import matplotlib.pyplot as plt
from matplotlib.dates import DateFormatter, HourLocator
plt.rcParams['font.sans-serif'] = ['SimHei']
# 创建画布
fig = plt.figure()
# 添加绘图区域
ax = fig.add_axes((0.0, 0.0, 1.0, 1.0))
# 绘制图形
dates = ['2023102400','2023102402','2023102404','2023102406',
         '2023102408', '2023102410','2023102412', '2023102414',
         '2023102416','2023102418', '2023102420','2023102422',
         '2023102500']
x_date = [datetime.strptime(d, '%Y%m%d%H') for d in dates]
# 平均风速
y_data = np.array([7, 9, 11, 14, 8, 15, 22, 11, 10, 11, 11, 13, 8])
ax.plot(x_date, y_data, '->', ms=6, mfc='#FF9900')
# 定制图表
ax.set_title('深圳市 24 小时的平均风速')
ax.set_ylabel('平均风速(km/h)')
ax.set_ylim(5, 25)
for i in range(len(y_data)):
    ax.text(x_date[i], y_data[i]+0.3, y_data[i], ha='center')
# 设置 x 轴的刻度格式器
date_fmt = DateFormatter('%H:%M')
ax.xaxis.set_major_formatter(date_fmt)
# 设置 x 轴的刻度定位器
hour_loc = HourLocator(interval=2)
ax.xaxis.set_major_locator(hour_loc)
# 设置 x 轴和 y 轴刻度的样式
ax.tick_params(direction='in', length=6, width=2, labelsize=12)
# 设置 x 轴刻度标签的旋转角度
ax.xaxis.set_tick_params(labelrotation=45)
# 展示完整图表
plt.show()
```

运行代码，效果如图 6-4 所示。

在图 6-4 中，x 轴的刻度标签是一组以两小时为间隔的时间，y 轴代表平均风速。由图 6-4 可知，中午 12 点的平均风速最强，具体为 22km/h，24 日 0 点的平均风速最弱，具体为 7km/h。

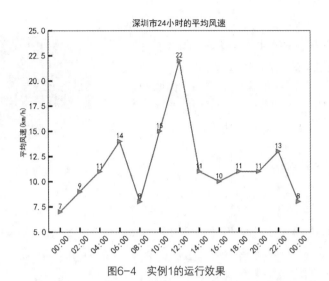

【扫描看图】

图6-4 实例1的运行效果

# 6.4 隐藏轴脊

轴脊是坐标轴刻度的载体，用于显示刻度标签和刻度线。Matplotlib 中的绘图区域总共有 4 个轴脊，分别是上轴脊、下轴脊、左轴脊和右轴脊，其中上轴脊和右轴脊并不经常使用，大多数情况下可以将其隐藏。Matplotlib 中提供了隐藏全部轴脊或部分轴脊的方法，接下来，本节将对隐藏轴脊的内容进行详细介绍。

## 6.4.1 隐藏全部轴脊

使用 pyplot 模块的 axis()函数可以设置或获取一些坐标轴的属性，包括显示或隐藏坐标轴，同时显示或隐藏坐标轴上的轴脊和刻度。axis()函数的语法格式如下。

```
axis(arg=None, /, *, emit=True, **kwargs)
```

上述函数中参数 arg 用于指定要设置的坐标轴选项，该参数可以接收布尔值或预定义的字符串。布尔值 True 或字符串'on'表示显示坐标轴上的轴脊和刻度，布尔值 False 或字符串'off'表示隐藏坐标轴上的轴脊和刻度。

除此之外，还可以使用 Axes 类的对象的 axis()方法隐藏坐标轴的轴脊，该方法与 axis()函数的参数用法相同，此处不再赘述。

例如，绘制一个六边形并隐藏全部的轴脊，具体代码如下。

```
1   import numpy as np
2   import matplotlib.pyplot as plt
3   import matplotlib.patches as pcs
4   # 创建正六边形
5   polygon = pcs.RegularPolygon((0.5, 0.5), 6, radius=0.2, color='g')
6   ax = plt.axes((0, 0, 1, 1))
7   # 在绘图区域添加正六边形
8   ax.add_patch(polygon)
9   # 隐藏全部轴脊
10  ax.axis('off')
11  plt.show()
```

上述代码中，第 3 行代码导入了子模块 matplotlib.patches，并将其命名为 pcs，用于绘制各种形状的图形补丁，例如圆形、六边形等。第 5 行代码通过 pcs 调用 RegularPolygon()方法创建图形，该方法中传入第一个参数的值为(0.5, 0.5)，说明图形的中心位于画布中心位置；第二个参数的值为 6，说明图形是正六边形；参数 radius 的值为 0.2，说明六边形的外接圆的半径为 0.2。

运行代码，效果如图 6-5 所示。

图6-5　隐藏坐标轴的全部轴脊

**┃┃ 多学一招: `matplotlib.patches` 模块**

matplotlib.patches 模块专门用于绘制各种图形对象，比如矩形、圆形、多边形等。该模块中提供了一个 Patch 基类以及许多派生类，每个派生类代表一种特定的形状。matplotlib.patches 模块中常见的形状类如表 6-6 所示。

表 6-6　matplotlib.patches 模块中常见的形状类

| 类 | 说明 |
| --- | --- |
| Arrow | 箭头 |
| Circle | 圆形 |
| RegularPolygon | 正多边形 |
| Rectangle | 矩形 |
| Ellipse | 椭圆形 |

表 6-6 中罗列了几个常见的形状类，这些类都提供了与类同名的构造方法，通过这些构造方法实例化对象便可以创建一个图形。下面以 RegularPolygon 类为例介绍如何创建正五边形，RegularPolygon 类构造方法的语法格式如下。

```
RegularPolygon(xy, numVertices, *, radius=5, orientation=0, **kwargs)
```

上述方法中常用参数的含义如下。

① xy：表示多边形中心的坐标，参数的取值是一个包含两个元素的元组$(x,y)$。

② numVertices：表示多边形的顶点数量。

③ radius：表示外接圆的半径，默认值为 5。

④ orientation：表示多边形的旋转角度，用于改变其在坐标系中的朝向，以弧度为单位，默认值为 0。

通过 RegularPolygon()方法创建一个正五边形，具体代码如下。

```
import matplotlib.patches as pcs
polygon = pcs.RegularPolygon((0.5, 0.5), numVertices=5, radius=0.3,
                             color='y')
```

要想显示正五边形，则需要将其添加到绘图区域中。通过 Axes 类对象的 add_patch()方法能够将正五边形添加到绘图区域中，具体代码如下。

```
import matplotlib.pyplot as plt
ax = plt.axes([0.3, 0.3, 0.5, 0.5])
ax.add_patch(polygon)
```

### 6.4.2　隐藏部分轴脊

Matplotlib 中提供了两种方式隐藏坐标轴的部分轴脊，第一种方式是先访问 xaxis 或 yaxis

属性获取坐标轴，再使用 set_visible()方法将坐标轴设置为不可见，这样在隐藏坐标轴的同时也会隐藏轴脊；第二种方式是先访问 spines 属性获取相应的轴脊，再使用 set_visible()方法直接将轴脊设置为不可见。

set_visible()其实是 Artist 类定义的方法，用于设置对象的可见性，包括图表中的轴脊、标签、图例、坐标轴等各种元素。该方法的用法非常简单，只需要接收一个布尔类型的参数，若参数的值为 True，则表示将对象设置为可见状态，否则表示将对象设置为不可见状态。

下面以第二种方式为例，演示如何隐藏坐标轴的上轴脊和右轴脊，示例代码如下。

```python
import matplotlib.pyplot as plt
import matplotlib.patches as pcs
polygon = pcs.RegularPolygon((0.5, 0.5), 5, radius=0.2, color='y')
ax = plt.axes((0.3, 0.3, 0.5, 0.5))
ax.add_patch(polygon)
# 依次隐藏上轴脊和右轴脊
ax.spines['top'].set_visible(False)
ax.spines['right'].set_visible(False)
plt.show()
```

运行代码，效果如图 6-6 所示。

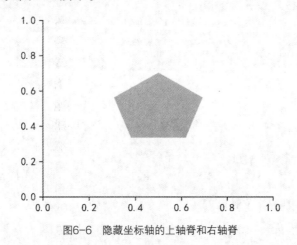

图6-6　隐藏坐标轴的上轴脊和右轴脊

### 6.4.3　实例 2：2018 年到 2022 年的快递业务量及其增长速度

随着网上购物的兴起，我国的快递行业快速发展。据国家统计局统计，我国 2018 年到 2022 年的快递业务量及其增长速度具体如表 6-7 所示。

表 6-7　2018 年到 2022 年的快递业务量及其增长速度

| 年份 | 快递业务量（亿件） | 增长速度（%） |
| --- | --- | --- |
| 2018 年 | 507.1 | 26.6 |
| 2019 年 | 635.2 | 25.3 |
| 2020 年 | 833.6 | 31.2 |
| 2021 年 | 1083.0 | 29.9 |
| 2022 年 | 1105.8 | 2.1 |

根据表 6-7 的数据绘制图表，具体要求如下。

（1）图中有一组柱形，代表快递业务量，宽度为 0.5，颜色为 lightcoral。

（2）图中有一条带圆形数据标记的折线，代表增长速度。

（3）线条的颜色为 lightgreen，数据标记大小为 6，数据标记的填充颜色为白色。

（4）添加标题，标题的内容为"2018-2022 年的快递业务量及其增长速度"。

（5）添加 y 轴的标签，标签的内容是"业务量（亿件）"。

（6）设置 y 轴的刻度范围为 0 ~ 1400。

（7）在数据标记上方添加注释文本，文本的内容是增长速度一列的数值。

（8）设置右侧垂直坐标轴的标签，标签的内容为"增长速度（%）"。

（9）设置右侧垂直坐标轴的刻度范围为 0 ~ 100。

（10）在柱形上方添加注释文本，文本的内容是快递业务量一列的数值。

（11）在左上角位置添加图例。

（12）隐藏上轴脊。

按照要求编写代码绘制包含折线和柱形的图表，通过柱形展示 2018 年到 2022 年的快递业务量，通过折线展示 2018 年到 2022 年快递业务量的增长速度，具体代码如下。

```python
import numpy as np
import matplotlib.pyplot as plt
plt.rcParams['font.sans-serif'] = ['SimHei']
# 创建画布
fig = plt.figure()
# 添加绘图区域
ax = fig.add_axes((0.0, 0.0, 1.0, 1.0))
# 绘制图形和定制图表
# 在绘图区域绘制柱形
x_year = np.array(['2018年', '2019年', '2020年', '2021年', '2022年'])
# 快递业务量
y_nums = np.array([507.1, 635.2, 833.6, 1083.0, 1105.8])
rect_nums = ax.bar(x_year, y_nums, width=0.5, color='lightcoral')
ax.set_title('2018-2022年的快递业务量及其增长速度')
ax.set_ylabel('业务量(亿件)')
ax.set_ylim(0, 1400)
for i in range(len(y_nums)):
    ax.text(x_year[i], y_nums[i]+5, y_nums[i], fontsize=11, ha='center')
# 在新的绘图区域绘制折线
ax_right = ax.twinx()
y_rate = np.array([26.6, 25.3, 31.2, 29.9, 2.1])
line_rate = ax_right.plot(x_year, y_rate, c='lightgreen',
                          marker='o', ms=6, mfc='white')
ax_right.set_ylabel('增长速度(%)')
ax_right.set_ylim(0, 100)
for i in range(len(y_rate)):
    ax_right.text(x_year[i], y_rate[i]+1, y_rate[i],
                  fontsize=11, ha='center')
plt.legend([rect_nums, line_rate[0]], ['快递业务量', '比去年增长'],
           loc='upper left', ncol=26.6)
# 隐藏上轴脊
ax.spines['top'].set_visible(False)
ax_right.spines['top'].set_visible(False)
# 展示完整图表
plt.show()
```

运行代码，效果如图 6-7 所示。

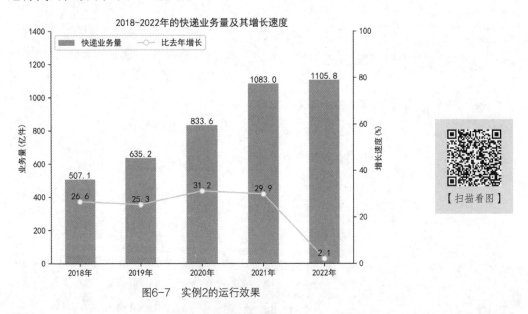

图6-7　实例2的运行效果

观察图 6-7 的柱形可知，2022 年的快递业务量最多，具体为 1105.8 亿件；观察图 6-7 的折线可知，2018 年到 2021 年的增长速度比较平稳，2022 年的增长速度呈现下降的趋势。

## 6.5　移动轴脊

### 6.5.1　移动轴脊到指定位置

移动轴脊指的是将轴脊从默认位置移动到图表的任意位置，目的是突出显示某个特定区域或强调某些数据。在 Matplotlib 中，Spine 类提供了一个设置轴脊位置的方法 set_position()，从而改变轴脊的位置。set_position()方法的语法格式如下。

```
set_position(position)
```

上述方法中的参数 position 表示轴脊的位置，它需要接收一个包含两个元素的元组 (position_type, amount)，其中第 1 个元素 position_type 代表位置的类型，它可以是以下任一取值。

① 'outward'：将轴脊移动到远离图表的位置，从而扩大轴脊与图表之间的空间。

② 'axes'：将轴脊移动到图表的边缘。

③ 'data'：将轴脊移动到数据区域内的某个特定位置，该位置根据坐标轴上的数值来确定。

第 2 个元素 amount 代表轴脊在指定位置类型上的偏移量。

此外，参数 position 还支持以下两个特殊的取值。

① 'center'：将轴脊移动到数据区域的中心位置，作用等同于 ('axes',0.5)。

② 'zero'：将轴脊移动到坐标轴上的原点位置，作用等同于('data', 0.0)。

例如，将左轴脊和下轴脊移动到坐标轴上数值为 0.5 的位置，隐藏其他轴脊，具体代码如下。

```
import matplotlib.pyplot as plt
import matplotlib.patches as pcs
polygon = pcs.RegularPolygon((0.5, 0.5), 5, radius=0.2, color='y')
ax = plt.axes((0.3, 0.3, 0.5, 0.5))
ax.add_patch(polygon)
# 隐藏上轴脊和右轴脊
ax.spines['top'].set_visible(False)
ax.spines['right'].set_visible(False)
# 移动左轴脊和下轴脊
ax.spines['left'].set_position(('data', 0.5))
ax.spines['bottom'].set_position(('data', 0.5))
plt.show()
```

运行代码，效果如图 6-8 所示。

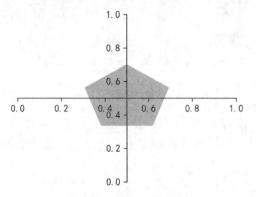

图6-8　移动轴脊的位置

需要注意的是，轴脊是刻度线和刻度标签的载体，当移动左轴脊和下轴脊时，刻度线和刻度标签会跟随轴脊同步移动。

### 6.5.2　实例 3：正弦曲线与余弦曲线

正弦曲线和余弦曲线是两种比较常见的周期性函数曲线，周期是 $2\pi$，其中正弦曲线关于原点中心对称，而余弦曲线关于轴对称。下面以 NumPy 生成的一个 $-2\pi$ 和 $2\pi$ 之间、数量为 100 的等差数列为例，分别求等差数列中各个数值的正弦值和余弦值，并根据这些正弦值和余弦值绘制正弦曲线和余弦曲线，要求 $x$ 轴和 $y$ 轴的交汇点位于数值为 0 的位置，具体代码如下。

```
import numpy as np
import matplotlib.pyplot as plt
plt.rcParams['font.sans-serif'] = ['SimHei']
plt.rcParams['axes.unicode_minus'] = False
x_data = np.linspace(-2 * np.pi, 2 * np.pi, 100)
y_sin = np.sin(x_data)
y_cos = np.cos(x_data)
# 创建画布
fig = plt.figure()
# 添加绘图区域
ax = fig.add_axes((0.2, 0.2, 0.7, 0.7))
# 绘制图形
# 绘制正弦曲线
```

```
ax.plot(x_data, y_sin, label='正弦曲线')
# 绘制余弦曲线
ax.plot(x_data, y_cos, label='余弦曲线')
# 定制图表
ax.set_xlim(-2 * np.pi, 2 * np.pi)
ax.set_xticks([-2 * np.pi, -3 * np.pi / 2, -1 * np.pi, -1 * np.pi / 2,
              0, np.pi / 2, np.pi, 3 * np.pi / 2, 2 * np.pi])
ax.set_xticklabels(['$-2\pi$', '$-3\pi/2$', '$-\pi$', '$-\pi/2$', '$0$',
                    '$\pi/2$', '$\pi$', '$3\pi/2$', '$2\pi$'])
ax.set_yticks([-1.0, -0.5, 0.0, 0.5, 1.0])
ax.set_yticklabels([-1.0, -0.5, 0.0, 0.5, 1.0])
ax.legend()
# 隐藏上轴脊和右轴脊
ax.spines['top'].set_visible(False)
ax.spines['right'].set_visible(False)
# 移动左轴脊和下轴脊
ax.spines['left'].set_position(('data', 0))
ax.spines['bottom'].set_position(('data', 0))
# 展示完整图表
plt.show()
```

运行代码，效果如图 6-9 所示。

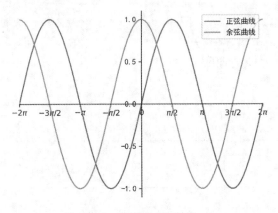

【扫描看图】

图6-9　实例3的运行效果

从图 6-9 中可以看出，垂直坐标轴与水平坐标轴相交于原点。

## 6.6　本章小结

本章主要介绍了坐标轴的定制，包括在任意位置添加坐标轴、定制刻度、隐藏轴脊和移动轴脊。通过学习本章的内容，读者能够掌握坐标轴的定制方法，从而使坐标轴更好地服务于图表。

## 6.7　习题

### 一、填空题

1. 坐标轴的_____是确定坐标轴位置的基准线。

2. Matplotlib 中的_____用于确定坐标轴上刻度的位置。

3. Matplotlib 中的刻度格式器_____用于手动指定坐标轴上的日期格式。

4. 使用 pyplot 模块的_____函数可以显示或隐藏全部的轴脊。

5. Matplotlib 中通过 Axes 对象的 xaxis 属性可以获取绘图区域的_____轴。

## 二、判断题

1. Matplotlib 中的坐标轴默认隐藏次刻度线。（　　）

2. Matplotlib 中可以使用 Formatter 的子类调整刻度的位置。（　　）

3. Matplotlib 中刻度线的方向只能朝外。（　　）

4. Matplotlib 中不能随意移动轴脊的位置。（　　）

5. HourLocator 类表示小时级刻度定位器，它会以指定的小时为间隔显示刻度。（　　）

## 三、选择题

1. 下列选项中，可以获取坐标轴全部轴脊的属性是（　　）。

A. xaxis　　　　　　　　B. yaxis　　　　　　C. spines　　　　　　D. ticks

2. 下列选项中，用于设置主刻度标签格式的方法是（　　）。

A. set_major_locator()　　　　　　　　　B. set_minor_locator()

C. set_major_formatter()　　　　　　　　D. set_minor_formatter()

3. 请阅读下面一段代码。

```
line_loc = LinearLocator(numticks=3)
ax.xaxis.set_major_locator(line_loc)
```

下列选项中，哪个最有可能是 $x$ 轴的效果？（　　）

A.

B.

C.

D.

4. 下列选项中，可以隐藏坐标轴上轴脊的代码是（　　）。

A.
```
ax.spines['top'].set_visible(False)
```
B.
```
ax.spines['right'].set_visible(False)
```
C.
```
ax.spines['bottom'].set_visible(False)
```
D.
```
ax.spines['left'].set_visible(False)
```

5. 下列选项中，用于移动轴脊位置的方法是（　　）。

A. set_color()　　　　　　　　　　　B. set_position()

C. set_ticks_position()　　　　　　　D. set_yticklabels()

**四、简答题**

请简述隐藏轴脊的几种方式。

**五、编程题**

假设某股票一周内的收盘价如表 6-8 所示。

表 6-8　某股票一周内的收盘价

| 日期 | 收盘价（元） |
|---|---|
| 周一 | 44.98 |
| 周二 | 45.02 |
| 周三 | 44.32 |
| 周四 | 41.05 |
| 周五 | 42.08 |
| 周六 | — |
| 周日 | — |

根据表 6-8 的数据绘制一张折线图，具体要求如下。

（1）在距画布顶部 0.2、左侧 0.2 的位置添加宽度和高度都为 0.5 的绘图区域。

（2）图中有一条实线，代表收盘价。由于周六和周日没有收盘价，所以将这两个日期的收盘价设置为周五的收盘价。

（3）线条上显示圆形数据标记，数据标记的大小为 8。

（4）设置 $y$ 轴的刻度标签，标签文本的格式为"￥价格"，价格保留一位小数。

（5）设置 $x$ 轴的刻度标签，标签内容为日期，旋转 20°。

（6）设置刻度的样式：刻度线方向朝内、宽度为 2。

（7）隐藏绘图区域的上轴脊、右轴脊。

绘制完成的效果如图 6-10 所示。

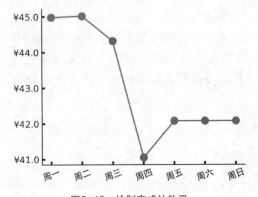

图6-10　绘制完成的效果

# 第 7 章

# 高级图表绘制

★ 了解三维图表，能够归纳常见三维图表的特点及解读方式。

★ 掌握 mplot3d 模块的使用，能够使用 mplot3d 模块构建三维坐标系的绘图区域，并为其添加一些辅助元素。

★ 掌握三维散点图和三维曲面图的绘制方式，能够通过 scatter()和 plot_surface()方法绘制三维散点图和三维曲面图。

★ 掌握 animation 模块的使用，能够通过该模块中的 FuncAnimation 和 ArtistAnimation 类给图表添加动画。

★ 掌握热力图的绘制方式，能够熟练绘制热力图并添加注释文本。

★ 掌握桑基图的绘制方式，能够熟练绘制桑基图。

Matplotlib 不仅支持二维图表的绘制，它的 mpl_toolkits 和 animation 模块中也提供了绘制三维图表和动态图表的功能，这意味着用户可以轻松绘制各种三维图表，并为图表添加动画效果。此外，Matplotlib 还提供了绘制一些其他高级图表的功能，比如热力图、漏斗图、桑基图和瀑布图等。本章将对高级图表绘制的相关内容进行详细介绍。

## 7.1 绘制三维图表

### 7.1.1 认识三维图表

三维图表是指在三维坐标系中可视化数据的图表。三维坐标系中有 3 个相互垂直的坐标轴，分别是 $x$ 轴、$y$ 轴和 $z$ 轴。$x$ 轴表示水平方向，$y$ 轴表示垂直方向，而 $z$ 轴表示深度方向。这三个坐标轴在原点处交汇，共同定义了三维空间中的位置。

与传统的二维图表相比，三维图表能够更全面、直观地呈现三维数据，展示更丰富的信息和复杂的维度关系，并具有更强的视觉冲击力。根据不同类型的数据和应用场景，常见的三维图表可以分为以下几类。

## 1. 三维散点图

三维散点图是一种使用三维坐标系来显示离散数据点的图表，每个数据点由 3 个数值组成，分别对应于 $x$ 轴、$y$ 轴和 $z$ 轴上的坐标。通过三维散点图，可以同时展示 3 个变量之间的关系，帮助用户理解数据的分布情况、变化趋势和聚集程度。三维散点图的示意图如图 7-1 所示。

在图 7-1 中，灰色的立体区域是三维坐标系，其内部有圆形和三角形两种类型的数据点。观察三维散点图时，可以关注以下几点。

● 数据点的位置：观察每个数据点在三维坐标系中的位置，可以获得数据的分布情况。

● 数据点的密度：观察在某个区域内数据点的密度，可以了解该区域的数据分布程度。密集的区域表示数据更集中，而稀疏的区域表示数据更分散。

## 2. 三维柱形图

三维柱形图是一种通过在三维坐标系中绘制柱形来展示数据分布和关系的图表。在三维柱形图中，每根柱子的高度表示相应数据的大小，其横向和纵向的位置则反映不同类别或组的数值。通过在三维空间内绘制若干个柱子，可同时展示多个类别或组之间的关系和数据分布状况。三维柱形图的示意图如图 7-2 所示。

【扫描看图】

【扫描看图】

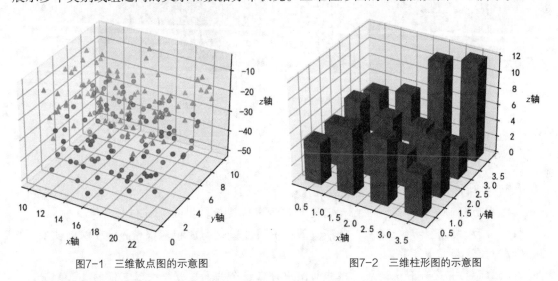

图7-1　三维散点图的示意图　　　　　　图7-2　三维柱形图的示意图

观察三维柱形图时，可以关注以下几点。

● 每根柱子的高度：柱子的高度代表了相应数据的大小，观察柱子的高度差异可以比较不同类别或组的数据大小。

● 每根柱子的位置：柱子的位置反映了相应数据两个类别或组的数值，观察柱子的横向和纵向位置可以了解不同类别或组之间的数据关系。

## 3. 三维线图

三维线图是一种通过在三维坐标系中绘制线条来展示数据之间的连续性和趋势的图表类型。在三维线图中，每条线代表数据点在三维空间中的连续路径。通过此路径，可以观察数据在 3 个维度上的变化趋势和模式。三维线图的示意图如图 7-3 所示。

观察三维线图时，可以关注以下几点。

● 线条的路径和变化趋势：通过观察线条的路径，可以了解数据在三维空间中的变化趋势和走势。连续的线条可以显示数据的变化路径，其起伏和变化幅度可以反映数据的波动情况。

● 线条之间的交叉和重叠：如果三维线图中有多条线，则可以注意它们之间的交叉和重叠情况，这些交叉和重叠部分可能表示数据之间的相互影响和关联性。

#### 4. 三维曲面图

三维曲面图是一种通过在三维空间中绘制曲面来呈现数据的图表。在三维曲面图中，曲面通常由一个二元函数创建，通过将 $x$ 坐标和 $y$ 坐标的数值代入二元函数，可以得到相应的 $z$ 值，从而确定曲面在三维空间中的位置。这种图表可以直观地呈现二元函数的形状和其在三维空间中的形态。三维曲面图的示意图如图 7-4 所示。

【扫描看图】

【扫描看图】

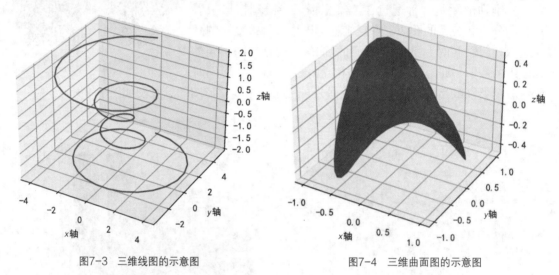

图7-3　三维线图的示意图　　　　图7-4　三维曲面图的示意图

观察三维曲面图时，可以关注以下几点。

● 曲面的形态和分布：三维曲面图可以清晰地展示数据的分布和形态特征。

● 曲面的高度和形状差异：观察曲面在不同区域的高度和形状差异，可以比较不同区域数据的数量和大小差异。

● 曲面的相交部分：如果三维曲面图中存在多个曲面，可以关注它们的相交部分，这些地方可能表示数据之间的交汇点，可以进一步分析数据之间的相关性。

### 7.1.2　mplot3d 概述

mplot3d 是 mpl_toolkits 模块中的一个子模块，它提供了用于绘制和操作三维图表的工具和函数，通过这些工具和函数可以帮助用户快速地绘制一些常见的三维图表，并能够对图表的辅助元素进行定制。mplot3d 模块中包含一个非常重要的类 Axes3D，Axes3D 继承自 Axes 类，这意味着它不仅拥有 Axes 类的大部分功能，而且在此基础上扩展了绘制三维图形所需的特定方法和属性。

通过 Axes3D 类实例化的对象可以构建一个三维坐标系的绘图区域。Matplotlib 中主要可以通过两种方式创建 Axes3D 类的对象，进而构建一个三维坐标系的绘图区域。一种方式是通过 Axes3D 类的构造方法创建对象，并指定其所属的画布；另一种方式是调用 add_ subplot()方法添加绘图区域时指定其使用三维坐标系。下面分别对这两种方式进行介绍。

### 1. 通过 Axes3D 类的构造方法创建对象

Axes3D 类的构造方法用于直接创建一个 Axes3D 类的对象，其语法格式如下。

```
Axes3D(fig, rect=None, *args, elev=30, azim=-60, roll=0, sharez=None,
        proj_type='persp', box_aspect=None, computed_zorder=True,
        focal_length=None, **kwargs)
```

上述方法中常用参数的含义如下。

① fig：表示三维坐标系绘图区域所属的画布。

② rect：用于指定三维坐标系绘图区域的位置和尺寸，该参数需要接收一个形似(left, bottom, width, height)的四元组，每个元素的值应该在 0 和 1 之间，其中 left 和 bottom 用于指定绘图区域在画布左下角的位置，width 和 height 用于指定绘图区域的宽度和高度。若不指定，则将整个画布作为绘图区域。

例如，通过 Axes3D 类构造方法创建 Axes3D 类的对象，具体代码如下。

```
import matplotlib.pyplot as plt
from mpl_toolkits.mplot3d import Axes3D
fig = plt.figure()
# 创建 Axes3D 类的对象，并指定其所属的画布
ax_3d = Axes3D(fig)
```

### 2. 通过 add_subplot()方法创建对象

在调用 add_subplot()方法添加绘图区域时，可以在该方法中传入 projection='3d'，即指定绘图区域使用的投影类型为三维坐标系，此时该方法会返回一个 Axes3D 类的对象。例如，通过 add_subplot()方法创建 Axes3D 类的对象，具体代码如下。

```
import matplotlib.pyplot as plt
fig = plt.figure()
# 添加绘图区域，并指定投影类型为三维坐标系
ax_3d = fig.add_subplot(projection='3d')
```

值得一提的是，官方推荐使用第 2 种方式创建 Axes3D 类的对象。

此外，Axes3D 类提供了许多方法，用于对三维坐标系的绘图区域进行设置和控制，包括设置坐标轴的标签、设置坐标轴的标题、设置观察者视角等，帮助用户创建和编辑三维图表。Axes3D 类的常用方法如表 7-1 所示。

表 7-1　Axes3D 类的常用方法

| 方法 | 说明 |
| --- | --- |
| set_title() | 添加标题 |
| set_xlabel()、set_ylabel()、set_zlabel() | 设置 x 轴、y 轴、z 轴的标签 |
| set_xlim()、set_ylim()、set_zlim() | 设置 x 轴、y 轴、z 轴的刻度范围 |
| text() | 在三维坐标系的绘图区域中添加注释文本 |
| tick_params() | 修改刻度和刻度标签的样式 |
| view_init() | 设置观察者的视角 |
| set_zticks() | 设置 z 轴的刻度 |
| set_zticklabels() | 设置 z 轴的刻度标签 |

例如，在前面创建的拥有三维坐标系的绘图区域中添加标题和设置坐标轴的标签，具体代码如下。

```
ax_3d.set_title('三维图表')        # 添加标题
ax_3d.set_xlabel('x轴')           # 设置 x 轴的标签
ax_3d.set_xlabel('y轴')           # 设置 y 轴的标签
ax_3d.set_xlabel('z轴')           # 设置 z 轴的标签
```

### 7.1.3  绘制常见三维图表

在 Matplotlib 中，Axes3D 类提供了丰富的绘图方法，通过这些方法可以在三维坐标系的绘图区域中绘制各种二维或三维图形。Axes3D 类常用的绘图方法如表 7-2 所示。

表 7-2  Axes3D 类常用的绘图方法

| 方法 | 说明 |
| --- | --- |
| plot() | 绘制三维线图 |
| plot_wireframe() | 绘制三维线框图 |
| plot_surface() | 绘制三维曲面图 |
| bar() | 绘制三维柱形图，柱形是平面的 |
| bar3d() | 绘制三维柱形图，柱形是立体的 |
| scatter() | 绘图三维散点图 |
| contour3D() | 绘制三维等高线图 |
| contourf3D() | 绘制三维填充等高线图 |

下面以表 7-2 中的 scatter() 和 plot_surface() 方法为例，演示如何通过这两个方法分别绘制三维散点图和三维曲面图，具体内容如下。

#### 1. 绘制三维散点图

使用 Axes3D 类的 scatter() 方法可以绘制三维散点图，scatter() 方法的语法格式如下。

```
scatter(xs, ys, zs=0, zdir='z', s=20, c=None, depthshade=True,
        *args, data=None, **kwargs)
```

上述方法中常用参数的含义如下。

① xs、ys、zs：表示数据点的 $x$、$y$、$z$ 坐标，其中 zs 是可选的，默认值为 0。

② zdir：表示绘图时将哪个轴作为 $z$ 轴来进行深度投影，默认值为 $z$，即将 $z$ 轴作为深度方向。

③ s：表示数据点的大小，默认值为 20 点。

④ c：表示数据点的颜色，默认值为 None，即使用默认的颜色。

例如，创建一个拥有三维坐标系的绘图区域，并在该区域绘制三维散点图，具体代码如下。

```
1  import numpy as np
2  import matplotlib.pyplot as plt
3  fig = plt.figure()
4  ax_3d = fig.add_subplot(projection='3d')
5  x_data = np.random.randint(1, 10, 10)
6  y_data = np.random.randint(1, 20, 10)
7  z_data = np.random.randint(1, 30, 10)
8  # 绘制三维散点图
9  ax_3d.scatter(x_data, y_data, z_data, c='red')
10 plt.show()
```

上述代码中，第 4 行代码通过 fig 对象调用 add_subplot() 方法添加绘图区域，该方法中传入参数 projection 的值为'3d'，说明绘图区域使用的投影类型是三维坐标系。第 5～7 行代码创建了 3 个数组，每个数组内有 10 个随机整数。第 9 行代码调用 scatter()方法绘制三维散点图。

运行代码，效果如图 7-5 所示。

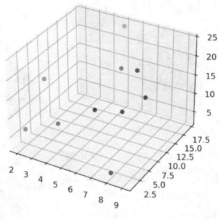

图7-5　三维散点图

### 2. 绘制三维曲面图

使用 Axes3D 类的 plot_surface()可以绘制三维曲面图，plot_surface()方法的语法格式如下。

```
plot_surface(X, Y, Z, *, norm=None, vmin=None, vmax=None,
             lightsource=None, cmap=None, linewidth=0.5,
             antialiased=True, **kwargs)
```

上述方法中常用参数的含义如下。

① X、Y、Z：表示数据点的 $x$、$y$、$z$ 坐标，这些参数都需要接收一个二维数组。

② norm：表示描述绘图颜色的归一化方式。

③ vmin、vmax：用于指定颜色映射的最小值和最大值。如果它们的值为 None，则会根据数据自动确定最小值和最大值。

④ cmap：表示曲面的颜色映射表。

⑤ linewidth：表示线条的宽度，默认值为 0.5。

⑥ antialiased：表示是否使用抗锯齿渲染，默认值为 True。

例如，创建一个拥有三维坐标系的绘图区域，并在该区域绘制三维曲面图，具体代码如下。

```
1   import numpy as np
2   import matplotlib.pyplot as plt
3   from matplotlib import cm
4   from mpl_toolkits.mplot3d import Axes3D
5   x1 = np.arange(-5, 5, 0.25)
6   y1 = np.arange(-5, 5, 0.25)
7   x1, y1 = np.meshgrid(x1, y1)
8   r1 = np.sqrt(x1**2 + y1**2)
9   z1 = np.sin(r1)
10  fig = plt.figure()
11  ax_3d = fig.add_subplot(projection='3d')
12  # 绘制三维曲面图
```

```
13  ax_3d.plot_surface(x1, y1, z1, cmap=cm.coolwarm, linewidth=0,
14                 antialiased=False)
15  plt.show()
```

上述代码中，第 5～6 行代码通过 arange() 函数创建两个数组 x1 和 y1，数组的起始值为-5，结束值为 5 前面的一个值，步长为 0.25。第 7 行代码调用 meshgrid() 函数将 x1 和 y1 组合成网格矩阵。第 8～9 行代码首先调用 sqrt() 函数计算每个网格点上 x1**2 + y1**2 的平方根，

这一计算结果代表了每个网格点到坐标原点的径向距离，随后调用 sin() 函数计算每个网格点径向距离的正弦值，这些正弦值可被视为二维网格上每个对应点的高度值。

【扫描看图】

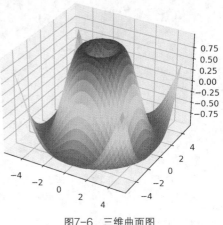

图7-6　三维曲面图

第 13 行代码调用 plot_surface() 方法绘制三维曲面图，该方法中传入的参数 cmap 的值为 cm.coolwarm，说明数据点的高度值将根据颜色映射表转化为相应的冷色和暖色；参数 linewidth 的值为 0，说明不显示线条；参数 antialiased 的值为 False，说明不使用抗锯齿渲染。

运行代码，效果如图 7-6 所示。

### 7.1.4　实例 1：三维空间的星星

在大自然中，我们能够欣赏到许多令人惊叹的景象，其中引人注目的事物之一就是星星。星星点点闪烁在无尽的宇宙中，勾勒出神秘而迷人的图景。通过绘制三维空间的星星，能够创造出生动、逼真的场景，展示出星星的面貌，形成绚丽多彩的画面。

三维空间的星星可以用三维散点图来绘制，每个星星对应三维坐标系中的一个数据点，数据点的形状是星形的。下面以 30 个随机数为例，根据这些随机数绘制一张三维散点图，模拟三维空间星星的效果，具体要求如下。

（1）星星的颜色由 z 值决定，若 $10<z<20$，则星星的颜色是#C71585；若 $z \geqslant 20$，则星星的颜色是#008B8B；其他情况下星星的颜色是黄色。

（2）每个星星都有描边，描边的宽度为 1，颜色为黑色。

根据上述要求编写代码，创建拥有三维坐标系的绘图区域，在该绘图区域绘制数据点，将数据点的形状设置为星形，且根据数据点的 z 值设置星形的颜色，具体代码如下。

```
import numpy as np
import matplotlib.pyplot as plt
from mpl_toolkits.mplot3d import Axes3D
%matplotlib auto
plt.rcParams['font.sans-serif'] = ['SimHei']
# 创建画布
fig = plt.figure()
# 添加绘图区域，指定投影类型为 3d
ax_3d = fig.add_subplot(projection='3d')
# 绘制图形
x = np.random.randint(0, 40, 30)
y = np.random.randint(0, 40, 30)
```

```
z = np.random.randint(0, 40, 30)
# 根据 z 值的范围设置星星的颜色
for xx, yy, zz in zip(x, y, z):
    color = 'y'
    if 10 < zz < 20:
        color = '#C71585'
    elif zz >= 20:
        color = '#008B8B'
    # 绘制星星
    ax_3d.scatter(xx, yy, zz, c=color, marker='*', s=160,
                  linewidth=1, edgecolor='black')
# 定制图表
# 设置 x 轴、y 轴、z 轴的标签
ax_3d.set_xlabel('x 轴')
ax_3d.set_ylabel('y 轴')
ax_3d.set_zlabel('z 轴')
# 添加标题
ax_3d.set_title('三维散点图', fontproperties='simhei', fontsize=14)
# 展示完整图表
plt.show(block=True)
```

运行代码，效果如图 7-7 所示。

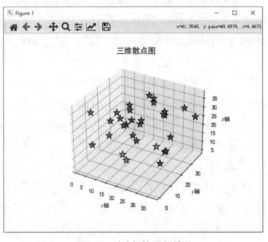

【扫描看图】

图7-7　实例1的运行效果

　　观察图 7-7 可知，在三维坐标系的绘图区域中展示了多个星星，其中一些星星出现了重叠，这使得我们无法清楚地看到它们的具体位置。为了解决这个问题，可以利用鼠标交互来改变三维坐标系的视角，具体操作方式为移动鼠标指针到三维坐标系上方，按住鼠标左键拖动鼠标，旋转三维坐标系到合适的视角后松开鼠标。通过这种方式，我们能够自由地改变三维坐标系的视角，以便清楚地观察三维空间中每个星星的准确位置。

## 7.2　绘制动态图表

　　动态图表可以以动画的方式展示数据的变化过程，从而更加生动地传达信息。Matplotlib 的 animation 模块中封装了动画相关的功能，通过这些功能可以在图表中添加动画效果，增强图表的视觉效果。接下来，本节将对绘制动态图表的内容进行详细介绍。

### 7.2.1　使用 animation 添加动画

在 Matplotlib 中，animation 模块提供了创建动画的功能，该模块中定义了一个动画基类 Animation 类，Animation 类针对不同的行为分别派生了不同的子类，主要包括 FuncAnimation 类和 ArtistAnimation 类。其中，FuncAnimation 类用于创建基于函数的动画；ArtistAnimation 类用于创建基于一组固定 Artist 对象（标准的绘图元素，比如文本、线条、矩形等）的动画，关于它们的介绍具体如下。

#### 1. FuncAnimation 类

FuncAnimation 类通过重复调用函数创建动画，它可以指定一个更新函数，该函数会在每一帧动画绘制时被调用一次，这样就可以在图表中更新数据。另外，用户也可以通过设置动画的帧数、间隔时间等参数来调整动画的效果。FuncAnimation 类构造方法的语法格式如下。

```
FuncAnimation(fig, func, frames=None, init_func=None, fargs=None,
              save_count=None, *, cache_frame_data=True, interval=200, blit=
              False,**kwargs)
```

上述方法中常用参数的含义如下。

① fig：用于指定添加动画的画布。

② func：表示每帧动画绘制前被调用的函数，该函数用于控制每一帧动画绘制的操作，比如更新图表数据、调整图表样式、添加或删除图形元素等，以实现相应的动画效果。该函数一般需要包含一个参数 frame，用于接收当前动画的帧数，如果动画的总帧数为 10，则 frame 的值将从 0 递增到 9，函数会返回 Artist 及其子类对象。

③ frames：表示动画的总帧数。该参数的值可以是整数或可迭代对象，如果是整数，则用于指定动画的总帧数；如果是可迭代对象，则动画将根据可迭代对象的长度播放。

④ init_func：表示动画初始状态的函数，它会在动画开始前被调用一次。若未设置该参数，则将使用 frames 中第一项的绘制结果。

⑤ fargs：表示 func 函数的额外参数。

⑥ interval：表示帧与帧之间的时间间隔，单位为毫秒，默认为 200 毫秒。

⑦ blit：表示是否使用 blit 技术加快动画绘制的速度，默认为 False。官方推荐将 blit 参数设为 True，但建议 macOS 的用户将 blit 参数设为 False，否则可能会导致动画无法正确显示。

例如，定义一个用于更新每帧动画 $y$ 值的函数 animate() 和一个用于定制动画初始状态的函数 init()，之后基于这两个函数通过 FuncAnimation 类的构造方法创建动画，实现正弦曲线沿着 $x$ 轴向左移动的效果，具体代码如下。

```
1   %matplotlib auto
2   import numpy as np
3   import matplotlib.pyplot as plt
4   # 导入创建动画的类 FuncAnimation
5   from matplotlib.animation import FuncAnimation
6   fig, ax = plt.subplots()
7   x = np.arange(0, 2*np.pi, 0.01)
8   y = np.sin(x)
9   # 绘制正弦曲线
10  line, = ax.plot(x, y)
11  # 定义控制每帧动画绘制操作的函数
12  def animate(frame):
```

```
13          # 根据 frame 的值设置线条的 y 坐标
14          line.set_ydata(np.sin(x + frame / 10.0))
15          return line
16    # 定义控制动画初始状态的函数
17    def init():
18          # 设置线条的 y 坐标
19          line.set_ydata(np.sin(x))
20          return line
21    # 创建动画
22    func_ani = FuncAnimation(fig=fig, func=animate, frames=100,
23                             init_func=init, interval=100)
24    plt.show(block=True)
```

上述代码中，第 5 行代码从 matplotlib.animation 模块中导入了 FuncAnimation 类，第 10 行代码通过 ax 对象调用 plot()方法绘制了一条正弦曲线，并将返回的线条对象赋给变量 line。

第 12～15 行代码定义了一个 animate()函数，用于控制每一帧动画的绘制操作，在该函数中通过线条对象 line 调用 set_ydata()方法来设置线条的 $y$ 坐标，此处是将 x + frame/10.0 对应的正弦值作为 $y$ 坐标，然后返回线条对象 line。

第 17 行代码定义了一个 init()函数，用于控制动画的初始状态，在该函数中通过线条对象 line 调用 set_ydata()方法来设置线条的 $y$ 坐标，此处是将 x 对应的正弦值作为 $y$ 坐标，然后返回线条对象 line。

第 22～23 行代码通过构造方法创建了一个 FuncAnimation 类的对象，该方法中参数 func 的值为 animate，说明每帧动画绘制之前调用一次 animate()函数；参数 frames 的值为 100，说明动画的总帧数为 100；参数 init_func 的值为 init，说明在动画开始前调用一次 init()函数；参数 interval 的值为 100，说明帧与帧之间的时间间隔是 100 毫秒。

运行代码，效果如图 7-8 所示。

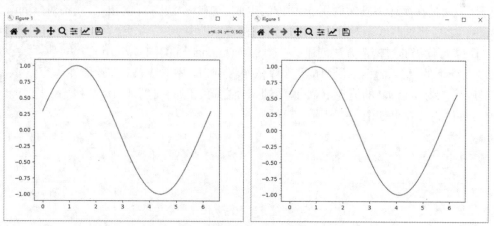

图7-8　通过FuncAnimation类创建的动画

### 2. ArtistAnimation 类

ArtistAnimation 是基于一组 Artist 对象的动画类，它用于将一系列图形对象组织在一起，按照一定的顺序依次将这些图形对象绘制在每一帧上，从而形成动画效果。ArtistAnimation 类构造方法的语法格式如下。

```
ArtistAnimation(fig, artists, interval=200, repeat_delay=0,
                repeat=True, blit=False, *args, **kwargs)
```

上述方法中常用参数的含义如下。

① fig：用于指定添加动画的画布。

② artists：表示包含一组 Artist 对象的列表。

③ interval：表示帧与帧之间的时间间隔，单位为毫秒，默认为 200 毫秒。

④ repeat_delay：动画结束后的延迟时间，以毫秒为单位，默认为 0 毫秒。

⑤ repeat：表示是否重复播放动画，默认值为 True，即重复播放动画。

⑥ blit：表示是否使用 blit 技术加快动画绘制的速度，默认值为 False。

下面通过 ArtistAnimation 类的构造方法创建动画，实现与上个示例相同的效果，即正弦曲线沿着 x 轴向左移动的效果，具体代码如下。

```
1   %matplotlib auto
2   import numpy as np
3   import matplotlib.pyplot as plt
4   # 导入创建动画的类 ArtistAnimation
5   from matplotlib.animation import ArtistAnimation
6   fig, ax = plt.subplots()
7   # 生成 100 个线条对象
8   x = np.arange(0, 2*np.pi, 0.01)
9   ar_list = []
10  for i in range(100):
11      line = ax.plot(x, np.sin(x + i / 10.0), c='blue')
12      ar_list.append(line)
13  # 创建动画
14  artist_ani = ArtistAnimation(fig=fig, artists=ar_list, interval=100)
15  plt.show(block=True)
```

上述代码中，第 5 行代码从 matplotlib.animation 模块中导入了 ArtistAnimation 类，第 8 ~ 12 行代码通过在循环中多次调用 plot() 方法生成了 100 个线条对象 line，线条对象的颜色都为蓝色，之后将这些线条对象全部添加到列表 ar_list 中。

第 14 行代码通过构造方法创建了一个 ArtistAnimation 类的对象，该方法中参数 artists 的值为 ar_list，说明按照顺序依次将 ar_list 中的线条对象绘制在每一帧上；参数 interval 的值为 100，说明帧与帧之间的时间间隔是 100 毫秒。

【扫描看图】

运行代码，效果如图 7-9 所示。

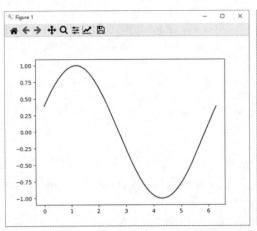
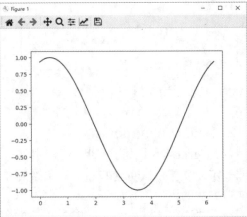

图7-9　通过ArtistAnimation类创建的动画

比较两个案例可以发现，通过 FuncAnimation 类创建动画的方式更加灵活。

### 7.2.2　实例 2：三维空间闪烁的星星

在 7.1.4 小节的三维散点图中，每个星星都分布在三维坐标系的任意位置，且根据位置显示了颜色，为了使星星的形象更加生动逼真，下面将在三维散点图中添加动画，使星星的颜色在白色和黄色之间交替变换，从而实现星星闪烁的效果，具体代码如下。

```
1   %matplotlib auto
2   import numpy as np
3   import matplotlib.pyplot as plt
4   from mpl_toolkits.mplot3d import Axes3D
5   from matplotlib.animation import FuncAnimation
6   plt.rcParams["font.sans-serif"] = ["SimHei"]
7   # 创建画布
8   fig = plt.figure()
9   # 添加绘图区域，指定投影类型为 3d
10  ax_3d = fig.add_subplot(projection='3d')
11  # 绘制图形
12  xx = np.random.randint(0, 40, 30)
13  yy = np.random.randint(0, 40, 30)
14  zz = np.random.randint(0, 40, 30)
15  stars = ax_3d.scatter(xx, yy, zz, c='yellow', marker='*', s=160,
16                        linewidth=1, edgecolor='black')
17  # 定制图表
18  ax_3d.set_xlabel('x轴')
19  ax_3d.set_ylabel('y轴')
20  ax_3d.set_zlabel('z轴')
21  ax_3d.set_title('三维散点图', fontproperties='simhei', fontsize=14)
22  # 控制每一帧动画绘制操作的函数
23  def animate(frame):
24      # 根据 frame 的奇偶值区分星星的颜色
25      if frame % 2:
26          color = 'yellow'
27      else:
28          color = 'white'
29      # 设置星星的颜色
30      stars.set_color(color)
31      # 设置星星的边框颜色
32      stars.set_edgecolor('black')
33      return stars
34  # 创建动画
35  ani = FuncAnimation(fig=fig, func=animate, frames=100, interval=1000)
36  # 展示完整图表
37  plt.show(block=True)
```

上述代码中，第 15～16 行代码通过 ax_3d 对象调用 scatter()方法绘制星星，并将返回的图形对象赋给变量 stars。

第 23～33 行代码定义了一个函数，用于控制每一帧动画的绘制操作，该函数中首先根据 frame 的奇偶值区分星星的颜色，若 frame 的值能被 2 整除，也就是说 frame 的值为偶数，则变量 color 的值为'yellow'；若 frame 的值不能被 2 整除，也就是说 frame 的值为奇数，则变量 color 的值为'white'；然后通过 stars 调用 set_color()方法重新设置星星的颜色，调用

set_edgecolor()方法重新设置星星的边框颜色；最后返回 stars。

第 35 行代码通过构造方法创建 FuncAnimation 类的对象，该方法中参数 func 的值为 animate，说明每帧动画绘制之前调用一次 animate()函数；参数 frames 的值为 100，说明动画的总帧数为 100；参数 interval 的值为 1000，说明帧与帧之间的时间间隔是 1 秒。

【扫描看图】

运行代码，效果如图 7-10 所示。

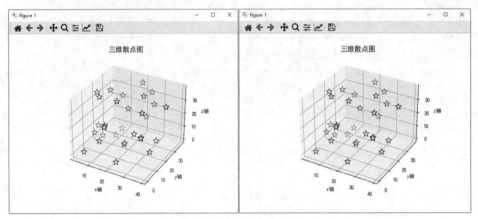

图7-10    实例2的运行效果

## 7.3　绘制热力图

热力图是一种用颜色表达数据密度或强度的图表，它将数据以不同颜色的矩阵形式呈现在二维空间中，从而展示数据的分布情况和集中程度，在许多领域被广泛使用，包括生命科学、金融市场、地理信息系统等，能够帮助用户观察数据的趋势和模式。热力图的示意图如图 7-11 所示。

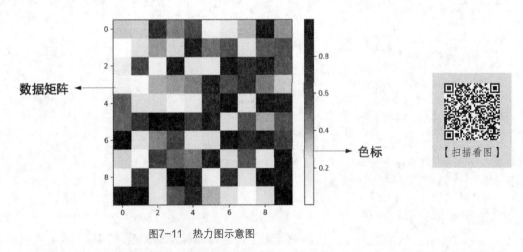

图7-11    热力图示意图

由图 7-11 可知，热力图主要由数据矩阵和色标两部分构成，关于它们的具体介绍如下。

● 数据矩阵：数据矩阵是矩形网格结构的色彩区域，用于表示二维数据的行和列。整个色彩区域被分割成大小相等的单元格，每个单元格对应一个数据点，单元格的颜色表示数据点的数值。例如，较浅的颜色表示较大的数值，而较深的颜色表示较小的数值。注意，数据矩阵的外形可以是正方形或长方形，其中正方形的热力图展示的是方形矩阵中数据点的关联性，长方形的热力图更适合展示数据点分布情况和密度。

● 色标：一个颜色渐变的条形，通常位于热力图的一侧或下方，用于解释热力图中颜色和数值之间的对应关系。色标从左到右或从上到下，颜色会从浅色逐渐变为深色或者从深色逐渐变为浅色，颜色的改变对应着数值范围的变化。通过色标，用户可以直观地了解热力图中各个单元格所代表的数值大小。

在 Matplotlib 中，绘制热力图的基本思路比较简单，首先使用 pyplot 模块的 imshow()函数绘制数据矩阵，然后使用 pyplot 模块的 colorbar()函数添加色标，关于它们的介绍具体如下。

**1．绘制数据矩阵**

imshow()函数能够根据二维数组生成一个数据矩阵，并将数据矩阵中每个单元格按照不同的数值大小映射为相应的颜色。imshow()函数的语法格式如下。

```
imshow(X, cmap=None, norm=None, *, aspect=None, interpolation=None,
       alpha=None, vmin=None, vmax=None, origin=None, extent=None,
       interpolation_stage=None, filternorm=True, filterrad=4.0,
       resample=None, url=None, data=None, **kwargs)
```

上述方法中常用参数的含义如下。

① X：表示用于绘制数据矩阵的数组，数组的形状可以是 $(M, N)$、$(M, N, 3)$或$(M, N, 4)$，其中 $M$ 和 $N$ 分别表示数据矩阵的行数和列数。当 X 的形状为 $(M, N)$时，表示一个灰度矩阵，每个单元格的数值表示灰度级别，数值越大则灰度越大；当 X 的形状为$(M, N, 3)$时，表示一个彩色矩阵，3 表示 RGB 三原色，每个单元格的颜色由 R、G、B 3 种颜色组成，每种颜色的取值范围为浮点数 0～1 或整数 0～255；当 X 的形状为$(M, N, 4)$时，表示一个带透明通道的彩色矩阵，4 表示 RGBA 4 种颜色通道，每个单元格的颜色由 R、G、B 和透明度 A 组成，取值范围为浮点数 0～1 或整数 0～255。

② cmap：表示绘制数据矩阵时使用的颜色映射表，默认值为 None，即使用默认的颜色映射表 viridis。注意，如果 X 直接使用了 RGB 或 RGBA 定义的颜色值，则参数 cmap 将被忽略。

③ aspect：表示绘制图像的宽高比，默认值为 None，表示根据图像的数据自动计算宽高比。

④ alpha：表示图像的透明度。默认值为 None，即不设置透明度。

imshow()函数调用成功后会返回一个 AxesImage 类的对象，代表绘制出来的图像。

**2．添加色标**

colorbar()函数用于在图像旁边添加色标，以标识图像中颜色的含义。colorbar()函数的语法格式如下。

```
colorbar(mappable=None, cax=None, ax=None, **kwargs)
```

上述方法中常用参数的含义如下。

① mappable：表示带有可映射数据的对象，通常是 imshow() 函数的返回值。

② cax：用于指定色标将添加到哪个绘图区域。默认值为 None，即自动为色标创建一个新的绘图区域。

③ ax：用于指定色标将添加到哪个绘图区域。默认值为 None，即将色标添加到当前的绘图区域。注意，如果已经使用了参数 cax，则将忽略 ax 参数。

④ **kwargs：其他用于控制色标外观和行为的参数。例如，orientation 参数用于设置色标的方向，它支持的取值包括'vertical'（垂直，默认值）和'horizontal'（水平）；location 参数用于设置色标的位置，它支持的取值包括'left'（色标位于图像左侧）、'right'（色标位于图像右侧，默认值）、'top'（色标位于图像顶部）、'bottom'（色标位于图像底部）等。

接下来，以包含随机数的二维数组为例，演示如何通过前面介绍的函数绘制图 7-11 所示的热力图，具体代码如下。

```
1  import numpy as np
2  import matplotlib.pyplot as plt
3  # 绘制数据矩阵
4  arr_2d = np.round(np.random.rand(10, 10), 1)
5  heatmap = plt.imshow(arr_2d, cmap='hot_r')
6  # 添加色标
7  cbar = plt.colorbar(heatmap)
8  plt.show()
```

上述代码中，第 4 行代码通过 np.random 模块的 rand()函数创建了一个 10 行 10 列的二维数组，该数组中每个元素的值都是 0～1 之间的浮点数，且保留一位小数。第 5 行代码调用 imshow()函数绘制数据矩阵，该函数中第一个参数的值是 arr_2d，说明数据矩阵是 10 行 10 列的；第二个参数 cmap 的值为'hot_r'，说明数据矩阵使用的颜色映射表为'hot'，即低值对应白色，高值对应黑色，中间值对应黄色、红色。第 7 行代码调用 colorbar()函数基于数据矩阵添加色标。

运行代码，效果如图 7-11 所示。

此外，也可以在热力图中添加一些辅助元素，便于用户准确地理解热力图的基本信息。例如，在刚刚绘制的热力图中添加标题、注释文本，并设置 x 轴和 y 轴的刻度标签，修改后的代码如下。

```
1  import numpy as np
2  import matplotlib.pyplot as plt
3  plt.rcParams['font.sans-serif'] = ['SimHei']
4  # 绘制图形
5  # 绘制数据矩阵
6  arr_2d = np.round(np.random.rand(10, 10), 1)
7  heatmap = plt.imshow(arr_2d, cmap='hot_r')
8  # 添加色标
9  cbar = plt.colorbar(heatmap)
10 # 定制图表
11 # 添加标题
12 plt.title('热力图示例')
13 # 设置刻度标签
14 labels = ['a', 'b', 'c', 'd', 'e', 'f', 'g', 'h', 'i', 'j']
15 plt.xticks(np.arange(len(labels)), labels=labels)
16 plt.yticks(np.arange(len(labels)), labels=labels)
17 # 添加注释文本
18 for i in range(len(labels)):
19     for j in range(len(labels)):
20         text = plt.text(j, i, arr_2d[i, j],
21                     ha='center', va='center', color='green')
22 # 展示完整图表
23 plt.show()
```

上述代码中，第 12 行代码为热力图添加标题，第 14～16 行代码设置了 x 轴和 y 轴的刻度标签；第 18～21 行代码为热力图的单元格添加注释文本，注释文本的内容是单元格对应的随机数，位置居中，颜色为绿色。

运行代码，效果如图 7-12 所示。

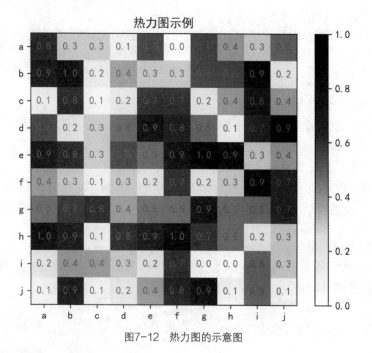

【扫描看图】

图7-12　热力图的示意图

## 7.4　绘制桑基图

桑基图亦称为桑基能量分流图、桑基能量平衡图，是一种特定类型的流程图，用于展示流量、能量、资源等在不同节点之间的流动和转化过程，常见于资源流动、数据流动、人口迁移、贸易流量等场景。桑基图的示意图如图 7-13 所示。

在图 7-13 所示的桑基图中，包含多条从左侧矩形到右侧矩形的分支，每个分支的基本结构都是相同的，主要由节点、边和流量标签 3 部分组成，关于这 3 部分的介绍如下。

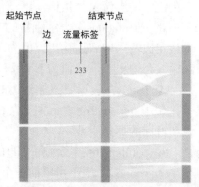

图7-13　桑基图示意图

● 节点：代表不同的组或对象，使用矩形或其他形状表示，通常带有文本标签以标识其名称或特征。

● 边：节点之间的连接部分，通常用箭头表示。边的宽度或粗细表示流量的大小。

● 流量标签：标注在边上的文本。

通过观察桑基图中边的走向，用户就可以获得流量从一个节点到另一个节点的转移情况。桑基图主要有两个特点，一是起始流量和结束流量可以相同，若起始节点所有边宽度的总和等于结束节点所有边宽度的总和，则会保持流量的平衡；二是不同的边代表了不同的流量分布情况，它的宽度成比例地显示此边占有的流量。边越宽，流量越大。

　　Matplotlib 的 sankey 模块中封装了绘制桑基图的功能，绘制桑基图的具体过程为：首先创建 Sankey 类的对象生成初始的图形，然后通过该对象调用 add()方法为图形添加流量，最后调用 finish()方法完成图形的绘制。下面将分步骤介绍桑基图的绘制过程。

### 1. 生成初始图形

　　使用 Sankey 类的构造方法可以生成桑基图的初始图形，该方法的语法格式如下所示。

```
Sankey(ax=None, scale=1.0, unit='', format='%G', gap=0.25, radius=0.1,
       shoulder=0.03, offset=0.15, head_angle=100, margin=0.4,
       tolerance=1e-06, **kwargs)
```

上述方法中常用参数的含义如下。

① ax：表示图形所在的绘图区域，若不提供该参数，则会创建一个新的绘图区域。

② scale：表示流量的缩放比例，用于按比例调整边的宽度。

③ unit：表示标签的单位，默认值为空字符串，即没有单位。

④ gap：表示不同节点之间的空隙大小相对于节点宽度的比例，默认值为 0.25。

　　例如，通过 Sankey 类的构造方法创建 Sankey 类的对象，生成一个桑基图的初始图形，具体代码如下。

```
sankey = Sankey(gap=0.3)
```

需要说明的是，若用户需要绘制较为复杂的图形，则应先使用无参的构造方法创建 Sankey 类的对象，再在使用 add()方法添加流量时设置流量的外观。

### 2. 添加流量

　　Sankey 类中定义了 add()方法，add()方法用于向桑基图中添加数据流量、标签等选项，其语法格式如下所示。

```
add(patchlabel='', flows=None, orientations=None, labels='',
    trunklength=1.0, pathlengths=0.25, prior=None, connect=(0, 0),
    rotation=0, **kwargs)
```

该方法常用参数的含义如下。

① patchlabel：表示图表的中心标签。

② flows：表示流量的大小，取值是一个包含多个浮点数的列表或数组，其中输入流量为正值，输出流量为负值。默认值为 None，表示没有流量。

③ orientations：表示流量的方向列表或应用于所有流量的单个方向。值为 0 时代表流量从左边输入向右边输出，值为 1 时代表流量从顶部输入和输出，值为 –1 时代表流量从底部输入和输出。默认值为 None，表示没有指定流量方向。

④ labels：表示要添加到边的标签，可以接收包含多个字符串的列表或单个字符串。

⑤ trunklength：表示主干路径的长度，默认值为 1.0。主干指的是连接桑基图中流量来源和目标的那条直线。

⑥ pathlengths：表示每个边的路径长度，默认值为 0.25。

⑦ connect：用于指定前一个图形和当前图形之间的连接方式，需要接收一个元组，默认值为(0, 0)，即前一个图形和当前图形的流量都是 0，没有建立连接。

⑧ rotation：表示节点和边的旋转角度，默认值为 0。

⑨ **kwargs：其他控制图形外观的参数，例如，color 参数用于设置图形边框的颜色，facecolor 或 fc 参数用于设置图形的填充颜色。

　　例如，在刚刚生成的桑基图初始图形中添加流量和边的标签，具体代码如下所示。

```
flows =[0.7, 0.3, -0.3, -0.1, -0.3, -0.1, -0.1, -0.1]
labels = ["工资", "副业", "生活", "购物", "深造", "运动", "其他", "买书"]
# 添加流量
sankey.add(patchlabel="生活消费", flows=flows, labels=labels)
```

### 3. 完成绘制

添加完流量之后需要调用 finish()方法完成图形的绘制，并返回包含多个子图的列表。桑基图的子图包含 6 个字段，每个字段的含义具体如下。

① patch：表示发出或接收流量的节点。

② flows：表示流量大小的列表，正数表示输入流量，负数表示输出流量。

③ angles：表示箭头旋转角度的列表。

④ tips：表示流量路径的末端坐标的二维数组。

⑤ text：表示中心标签的 Text 实例。

⑥ texts：表示包含流量标签的 Text 实例的列表。

例如，使用 finish()方法完成刚刚添加了流量和边标签图形的绘制，具体代码如下所示。

```
sankey.finish()
```

假设现在小明家日常生活的收支主要分为工资、副业、生活、服饰、学习、健身、其他和理财几类，且其中每项收入或支出值分别为 0.7、0.3、–0.3、–0.1、–0.3、–0.1、–0.1、–0.1。结合这些日常生活收支的数据绘制一个桑基图，具体代码如下。

```
1   import matplotlib.pyplot as plt
2   from matplotlib.sankey import Sankey
3   plt.rcParams["font.sans-serif"] = ["SimHei"]
4   plt.rcParams["axes.unicode_minus"] = False
5   # 生成初始图形
6   sankey = Sankey()
7   # 添加流量
8   flows = [0.7, 0.3, -0.3, -0.1, -0.3, -0.1, -0.1, -0.1]  # 流量
9   # 流量标签
10  labels = ["工资", "副业", "生活", "服饰", "学习", "健身",
11             "其他", "理财"]
12  orientations = [1, 1, 0, -1, 1, -1, 1, 0]  # 流量方向
13  sankey.add(flows=flows, labels=labels, orientations=orientations,
14             color="black", fc="lightgreen", patchlabel="生活消费")
15  # 完成图形绘制
16  diagrams = sankey.finish()
17  # 将索引为 4 的标签设为红色
18  diagrams[0].texts[4].set_color("r")
19  # 将中心标签的字体大小设为 20 号
20  diagrams[0].text.set_fontsize(20)
21  # 将中心标签的字体设为加粗
22  diagrams[0].text.set_fontweight("bold")
23  plt.title("日常生活收支的桑基图")
24  plt.show()
```

上述代码中，第 6 行代码调用无参构造方法创建了 Sankey 类的对象 sankey，用于生成初始图形。第 13 行代码通过 sankey 对象调用 add()方法添加流量，该方法中前 3 个参数分别指定了流量大小、流量标签和流量方向，参数 color 的值为 "black"，说明图形边框的颜色为黑色，参数 fc 的值为 "lightgreen"，说明图形填充的颜色为浅绿色，参数 patchlabel 的值为 "生活消费"，说明中心标签内容为 "生活消费"。

第 16 行代码通过 sankey 对象调用 finish() 方法完成图形的绘制，并将该方法返回的图形对象赋给变量 diagrams。第 18~22 行代码分别设置了索引为 4 的标签的字体颜色以及中心标签的字体样式（字体大小为 20 号、字体加粗）。

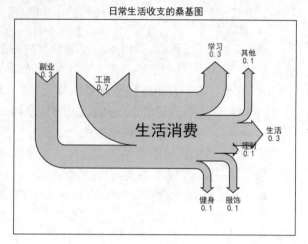

运行代码，效果如图 7-14 所示。

在图 7-14 中，桑基图的每个边代表生活收支的每一项，其中末端呈内凹形状的边代表收入的数据，末端呈箭头形状的边代表支出的数据。

【扫描看图】

由图 7-14 可知，工资和副业这两项均属于日常生活的收入数据，其余项均属于日常生活的支出数据，且学习项和生活项的支出最多。

图7-14　桑基图的示意图

关于更多高级图表的绘制，读者可以阅读本书提供的电子文档进行学习。

## 7.5　本章小结

本章首先介绍了使用 mplot3d 模块绘制三维图表，然后介绍了使用 animation 模块给图表添加动画，最后介绍了如何绘制其他高级图表，包括热力图、桑基图。通过学习本章的内容，读者能够了解常用的高级图表的内容，并可以绘制高级图表。

## 7.6　习题

### 一、填空题

1. Matplotlib 的＿＿＿＿＿＿是专门用于绘制三维图表的模块。
2. ＿＿＿＿＿＿图是一种通过在三维坐标系中绘制柱形来展示数据分布和关系的图表类型。
3. 在 Matplotlib 的 animation 模块中，＿＿＿＿＿＿类用于创建基于函数的动画。
4. ＿＿＿＿＿＿是一种用颜色表达数据密度或强度的图表。
5. 桑基图主要由＿＿＿＿＿＿、边和流量标签 3 部分组成。

### 二、判断题

1. Matplotlib 只能绘制二维图表。（　　　）
2. 三维散点图是一种使用三维坐标系来显示离散数据点的图表。（　　　）
3. 桑基图中开始节点所有边宽度的总和一定等于结束节点所有边宽度的总和。（　　　）
4. 热力图中可以添加辅助元素便于用户准确地理解基本信息。（　　　）
5. FuncAnimation 类是一个动画基类。（　　　）

### 三、选择题

1. 下列方法中，用于绘制三维曲面图的是（　　　）。

A. plot()　　　　B. plot_wireframe()　　C. plot_surface()　　　D. plot_trisurf()

2. 关于 animation 模块，下列描述错误的是（　　　）。

A. Animation 类针对不同的行为派生了不同的子类

B. FuncAnimation 类通过重复调用一个函数创建动画

C. ArtistAnimation 类基于一组 Artist 对象创建动画

D. ArtistAnimation 是一个动画基类

3. 下列字段中，可以访问 sankey 对象的中心标签的是（　　　）。

A. patch　　　　B. flows　　　　　　C. text　　　　　　D. texts

4. 下列选项中，哪个方法会在 Sankey 类对象完成绘制后调用？（　　　）

A. add()　　　　B. finish()　　　　　C. over()　　　　　D. show()

5. 下列选项中，用于设置三维图表中 $z$ 轴刻度的方法是（　　　）。

A. set_zticks()　　B. set_zlabel()　　　C. set_zlim()　　　D. view_init()

### 四、简答题

1. 简述 FuncAnimation 类和 ArtistAnimation 类的区别。

2. 简述 Matplotlib 中绘制桑基图的基本流程。

### 五、编程题

绘制一个添加了动画效果的图表，具体要求如下。

（1）绘制一条正弦曲线，曲线的样式是默认的；

（2）绘制一个红色圆点，该圆点起初位于正弦曲线的左端；

（3）制作一个圆点沿曲线运动的动画，并时刻显示圆点的坐标；

（4）动画的总帧数为 100，每帧的时间间隔为 100 毫秒。

图表的部分动画效果如图 7-15 所示。

【扫描看图】

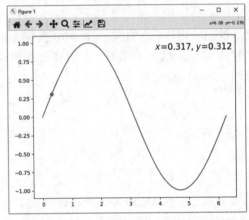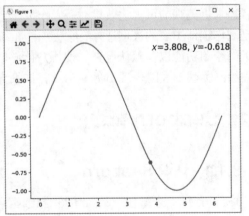

图7-15　图表的部分动画效果

# 第 **8** 章

# 绘制统计图表的利器——Seaborn

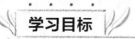

**学习目标**

★ 了解 Seaborn，能够说出 Seaborn 的概念以及优势。

★ 熟悉 Seaborn 数据集的加载方式，能够根据需要加载数据集。

★ 掌握分布图的绘制方式，能够绘制直方图、核密度图、散点图、二维直方图、二维密度图、成对关系图。

★ 掌握分类图的绘制方式，能够绘制分类散点图、箱形图、小提琴图、柱形图、点图。

★ 掌握图表主题的定制方式，能够根据需求定制图表的主题。

虽然 Matplotlib 能够绘制各种类型的图表，但在处理大规模数据集、复杂的统计分析，或者追求更美观的可视化效果时，操作可能会变得十分烦琐。相比之下，Seaborn 被广泛认为是制作统计图表的最佳选择，它更加注重统计数据的可视化。此外，Seaborn 提供了很多高级的绘图功能以及默认设置，使用户能够轻松绘制专业水准的图表，尤其在处理统计数据和绘制美观图表时表现出色。本章将详细介绍 Seaborn 的相关内容。

## 8.1 Seaborn 概述

### 8.1.1 认识 Seaborn

Seaborn 是一个基于 Python 的开源数据可视化库，它在 Matplotlib 的基础上进行了扩展和优化，为用户提供了更高层次的功能，使得绘制图表变得更加简洁和直观。Seaborn 库专注于统计数据的可视化，它提供了一套简单的 API 来绘制常见的统计图表，包括直方图、散点图、箱形图等，这些统计图表可用于展示数据的分布情况、关系和变化趋势。

此外，Seaborn 库提供了丰富的调色板和主题选项，便于用户快速设置图表的外观和样式，无须用户手动调整，使图表变得更具有吸引力且易于理解。Seaborn 库还能够与 Pandas 等其他数据分析库无缝集成，使得数据可视化变得更加便捷。

相比 Matplotlib，Seaborn 主要有以下几项优势。

**1．简单易用**

Seaborn 提供了简单直观的 API，使得用户能够以更少的代码绘制各种统计图表。相比于需要进行更多参数设置的 Matplotlib，Seaborn 的默认设置已经足够理想，用户只需使用少量代码即可得到能展示大量信息的图表。

**2．美观的外观风格**

Seaborn 提供了美观的默认主题样式和颜色调色板，使得所创建的图表在外观上更加吸引人。通过使用默认主题，用户可以快速创建出具有专业外观的图表，无须进行额外的样式设置，这大大减少了用户进行样式设计的时间和精力。

**3．适合统计分析**

Seaborn 内置了多种常用的统计图表，例如核密度图、小提琴图等。这些图表有助于用户更好地探索复杂数据的分布情况、关系和趋势等统计特征，使得数据的统计分析更加直观和深入。

**4．容易与 Pandas 集成**

Seaborn 充分利用了 Pandas 内置的数据结构，能够直接接收 DataFrame 对象作为输入数据。这使得数据的处理和可视化更加便捷，极大地简化了用户进行数据分析的流程，尤其是在处理结构化的数据时更具优势。

不过，Seaborn 在面对一些定制化图表的需求时可能略显不足，一些定制化的图表可能需要更多的代码来实现。总的来说，Seaborn 适合用于快速创建漂亮和信息丰富的统计图表，尤其擅长展示和探索数据的特征和相互关系。

## 8.1.2　Seaborn 的数据集

为了方便用户学习和实践数据可视化，Seaborn 提供了一些内置的数据集，这些内置数据集具有一定的代表性和普适性，用户可以直接使用这些内置数据集快速了解 Seaborn 的各种函数和方法如何应用于实际场景中的数据分析和可视化，而无须事先准备或查找适合的数据集。常用的 Seaborn 数据集如表 8-1 所示。

表 8-1　常用的 Seaborn 数据集

| 数据集 | 说明 |
| --- | --- |
| tips | 关于餐厅小费的数据集，包括用餐人数、账单总金额、小费金额等信息 |
| iris | 经典的鸢尾花数据集，包括鸢尾花的各项测量数据以及鸢尾花的类别 |
| titanic | 关于泰坦尼克号乘客信息的数据集，包括乘客年龄、性别、船舱等级、是否生还等信息 |
| mpg | 关于汽车燃油效率的数据集，包括车辆品牌、车辆类型、燃油消耗量等 |
| flights | 关于航班乘客数量统计的数据集 |
| planets | 关于已知系外行星的数据集，包括行星的质量、半径和轨道周期等信息 |
| exercise | 关于健身训练的数据集，包括饮食类型、心率、锻炼时间等信息 |
| gammas | 包含了 Gamma 射线事件的数据集，包括观测时间戳、能量沉积等信息 |
| diamonds | 关于钻石价格和特征的数据集，包括颜色等级、重量、切割质量等信息 |
| penguins | 关于南极企鹅测量信息的数据集，包括物种、岛屿、体重等信息 |

　　表 8-1 中罗列了一些 Seaborn 内置的常用数据集，这些数据集都保存在 GitHub 仓库中，用户可以直接通过 Seaborn 库的 load_dataset() 函数从在线 GitHub 仓库中加载相应的数据集。load_dataset() 函数的语法格式如下。

```
load_dataset(name, cache=True, data_home=None, **kws)
```

　　上述函数中常用参数的含义如下。

　　① name：表示要加载的数据集名称。

　　② cache：表示是否在本地缓存数据集，默认为 True，表示数据集将被缓存到本地，下次加载相同的数据集时将从缓存中读取，以提高加载速度。

　　③ data_home：用于指定数据集的本地缓存路径。如果未指定，则使用默认的数据集缓存路径。

　　需要注意的是，当使用 load_dataset() 函数加载数据集时，可能会因为网络问题而无法顺利从 GitHub 仓库加载数据集，因此可以先将数据集下载到本地，再通过参数 data_home 指定本地路径后进行加载。

　　例如，将所有数据集下载到当前目录的 data/seaborn-data 目录下，之后从该目录下加载 tips 数据集，具体代码如下所示。

```
import seaborn as sns
# 加载 tips 数据集
tips_data = sns.load_dataset('tips', data_home='data/seaborn-data')
print(tips_data)
```

　　运行代码，结果如下所示。

```
     total_bill   tip     sex smoker   day    time  size
0         16.99  1.01  Female     No   Sun  Dinner     2
1         10.34  1.66    Male     No   Sun  Dinner     3
2         21.01  3.50    Male     No   Sun  Dinner     3
3         23.68  3.31    Male     No   Sun  Dinner     2
4         24.59  3.61  Female     No   Sun  Dinner     4
..          ...   ...     ...    ...   ...     ...   ...
239       29.03  5.92    Male     No   Sat  Dinner     3
240       27.18  2.00  Female    Yes   Sat  Dinner     2
241       22.67  2.00    Male    Yes   Sat  Dinner     2
242       17.82  1.75    Male     No   Sat  Dinner     2
243       18.78  3.00  Female     No  Thur  Dinner     2
[244 rows x 7 columns]
```

　　从上述结果可以看出，tips 数据集中总共有 244 行 7 列数据，每列的标签分别是 total_bill（账单总金额）、tip（小费金额）、sex（性别）、smoker（是否为吸烟者）、day（就餐日期）、time（就餐时间）、size（用餐人数）。

## 8.2　绘制分布图

　　处理一组数据时，通常需要提前了解这组数据中的变量具体是如何分布的。对于包含单变量的数据来说，可以使用直方图或核密度图展示单变量的分布情况；对于包含双变量的数据来说，可以使用散点图、二维直方图、二维密度图展示双变量的分布情况。此外还可以通过组合图展示双变量的分布情况。Seaborn 库提供了这些图表的绘制函数，以绘制图表来展示单变量和双变量的分布情况。接下来，本节将对绘制分布图的相关内容进行详细讲解。

## 8.2.1　绘制直方图

直方图是一种比较常用的统计图表，主要用于展示单变量数据的分布情况。绘制直方图时，先将数据按照一定范围划分成若干个区间，这些区间可以是等宽或不等宽的，且是连续不重叠的，然后统计每个区间内数据的频数或频率，最后用矩形的宽度表示一个区间的宽度，用矩形的高度表示一个区间内数据的频数或频率。

在 Seaborn 中，使用 displot()函数可以绘制一个直方图，并能根据不同的数据类型和需要进行自定义参数和样式的设置。displot()函数的语法格式如下。

```
displot(data=None, *, x=None, y=None, hue=None, row=None, col=None,
        weights=None, kind='hist', rug=False, rug_kws=None,
        log_scale=None, legend=True, palette=None, hue_order=None,
        hue_norm=None, color=None, col_wrap=None, row_order=None,
        col_order=None, height=5, aspect=1, facet_kws=None, **kwargs)
```

上述函数中常用参数的含义如下。

① data：表示输入数据集，可以是 DataFrame、NumPy 数组或序列。

② x、y：指定 $x$ 轴和 $y$ 轴所对应的变量名。

③ hue：用于对数据进行分组的变量名，默认值为 None，即不进行分组。

④ kind：用于指定统计图表的类型，支持的取值有'hist'（直方图）、'kde'（核密度图）、'ecdf'（经验累积分布函数），默认值为'hist'，即绘制直方图。

⑤ rug：表示是否显示密度观测条，默认值为 False，即不显示密度观测条。

⑥ legend：表示是否显示图例。默认值为 True，即显示图例。

⑦ color：表示图表的颜色，取值可以是单个颜色值或颜色列表。

⑧ **kwargs：进一步自定义图表效果的关键字参数，kind=hist 时使用 histplot()函数的参数；kind=kde 时使用 kdeplot()函数的参数；kind=ecdf 时使用 ecdfplot()函数的参数。

下面以 tips 数据集中 total_bill 一列的数据为例，演示如何通过 distplot()函数绘制一个包含 10 个矩形的直方图，具体代码如下。

```
1  import seaborn as sns
2  tips_data = sns.load_dataset('tips', data_home='data/seaborn-data')
3  # 绘制直方图
4  sns.displot(tips_data['total_bill'], bins=10)
```

上述代码中，第 4 行代码调用 displot()函数绘制直方图，在该函数中传入的第一个参数是 tips_data['total_bill']，说明使用 tips 数据集中 total_bill 列的数据；第二个参数 bins 用于指定区间的数量，此处设置的数量是 10，即直方图中会显示 10 个矩形。

运行代码，效果如图 8-1 所示。

从图 8-1 中看出，直方图共有 10 个矩形，每个矩形有着默认的样式。观察矩形的高度可知，数据大部分集中在 10~30 之间，10 以下或 40 以上的数值相对是比较少的。

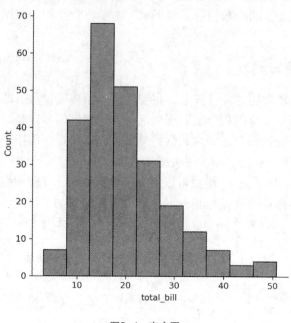

图8-1   直方图

### 8.2.2   绘制核密度图

直方图虽然可以直观地展现数据的分布情况，但是它存在一些不足，比如它会因为矩形数量的不同呈现完全不同的图形结果。为了弥补直方图的不足，可以使用核密度图作为替代或者补充来展示数据的分布情况。

核密度图是一种用于可视化连续变量的概率密度函数的图形表示方法。将每个数据点周围的一小段区间视为一个小型的高斯分布，将所有这些小型高斯分布叠加在一起形成一条光滑的曲线。这条光滑曲线代表了数据的密度分布形状，曲线的高度表示概率密度，越高表示该密度下的数据点越多。

在 Seaborn 中使用 displot()函数绘图时，将 kind 参数的值设置为'kde'，就可以根据指定的数据绘制核密度图，示例代码如下。

```
import seaborn as sns
tips_data = sns.load_dataset('tips', data_home='data/seaborn-data')
# 绘制核密度图
sns.displot(tips_data['total_bill'], kind='kde')
```

运行代码，效果如图 8-2 所示。

从图 8-2 中可以看出，绘图区域内显示了一条光滑的曲线。观察曲线的形状可知，数值在 10～30 之间对应的曲线较高，说明这个范围内的数值较多。

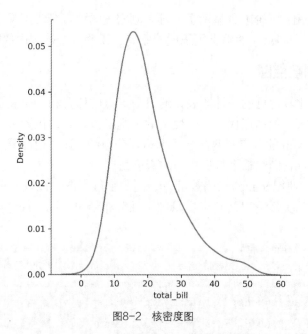

图8-2　核密度图

　　此外，还可以在绘制核密度图时在其底部显示密度观测条，它是在核密度图的底部添加的一系列垂直短线，每根短线表示一个数据点的观测值，便于用户直观地看到每个数据点在数据分布中的相对密集程度。在 Seaborn 中使用 displot()函数绘图时，将 rug 参数的值设置为 True，便可以显示密度观测条，示例代码如下。

```
import seaborn as sns
tips_data = sns.load_dataset('tips', data_home='data/seaborn-data')
# 绘制核密度图，显示密度观测条
sns.displot(tips_data['total_bill'], kind='kde', rug=True)
```

运行代码，效果如图 8-3 所示。

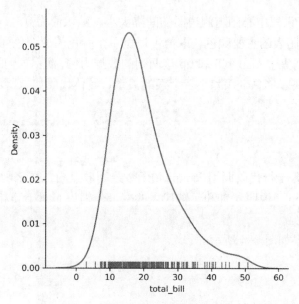

图8-3　显示密度观测条的核密度图

从图 8-3 中看出，$x$ 轴上方显示了一堆观测密度的垂直短线。观察垂直短线的密度可知，数值在 10～30 之间对应的垂直短线比较紧凑，说明这个范围内的数值较多。

### 8.2.3　绘制散点图

散点图是一种比较常见的统计图表，通过数据点的位置和分布展示两个变量之间的关系。在散点图中，每个数据点代表两个变量的一组取值，它的位置可以体现两个变量之间的关系。同时，Seaborn 的散点图两侧会显示边际分布图，通过边际分布图展示每个变量的单独分布情况，以及它们在整个数据集中的密度情况。

在 Seaborn 中，使用 jointplot() 函数可以绘制一个散点图，以及两个边际分布图，用于反映两个变量之间的关系，以及每个变量的单独分布情况。jointplot() 函数的语法格式如下所示。

```
jointplot(data=None, *, x=None, y=None, hue=None, kind='scatter',
          height=6, ratio=5, space=0.2, dropna=False, xlim=None,
          ylim=None, color=None, palette=None, hue_order=None,
          hue_norm=None, marginal_ticks=False, joint_kws=None,
          marginal_kws=None, **kwargs)
```

上述函数中常用参数的含义如下。

① data：表示包含变量的数据集，可以是 DataFrame、NumPy 数组或序列。

② x、y：指定 $x$ 轴和 $y$ 轴所对应的变量名。

③ hue：用于对数据进行分组的变量名，默认值为 None，即不进行分组。

④ kind：用于指定绘制图表的类型，支持的取值有'scatter'（散点图）、'kde'（二维密度图）、'hist'（直方图）、'hex'（二维直方图）、'reg'（回归图）、'resid'（残差图），默认值为'scatter'，即绘制散点图。

⑤ ratio：表示中心图与侧边图的比例，默认值为 5。比例的值越大，中心图的占比也越大。

⑥ space：用于设置中心图与侧边图的间隔大小，默认值为 0.2。

⑦ color：表示图表的主要颜色，取值可以是单个颜色值或颜色列表。

下面以 tips 数据集中 total_bill 和 tip 这两列的数据为例，演示如何通过 jointplot() 函数绘制一个散点图，反映账单总金额和小费金额的关系，具体代码如下所示。

```
1  import seaborn as sns
2  tips_data = sns.load_dataset('tips', data_home='data/seaborn-data')
3  # 绘制散点图
4  sns.jointplot(x='total_bill', y='tip', data=tips_data)
```

上述代码中，第 4 行代码调用 jointplot() 函数绘制散点图，在该函数中传入参数 x 和 y 的值是'total_bill'和'tip'，说明 $x$ 轴和 $y$ 轴代表的变量分别为 total_bill 和 tip；参数 data 用于指定数据集。

运行代码，效果如图 8-4 所示。

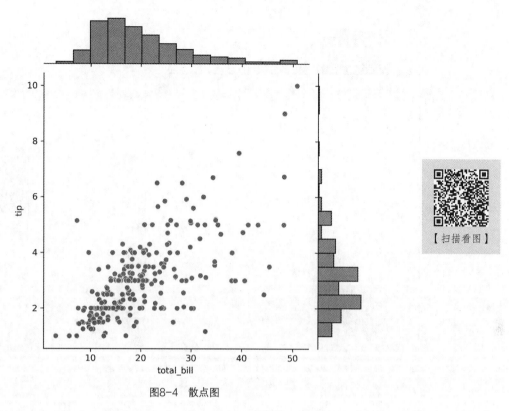

图8-4　散点图

从图 8-4 中看出，散点图的上方和右方分别显示了直方图，用于展示变量 total_bill 和 tip 的单独分布情况。观察数据点的整体分布情况可知，total_bill 数值位于 10～20 范围内、tip 数值位于 2～4 范围内的数据点比较集中，说明这个范围内的数据比较多。

### 8.2.4　绘制二维直方图

二维直方图是一种用于可视化两个变量分布情况的图表类型，它将数据集中的数据点按照二维空间中的网格分布，并根据不同网格内的数据点数量进行着色，以展示数据的密度和分布情况。不同颜色深度代表不同的数据密度，颜色越深，说明该区域的数据点数量越多，相应的密度也就越大。

在 Seaborn 中使用 jointplot()函数绘图时，将 kind 参数的值设置为'hex'，就可以根据指定的数据绘制二维直方图，示例代码如下。

```
import seaborn as sns
tips_data = sns.load_dataset('tips', data_home='data/seaborn-data')
# 绘制二维直方图
sns.jointplot(x='total_bill', y='tip', data=tips_data, kind="hex")
```

运行代码，效果如图 8-5 所示。

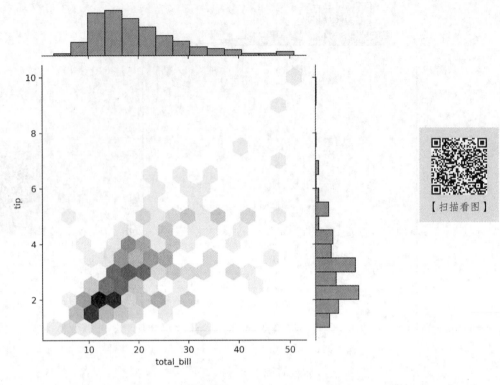

【扫描看图】

图8-5　二维直方图

从图 8-5 中可以看出，绘图区域内显示了多个六边形，绘图区域的上方和右方仍然显示了直方图。观察六边形的颜色深浅可知，total_bill 数值位于 10 ~ 20 范围内、tip 数值位于 2 ~ 4 范围内的六边形颜色较深，说明这个范围内的数据比较多。

### 8.2.5　绘制二维密度图

二维密度图是一种用于可视化两个变量分布情况的图表类型，它可以更详细地显示数据的分布特征，并快速发现变量之间的关系。与二维直方图不同，二维密度图用模糊的等高线来表示数据的密度，等高线的线条越密集，说明该区域的数据密度越大；等高线的线条越稀疏，说明该区域的数据密度越小。

在 Seaborn 中使用 jointplot()函数绘图时。将 kind 参数的值设置为'kde'，就可以根据指定的数据绘制二维密度图，示例代码如下。

```
import seaborn as sns
tips_data = sns.load_dataset('tips', data_home='data/seaborn-data')
# 绘制二维密度图，填充颜色
sns.jointplot(x='total_bill', y='tip', data=tips_data, kind='kde',
              fill=True)
```

运行代码，效果如图 8-6 所示。

从图 8-6 中可以看出，绘图区域内显示了多个填充了颜色的等高线，绘图区域的上方和右方显示了填充了颜色的核密度估计曲线，用于展示每个变量的单独分布情况。观察等高线的密度可知，total_bill 数值位于 10 ~ 20 范围内、tip 数值位于 2 ~ 4 范围内的等高线的线条比较密集且填充的颜色较深，说明这个范围内的数据比较多。

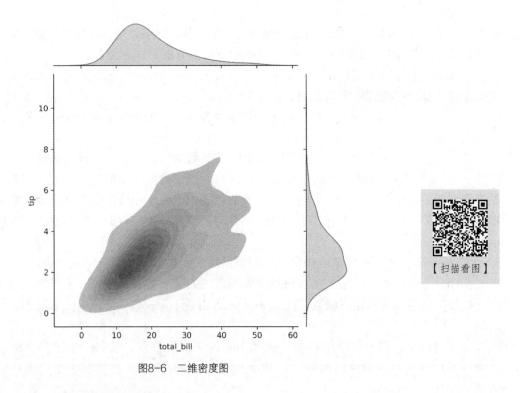

图8-6　二维密度图

### 8.2.6　绘制成对关系图

成对关系图是一种在数据集中绘制多个变量之间成对关系的图表类型。它用于绘制数据集中所有的数值变量之间的二维关系图，以便更好地理解变量之间的相关性。在成对关系图中，对角线（这里指的是主对角线，即从左上角到右下角的对角线）位置上通常将显示直方图或核密度图，用于展示每个数值变量自身的分布情况。而其他非对角线位置上通常将显示两两组合的数值变量的散点图，用于同时比较多对变量之间的关系。

在 Seaborn 中，使用 pairplot()函数可以根据一个数据集绘制成对关系图，该函数会自动根据数据集中的数值变量创建一个图形矩阵，之后将这些数值变量两两配对后绘制散点图、直方图或核密度图，在对角线上放置直方图或核密度图，同时在非对角线位置上放置散点图。pairplot()函数的语法格式如下所示。

```
pairplot(data, *, hue=None, hue_order=None, palette=None, vars=None,
         x_vars=None, y_vars=None, kind='scatter', diag_kind='auto',
         markers=None, height=2.5, aspect=1, corner=False,
         dropna=False, plot_kws=None, diag_kws=None,
         grid_kws=None, size=None)
```

上述函数中常用参数的含义如下。

① data：表示要绘制的数据，接收 DataFrame 或具有类似结构的二维数组，其中每列数据代表一个变量。

② palette：用于设置不同组别的颜色，该参数需要接收调色板或字典名称。如果 palette 参数的值是调色板名称，则可以是 Seaborn 提供的预定义调色板名称，包括'deep'（深色调色板，适用于需要较高对比度的图形）、'muted'（柔和调色板）、'bright'（亮色调色板）、'pastel'（柔和色彩调色板）、'dark'（深色调色板，适用于需要深色背景的图形）、'colorblind'（色盲友

好调色板）；如果 palette 参数的值是一个字典，则字典的键应该是 hue 变量的值，字典的值应该是所对应的颜色，这样可以为每个 hue 变量的值分配不同的颜色。

③ vars：用于指定要使用的变量子集，接收一个包含多个变量的列表。如果未指定，则将使用数据集中所有数值型的变量。

④ kind：用于指定非对角线位置上的图表类型，该参数的取值有'scatter'（散点图，默认值）、'reg'（回归图）、'kde'（核密度图）、'hist'（直方图）。

⑤ diag_kind：对角线位置上的图表类型，该参数的取值有'auto'（自动选择）、'hist'（直方图）、'kde'（核密度图），默认值为'auto'，即自动根据数据的类型选择合适的图表类型。如果数据集中每个变量的值都是连续数值型的数据，则将使用核密度图来展示单变量的分布情况；如果数据集中至少有一个变量的值是离散型或分类型数据，则将使用直方图来展示单变量的分布情况。

⑥ markers：用于指定散点图中数据标记的样式，接收一个字符串或列表。

⑦ plot_kws：用于传递给非对角线位置图表的关键字参数，接收一个字典。这个字典将直接被传递给双变量绘图函数，比如 scatterplot() 或 kdeplot()，具体取决于所选择的绘图类型。

⑧ diag_kws：用于传递给对角线位置图表的关键字参数，接收一个字典。这个字典将直接被传递给单变量绘图函数，比如 histplot()或 kdeplot()，具体取决于所选择的绘图类型。

接下来，通过 pairplot()函数根据 tips 数据集中的所有类型为数值的变量绘制成对关系图，对角线位置和非对角线位置都显示默认的图表类型，示例代码如下。

```
import seaborn as sns
tips_data = sns.load_dataset('tips', data_home='data/seaborn-data')
# 绘制成对关系图
sns.pairplot(tips_data)
```

运行代码，效果如图 8-7 所示。

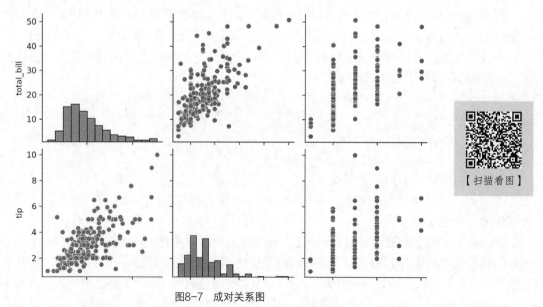

【扫描看图】

图8-7　成对关系图

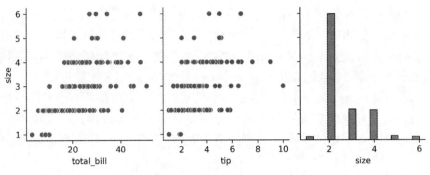

图8-7　成对关系图（续）

从图 8-7 中可以看出，总共有 3 行 3 列的图表，其中对角线位置显示了直方图，从上到下依次展示了变量 total_bill、tip、size 的分布情况。非对角线位置均显示了散点图，每个散点图都是变量 total_bill、tip、size 两两组合的结果，例如，第一行第二个散点图是根据变量 total_bill 和 tip 的数据绘制出来的，第三个散点图是根据变量 total_bill 和 size 的数据绘制出来的。

此外，还可以按照一个变量对数据集进行分组，并使用不同的颜色区分不同分组。例如，按照 size 变量对数据进行分组，之后根据分组后的数据绘制成对关系图，具体代码如下所示。

```
import seaborn as sns
tips_data = sns.load_dataset('tips', data_home='data/seaborn-data')
# 绘制成对关系图，指定分组的变量、调色板以及散点图中的数据标记
sns.pairplot(tips_data, hue='size', palette='deep',
            markers=['o', 's', '^', '*', 'D', 'X'])
```

上述代码中，首先调用 load_dataset()函数加载 tips 数据集，然后调用 pairplot()函数绘制成对关系图。该函数中参数 hue 的值为'size'，说明按照 size 的不同取值对数据进行分类，即 size 值为 1 的数据对应一类，size 值为 2 的数据对应一类，以此类推；参数 palette 的值为'deep'，说明使用调色板 deep 来为不同类别的数据选择颜色；参数 markers 的值为包含多个数据标记取值的列表，说明使用不同的数据标记来标记散点图中的数据点。

运行代码，效果如图 8-8 所示。

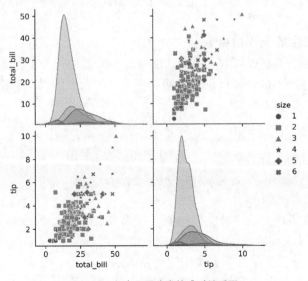

【扫描看图】

图8-8　包含不同分类的成对关系图

从图 8-8 中可以看出，总共有 2 行 2 列的图表，其中对角线位置显示了核密度图，从上到下依次展示了变量 total_bill、tip 中各分类的分布情况，其他位置均显示了散点图，每个散点图都是变量 total_bill、tip 两两组合的结果。另外，散点图中使用不同的数据标记来标记了不同分类下的每个数据点。

需要注意的是，当数据集中存在大量数值变量时，如果根据所有的数值变量绘制成对关系图，则可能会导致成对关系图变得十分拥挤且难以解读。因此，在使用成对关系图时，应仔细选择需要展示的变量，并考虑对图表进行调整，以便更好地观察和理解变量间的关系。

## 8.3　绘制分类图

在数据可视化中，当用户需要观察不同类别数据之间的关系或区别时，绘制分类图是一种非常有用的方法。如果要查看一个变量下每个分类的分布情况，则可以使用分类散点图、箱形图和小提琴图；如果要查看一个变量下每个分类的集中趋势，则可以使用柱形图和点图。Seaborn 库提供了这些图表的绘制函数，用于绘制图表从而展示每个分类的分布情况或集中趋势。接下来，本节将对绘制分类图的相关内容进行详细讲解。

### 8.3.1　绘制分类散点图

分类散点图是一种用于展示不同类别数据之间关系的散点图。与普通散点图相比，分类散点图为数据点添加了分类信息，并通过不同颜色或标记符号来区分不同类别的数据点。这使得我们能够在同一个图表中直观地比较不同类别数据之间的关系，并观察它们的分布情况。

在 Seaborn 中，使用 stripplot() 和 swarmplot() 函数都可以绘制一个分类散点图，呈现单变量的值的分布情况，同时根据另一个变量的类别对数据进行分组显示。不同的是，使用 stripplot() 函数绘制的分类散点图中可能会出现数据点的重叠，而使用 swarmplot() 函数绘制的分类散点图不会出现数据点的重叠。下面分别介绍如何使用这两个函数绘制分类散点图。

#### 1. 使用 stripplot() 函数绘制分类散点图

stripplot() 函数用于将每个数据点以散点的形式沿着分类的轴进行分布，如果数据点重叠较多，可能会导致一些遮挡，这时可以设置数据点在分类的轴上的抖动程度。stripplot() 函数的语法格式如下。

```
stripplot(data=None, *, x=None, y=None, hue=None, order=None,
    hue_order=None, jitter=True, dodge=False, orient=None,
    color=None, palette=None, size=5, edgecolor=<default>,
    linewidth=0, hue_norm=None, log_scale=None, native_scale=False,
    formatter=None, legend='auto', ax=None, **kwargs)
```

上述函数中常用参数的含义如下。

① data：要使用的数据集，支持多种类型的值，包括 DataFrame、Series、字典、数组或包含数组的列表。

② x：指定用于分组的分类变量在数据集中的列名或索引。

③ y：指定想要观察分布情况的数值变量在数据集中的列名或索引。

④ jitter：用于调整数据点在 $x$ 或 $y$ 轴上的抖动程度，防止数据点重叠。该参数可以接收一个浮点数或布尔值，如果是浮点数，则会用数值表示抖动程度；如果是 True 或 1，则会选择一个合适的程度值，以便观察数据点的分布情况，默认值为 True。

⑤ orient：用于指定图表的方向，取值可以为'h'、'x'、'v'或'y'，其中'h'和'x'表示水平方向，'v'和'y'表示垂直方向。默认值为 None，即会根据传入的数据自动判断图表是水平还是垂直摆放。

例如，根据 tips 数据集使用 stripplot()函数绘制分类散点图，将变量 day 的所有分类的值全部显示，将变量 total_bill 的数据根据变量 day 的分类进行分组显示，具体代码如下所示。

```
import seaborn as sns
tips_data = sns.load_dataset('tips', data_home='data/seaborn-data')
# 绘制分类散点图
sns.stripplot(x='day', y='total_bill', data=tips_data, palette='deep',
              hue='day', legend=False)
```

运行代码，效果如图 8-9 所示。

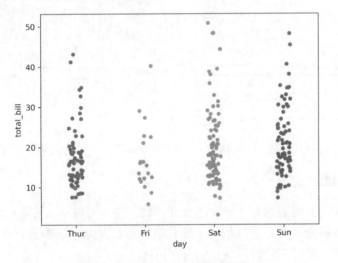

【扫描看图】

图8-9　分类散点图——数据点重叠

在图 8-9 中，$x$ 轴上总共显示了 4 个分类，分别是 Thur、Fri、Sat、Sun，其中每个分类对应不同颜色的数据点。从图 8-9 的数据点可以看出，一些数据点之间出现重叠，这不利于用户观察。

#### 2. 使用 swarmplot()函数绘制分类散点图

swarmplot() 函数用于将每个数据点以散点的形式沿着分类轴均匀分布，并自动调整数据点的位置，使得数据点之间不会重叠显示。swarmplot()函数的语法格式如下。

```
swarmplot(data=None, *, x=None, y=None, hue=None, order=None,
          hue_order=None, dodge=False, orient=None, color=None,
          palette=None, size=5, edgecolor=None, linewidth=0,
          hue_norm=None, log_scale=None, native_scale=False,
          formatter=None, legend='auto', warn_thresh=0.05, ax=None,
          **kwargs)
```

上述函数与 stripplot()函数常用参数的含义基本相同，此处不再赘述。

例如，根据 tips 数据集使用 swarmplot()函数绘制分类散点图，具体代码如下所示。

```
import seaborn as sns
tips_data = sns.load_dataset('tips', data_home='data/seaborn-data')
# 绘制分类散点图
sns.swarmplot(x='day', y='total_bill', data=tips_data, palette='deep',
              hue='day', legend=False)
```

运行代码，效果如图 8-10 所示。

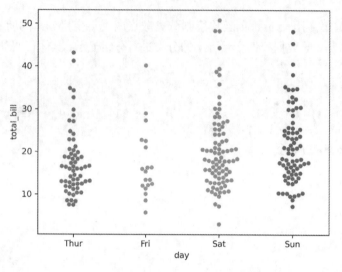

【扫描看图】

图8-10　分类散点图——数据点不重叠

从图 8-10 中可以看出，所有的数据点都沿着 x 轴的方向均匀分布，没有出现任何重叠。

### 8.3.2　绘制箱形图

箱形图是一种用于显示数值数据分布情况的统计图表，它主要展示了数据中的 5 个统计量，分别是最小值、下四分位数、中位数、上四分位数和最大值。箱形图非常适合比较多组数据，以及每个分类变量对应的数值变量的分布情况。

在 Seaborn 中，使用 boxplot()函数可以绘制一个箱形图，boxplot()函数的语法格式如下。

```
boxplot(data=None, *, x=None, y=None, hue=None, order=None,
        hue_order=None, orient=None, color=None, palette=None,
        saturation=0.75, width=0.8, dodge=True, fliersize=5,
        linewidth=None, whis=1.5, ax=None, **kwargs)
```

上述函数中常用参数的含义如下。

① data：表示绘制箱形图使用的数据集，该参数支持多种取值，可以是 DataFrame、Series、字典、数组或者包含多个数组的列表。

② x、y：用于指定绘制箱形图的变量，其中 x 用于给箱形图中水平方向的变量分类，如果提供了参数 x，则会按照该变量的不同取值进行分组，分组后的每种取值对应一个图形；y 用于指定箱形图中垂直方向的数值变量，如果提供了参数 y，则会按照 x 的不同取值展示相应数据的分布情况。

③ width：表示箱形图中矩形箱体的宽度，默认值为 0.8。

④ **kwargs：其他控制样式的关键字参数，具体可以参考 Matplotlib 中 boxplot()函数的参数。例如参数 flierprops 用于设置箱形图中异常值的标记，它的值是一个字典，字典中包

含多个预定义的键，比如 markeredgewidth 用于指定异常值标记的边框宽度，markerfacecolor 用于指定异常值标记的填充颜色，marker 用于指定标记的符号。

下面以 tips 数据集中变量 day 和 total_bill 的数据为例，演示如何使用 boxplot()函数绘制箱形图，具体代码如下。

```
import seaborn as sns
tips_data = sns.load_dataset('tips', data_home='data/seaborn-data')
# 绘制箱形图
sns.boxplot(x='day', y='total_bill', data=tips_data, width=0.6,
            flierprops=dict(marker='o', markerfacecolor='red',
            markeredgewidth=1))
```

上述代码中，首先调用 load_dataset()函数加载 tips 数据集，然后调用 boxplot()函数绘制箱形图，在该函数中参数 x 和 y 的值是'day'和'total_bill'，说明 $x$ 轴上显示变量 day 的值，每种取值对应一个图形，$y$ 轴对应的变量为 total_bill；参数 width 的值为 0.6，说明矩形箱体的宽度为 0.6；参数 flierprops 的值是一个字典，用于指定异常值标记的符号为圆形，填充颜色是红色，边框宽度是 1。

运行代码，效果如图 8-11 所示。

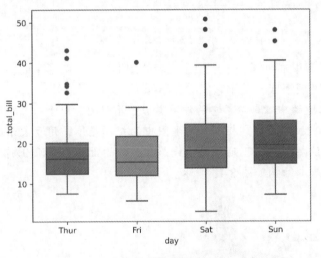

【扫描看图】

图8-11　箱形图

在图 8-11 中，绘图区域中总共显示了 4 个矩形箱体，每个矩形箱体对应变量 day 的一种取值，而且箱体上方显示了标识异常值的圆形。从图 8-11 中可以看出，Thur 对应的数据大约位于 8 ~ 30 之间，有 5 个大于 30 的异常值；Fri 对应的数据大约位于 5 ~ 30 之间，有一个大于 40 的异常值；Sat 对应的数据大约位于 3 ~ 40 之间，有 3 个大于 40 的异常值；Sun 对应的数据大约位于 7 ~ 40 之间，有两个大于 40 的异常值。

### 8.3.3　绘制小提琴图

虽然箱形图可以展示数据的分布情况，但它也有一些局限性。首先，箱形图只能提供有限的摘要统计信息，比如中位数、四分位数和异常值，对于数据分布的形状、多模态性和偏态等信息仅提供有限支持。其次，箱形图对于数据的分散程度表达有限，无法直接展示数据的核密度。为了克服这些问题，衍生出了一种小提琴图。

小提琴图是在箱形图的基础上进行增强的一种图表，它结合了箱形图和核密度图的优势，除了提供箱形图的基本统计指标，还通过核密度估计曲线展示了数据的密度分布情况。通过这种方式，小提琴图能够在全面呈现数据的位置、分散程度的同时，直观展示数据的核密度分布。小提琴图的示意图如图 8-12 所示。

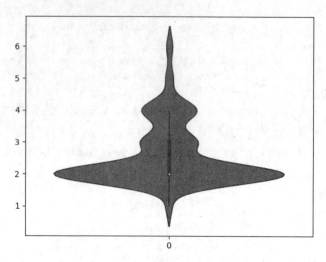

图8-12　小提琴图示意图

在图 8-12 中，绘图区域里显示了一个形似小提琴的图形，这个图形主要由中间的黑线以及左右两侧对称的形状区域组成，关于它们的介绍如下。

● 黑线：位于小提琴图的中心部分，它的作用类似于箱形图，用于以 5 个统计量展示一组数据的分布情况。黑线加粗的部分相当于箱形图中的矩形箱体，用于表示四分位数的范围，其中的白点表示中位数，其上下延伸的细线是须，须的上限和下限分别代表数据的最大值和最小值。黑线的基本结构如图 8-13 所示。

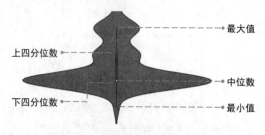

图8-13　黑线的基本结构

● 形状区域：位于黑线两侧，这些区域通常被着色，用以展示一组数据的核密度分布情况。形状的宽度表示数据在不同区间的密度变化，当形状较宽时，表示数据密度较高；当形状较窄时，表示数据密度较低。

在 Seaborn 中，使用 violinplot()函数可以绘制一个小提琴图，该函数的语法格式如下。

```
violinplot(data=None, *, x=None, y=None, hue=None, order=None,
    hue_order=None, bw='scott', cut=2, scale='area',
    scale_hue=True, gridsize=100, width=0.8, inner='box',
    split=False, dodge=True, orient=None, linewidth=None,
    color=None, palette=None, saturation=0.75, ax=None, **kwargs)
```

上述函数中常用参数的含义如下。

① data：表示绘制小提琴图使用的数据集，该参数支持多种取值，可以是 DataFrame、数组或者包含多个数组的列表。

② x、y：用于指定数据集中的变量，用于在小提琴图中进行分组比较。

③ cut：用于控制小提琴图中核密度估计曲线超出数据实际范围的程度，单位为带宽（bw），默认值为 2，这意味着核密度估计曲线会在数据最小值和最大值的基础上，分别向外延伸 2 倍带宽的距离。若设置为 0，则核密度估计曲线将刚好在数据的最小值和最大值处截断，不会延伸到数据范围之外。

④ scale：用于选择小提琴图宽度的缩放方式，支持的取值有'area'、'count'和'width'，其中'area'表示小提琴图中所有小提琴形状的面积相同，'count'表示小提琴图中小提琴形状的宽度与其对应的数据量成正比，'width'表示小提琴图中所有小提琴形状的宽度相同。

⑤ width：用于调整小提琴图的宽度，取值为大于 0 的任意实数，默认值为 0.8。

⑥ inner：用于控制小提琴图中间部分的样式，支持的取值有'box'（绘制矩形箱体）、'quartile'（绘制四分位点）、'point'（绘制一组点）、'stick'（绘制一组线）、None（没有任何元素）。

接下来，以 tips 数据集中变量 day 和 total_bill 的数据为例，演示如何使用 violinplot()函数绘制小提琴图，展示变量 day 中不同取值对应的 total_bill 数据的分布情况，具体代码如下所示。

```
import seaborn as sns
tips_data = sns.load_dataset('tips', data_home='data/seaborn-data')
# 绘制小提琴图
sns.violinplot(x='day', y='total_bill', data=tips_data, cut=0, width=0.5)
```

上述代码中，调用 violinplot()函数绘制了一个小提琴图，该函数中参数 x 和 y 的值分别是'day'和'total_bill'，说明 $x$ 轴上显示变量 day 的不同取值，每个值对应一个小提琴图，展示这个值对应的 total_bill 数据的分布情况；参数 cut 的值为 0，说明不裁剪核密度估计曲线；参数 width 的值为 0.5，说明小提琴图的宽度为 0.5。

运行代码，效果如图 8-14 所示。

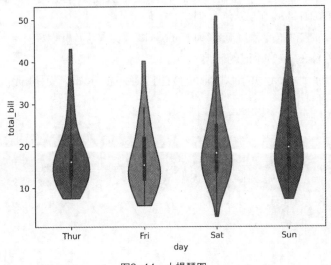

图8-14　小提琴图

在图 8-14 中，每个分类对应一个形状类似小提琴的图形，图形中央部分是黑线。观察图 8-14 中的黑线可知，Thur 分类下的数据位于 5 ~ 40 范围内，其中在 10 ~ 20 范围内的数据密度比较大。

### 8.3.4   绘制柱形图

柱形图是一种基本的统计图表，适用于比较不同分类之间的数量差异。为了进一步增强对比较结果的解释，可以在柱形图的柱形上方添加置信区间，以提供与每个类别或分组的值相关的估计可靠程度。置信区间是指由样本统计量所组成的总体参数的估计区间，是根据数据的分布和样本量等统计信息计算得出的，表示估计值的可靠程度。置信区间的宽度越大，表示估计值的不确定性越高；置信区间越窄，表示估计值的相对精确度越高。

在 Seaborn 中，使用 barplot() 函数可以绘制一个柱形图，柱形图中默认使用误差棒显示置信区间。较长的误差棒表示较宽的置信区间，即估计值的不确定性较高。barplot() 函数的语法格式如下所示。

```
barplot(data=None, *, x=None, y=None, hue=None, order=None,
        hue_order=None, estimator='mean', errorbar=('ci', 95),
        n_boot=1000, units=None, seed=None, orient=None, color=None,
        palette=None, saturation=0.75, width=0.8, errcolor='.26',
        errwidth=None, capsize=None, dodge=True, ci='deprecated',
        ax=None, **kwargs)
```

上述函数中常用参数的含义如下。

① data：表示柱形图使用的数据集。

② x 和 y：表示 x 轴和 y 轴的变量，对应每个柱形的位置和高度。

③ estimator：表示对 y 变量的汇总估计方法，默认为'mean'，即计算均值。

④ errorbar：表示误差棒所使用的误差范围，默认值为('ci', 95)，即使用置信区间计算误差棒，置信水平为 95%。在统计学中，置信水平表示估计结果包含在置信区间内的频率。95% 的置信水平意味着有 95% 的信心认为真实值落在计算得到的置信区间内。

⑤ errcolor：表示误差棒的颜色，默认值为'.26'，即使用灰度颜色空间的一种灰色。灰度颜色空间中灰色的取值范围是从 0（黑色）到 1（白色）。

⑥ errwidth：表示误差棒的宽度，默认值为 None，即误差棒的宽度是 3。

⑦ capsize：表示误差棒的末端标记的长度。

下面以 tips 数据集中的变量 day 和 total_bill 的数据为例，演示如何使用 barplot() 函数绘制柱形图，具体代码如下所示。

```
import seaborn as sns
tips_data = sns.load_dataset('tips', data_home='data/seaborn-data')
# 绘制柱形图
sns.barplot(x='day', y='total_bill', data=tips_data, errwidth=2,
            errcolor='.35', capsize=0.05)
```

运行代码，效果如图 8-15 所示。

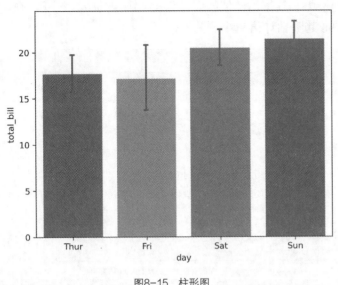

【扫描看图】

图8-15 柱形图

在图 8-15 中，每个分类对应一个柱形，柱形上方显示了一个表示置信区间的误差棒。观察图 8-15 中的柱形和误差棒可知，Fri 分类下大约有 17 个数值，估计值的不确定性较高。

**▌多学一招：置信区间**

置信区间是统计学中用来估计总体特征范围的一种方法。当我们进行数据分析或实验时，通常只能观察到部分数据，无法得知总体的情况。因此，需要使用统计学的方法来推断总体特征。置信区间用来表示我们对总体特征的估计范围，并反映了这个估计的不确定性。

为了帮助大家更好地理解，这里用一个例子进行说明。假设要估计一个国家的人均身高，由于无法测量每个人的身高，我们只能从中抽取一部分样本，并根据这些样本的数据来估计人均身高。然而，不同的样本可能会得出不同的人均身高。为了解决这个问题，我们可以计算一个置信区间。例如，在 95% 的置信水平下，我们可以说这个国家的人均身高落在某个范围内，比如(160cm, 170cm)。

这意味着，如果我们进行相同的抽样和计算过程，有 95% 的概率，我们的估计值会落在这个范围内。

总的来说，置信区间是一个统计范围，用于表示对总体特征的估计，并告知我们估计值的不确定性。它为我们提供了一种衡量估计结果可靠性的方式。

### 8.3.5 绘制点图

点图也是一种常用的统计图表，它将一个分类变量按其数据分组后产生的不同分类表示在 x 轴上，另一个数值变量的统计量（如平均值、中位数等）表示在 y 轴上，使用点的位置表示数值变量的中心趋势估计值，并使用误差棒提供该估计值的不确定性指示，适用于快速比较和理解不同分类变量之间的差异。点图的示意图如图 8-16 所示。

在图 8-16 中，每个圆点对应一个分类，圆点的位置表示 body_mass_g 变量的统计量，点上的误差棒表示置信区间，用于说明估计值的可靠性范围。圆点的位置越高，则说明相应分类变量水平的数值变量中心趋势估计值越大；相反，圆点的位置越低，则说明相应分类变量水平的数值变量中心趋势估计值越小。

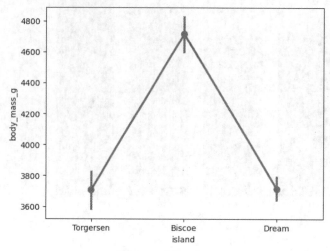

图8-16　点图示意图

相较于柱形图，点图在比较一个或多个分类变量的不同水平时更有用，它特别适合展示交互效应，即一个分类变量的水平在另一个分类变量的不同水平下如何变化。

在 Seaborn 中，可使用 pointplot()函数传入参数来生成不同样式和布局的点图，以展示数值变量和一个或多个分类变量之间的关系。pointplot()函数的语法格式如下所示。

```
pointplot(data=None, *, x=None, y=None, hue=None, order=None,
          hue_order=None, estimator='mean', errorbar=('ci', 95),
          n_boot=1000, units=None, seed=None, markers='o',
          linestyles='-', dodge=False, join=True, scale=1, orient=None,
          color=None, palette=None, errwidth=None, ci='deprecated',
          capsize=None, label=None, ax=None)
```

上述函数中常用参数的含义如下。

① data：表示点图需要使用的数据集，取值可以为 DataFrame、数组或列表。

② x、y：用于指定在点图的 x 或 y 轴上要展示的变量。其中参数 x 通常对应数据集中的一个分类变量，这个变量将数据划分为不同的类别或组；参数 y 通常对应数据集中的一个数值变量，用于表示每个类别下的某个统计量（默认是均值）。

③ estimator：用于计算数值变量中心趋势估计值的方法，默认值为'mean'，即平均值，还可以是'median'（中位数）或其他可调用的函数。

④ errorbar：表示误差棒的类型和置信区间范围，默认值为('ci', 95)，即使用置信区间和 95%的置信水平。

⑤ markers：表示点的数据标记样式，默认值为'o'，即圆形。

⑥ linestyles：表示线条的样式，默认为'-'，即实线。

⑦ join：表示是否连接各点，默认值为 True，即连接各点。

下面以 tips 数据集中变量 day 和 total_bill 的数据为例，演示如何使用 pointplot()函数绘制点图，具体代码如下所示。

```
import seaborn as sns
tips_data = sns.load_dataset('tips', data_home='data/seaborn-data')
```

```
# 绘制点图
sns.pointplot(x='day', y='total_bill', data=tips_data)
```
运行代码，效果如图 8-17 所示。

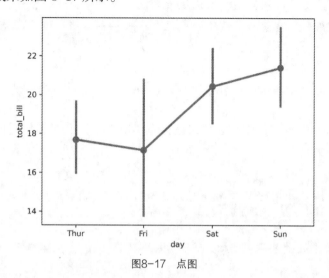

图8-17　点图

观察图 8-17 中圆点的位置可知，Sun 分类对应圆点的位置最高，说明其对应数值变量的中心趋势估计值较大。Fri 分类对应圆点的误差棒最长，说明其对应的数值变量有较强的不确定性。

# 8.4　定制图表主题

定制图表主题是数据可视化中重要的一环，它能够为我们的图表提供一致性、美观性和可读性。合适的图表主题不仅可以使图表更具个性，还可以为用户提供更好的视觉体验，帮助他们更好地理解和解读数据。

在 Seaborn 中，可以使用 set_theme()函数来定制图表的主题，通过传递不同的参数来设置不同的主题样式，方便用户根据自己的喜好和需求来调整图表的风格和颜色。set_theme()函数的语法格式如下所示。

```
set_theme(context='notebook', style='darkgrid', palette='deep',
          font='sans-serif', font_scale=1, color_codes=True, rc=None)
```
上述函数中常用参数的含义如下。

① context：用于设置绘图的上下文，以控制图表的尺寸和比例，从而适应不同的显示环境和需求。适用于 Jupyter Notebook 或交互式环境，此环境下图表的尺寸和字体大小显示随屏幕自适应。另外该参数还支持以下任一取值。

- 'paper'：适用于科学论文中的小尺寸绘图。
- 'talk'：类似于'notebook'，但针对演示文稿进行了放大处理。
- 'poster'：最大的上下文，用于创建海报。

② style：用于设置图表的风格，以控制绘图元素的颜色和外观以及整体的主题风格，默认值为'darkgrid'，即使用深色背景、默认线条颜色和网格线，适合在暗色背景下使用。另外该参数还支持以下任一取值。

- 'white'：使用白色背景和默认线条颜色，适合在亮色背景下使用。
- 'dark'：使用深色背景和默认线条颜色，适合在暗色背景下使用。
- 'whitegrid'：使用白色背景、默认线条颜色和网格线，适合在亮色背景下使用。
- 'ticks'：使用白色背景、默认线条颜色和坐标轴刻度线，适合在亮色背景下使用。

③ palette：表示颜色调色板，默认值为'deep'，即深色调色板。

④ font：表示字体样式，默认值为'sans-serif'，即无衬线字体。

⑤ rc：可选的字典参数，可以用来更新 Matplotlib 的 rcParams 字典，从而更细致地调整绘图属性。

例如，绘制一个柱形图，将图表的风格设置为'whitegrid'，具体代码如下所示。

```
import seaborn as sns
# 定制图表的主题
sns.set_theme(style='whitegrid')
tips_data = sns.load_dataset('tips', data_home='data/seaborn-data')
sns.barplot(x='day', y='total_bill', data=tips_data, errwidth=2,
            errcolor='.35', capsize=0.05)
```

运行代码，效果如图 8-18 所示。

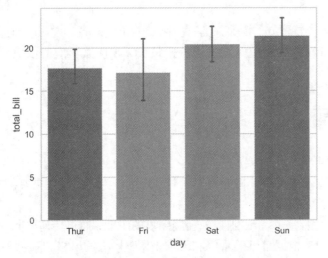

【扫描看图】

图8-18　修改图表风格后的柱形图

从图 8-18 中可以看出，绘图区域中显示了水平网格，并且所有柱形的颜色相较于默认主题风格所设定的颜色，饱和度有所降低，视觉上显得更为浅淡。

此外，若希望将不用的轴脊隐藏，则可以通过 set_theme()函数中的 rc 参数进行调整。将上述柱形图中的上轴脊和右轴脊隐藏，具体代码如下所示。

```
# 创建字典，用于设置坐标轴的轴脊
custom_params = {'axes.spines.right': False, 'axes.spines.top': False}
# 定制图表的主题
sns.set_theme(style='whitegrid', rc=custom_params)
```

上述代码中，首先创建了一个字典，该字典中包含两个键值对，其中第一个键值对的键'axes.spines.right'用于设置坐标轴右轴脊的样式，它的值为 False，即不显示右轴脊，同理第二个键值对用于将坐标轴的上轴脊设置为不显示。然后调用 set_theme()函数设置图表的主题，在该函数中传入参数 rc 的值为刚刚创建的字典，用于设置坐标轴右轴脊和上轴脊的可见性。

运行代码，效果如图 8-19 所示。

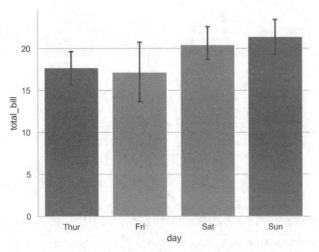

【扫描看图】

图8-19　隐藏部分轴脊后的柱形图

从图 8-19 中可以看出，绘图区域的上方和右侧已没有轴脊。

## 8.5　实战演练：App 应用商店数据分析

随着智能手机应用程序（App）的兴起，应用商店数据分析变得至关重要。在这些应用商店中，用户可以找到各种各样的 App，如社交、媒体、健康和娱乐，应有尽有。而在用户搜索和浏览 App 时，评分和价格成为用户选择的重要依据。通过对这些数据进行分析，开发者可以了解用户的偏好、市场竞争趋势，以及 App 的质量和市场受欢迎程度。本实例要求根据一组 App 应用商店的数据进行画图分析，总共设定了以下 3 个分析目标。

（1）画图分析所有 App 的价格分布。

（2）画图分析不同类别 App 的价格分布。

（3）画图分析不同类别下免费 App 和付费 App 的用户评分。

了解了实例的目标之后，接下来，先到指定的文件中加载实例用到的数据。已知 App 应用商店的数据全部保存在 applestore.xlsx 文件中，这里使用 Pandas 从该文件中读取全部的数据，并查看其摘要信息，具体代码如下所示。

```
import pandas as pd
# 从文件中读取全部的数据，返回 DataFrame 类的对象 app
app = pd.read_excel(r'C:\Users\itcast\Desktop\applestore.xlsx')
# 查看 app 对象的摘要信息
print(app.info())
```

运行代码，程序输出的结果如下所示。

```
<class 'pandas.core.frame.DataFrame'>
RangeIndex: 7050 entries, 0 to 7049
Data columns (total 14 columns):
 #   Column              Non-Null Count    Dtype
---  ------              --------------    -----
 0   id                  7050 non-null     int64
```

```
1    track_name        7049 non-null   object
2    size_bytes        7050 non-null   float64
3    price             7050 non-null   float64
4    rating_count_tot  7050 non-null   float64
5    user_rating       7050 non-null   object
6    prime_genre       7050 non-null   object
7    sup_devices       7050 non-null   int64
8    ipadSc_urls       7050 non-null   int64
9    lang              7050 non-null   float64
10   size_mb           7050 non-null   float64
11   paid              7050 non-null   object
12   price_new         7050 non-null   object
13   rating_new        6660 non-null   object
dtypes: float64(5), int64(3), object(6)
memory usage: 771.2+ KB
None
```

从上述结果可以看出，整个数据集中总共有 14 列数据。其中列索引 price 表示 App 的定价，单位为美元；列索引 user_rating 表示 App 所有版本的用户评分；列索引 prime_genre 表示 App 的类别；列索引 paid 表示是否为付费 App，值为 1 时代表付费，值为 0 时代表免费。另外，track_name 和 rating_new 列都存在缺失值，由于本实例的所有操作不涉及这两列的数据，所以此处将不对数据的缺失值进行处理。

下面根据读取到的 App 应用商店的数据，通过 Seaborn 库绘制合适的图表，完成目标，具体内容如下。

### 1. 画图分析所有 App 的价格分布

要想了解所有 App 的价格分布，可以先获取 price 一列的数据，再根据该列的数据绘制一个直方图，通过直方图展示 App 价格的整体分布情况，具体代码如下所示。

```
import seaborn as sns
# 根据 app 中 price 列的数据，绘制直方图
sns.distplot(app['price'], bins=10)
```

运行代码，效果如图 8-20 所示。

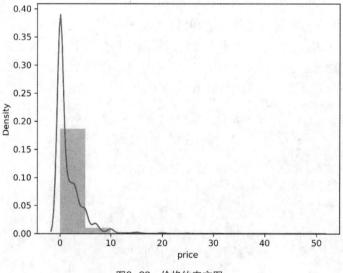

图8-20　价格的直方图

从图 8-20 中可以看出，矩形仅明确显示 price 为 0～10 范围内的值，说明数据中大部分价格集中在 0～10 的范围内，因此需要先筛选出 App 的价格小于或等于 10 的数据，再根据筛选后的这组数据绘制直方图，具体代码如下所示。

```
# 获取收费价格小于或等于 10 的 App
app2 = app[app['price'] <= 10]
# 根据 app2 中 price 列的数据，绘制直方图
sns.distplot(app2['price'], bins=10)
```

运行代码，效果如图 8-21 所示。

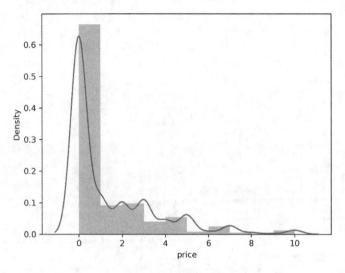

图8-21　价格的直方图

在图 8-21 中，绘图区域中同时显示了核密度估计曲线和矩形，x 轴表示价格，y 轴表示密度。观察图 8-21 的核密度曲线和矩形高度可知，0～1 范围内的矩形最高，且曲线最高，说明此范围内的数据最多，即 App 的价格大部分位于 0～1 之间。

**2. 画图分析不同类别 App 的价格分布**

要想了解不同类别 App 的价格分布，可以先根据 prime_genre 将数据按照类别进行分组，这样便可以得到所有类别 App 的数据。因为 App 的类别比较多，所以这里保留数量排在前 5 名的 5 个类别对应的数据，再根据这些数据绘制一个箱形图，通过箱形图展示不同类别 App 的价格分布情况，具体步骤如下。

首先获取数量排在前 5 名的类别，具体代码如下所示。

```
1  top5 = app.groupby(['prime_genre'])['price'].count().
2         sort_values(ascending=False).head().index.tolist()
3  # 如果该 App 的类别在 top5 列表中，则获取并构建新的 DataFrame
4  app5 = app[app.prime_genre.isin(top5)]
5  print(app5.head())
```

上述代码中，第 1～2 行代码首先调用 groupby()方法按照 prime_genre 列对 App 进行分组，此时会得到一个分组对象，然后从分组对象中取出 price 一列的数据，首先调用 count()方法进行统计，其次调用 sort_values()方法按照降序排列，最后调用 head()方法取出前 5 条数据。此时会得到数量排在前 5 名的 5 个类别对应的数据，取出后访问 index 获取索引，此时会得到包含所有类别名称的索引对象，访问后调用 tolist()方法将索引对象转换成列表，

此时会得到包含所有类别名称的列表。

第 4 行代码首先通过 app.prime_genre 获取 prime_genre 一列的数据，然后调用 isin()方法检查其是否存在于列表 top5 中，返回保存检查结果的 Series 类的对象。该对象中 True 表示其所在位置的元素存在，False 表示其所在位置的元素不存在，接着将该对象作为布尔索引，获取 app 中值为 True 对应的数据，从而得到前 5 名类别对应的所有数据。

运行代码，结果如下所示。

```
          id              track_name    size_bytes  price  \
0   281656475           PAC-MAN Premium  100788224.0   3.99
5   283619399          Shanghai Mahjong   10485713.0   0.99
8   284666222  PCalc - The Best Calculator   49250304.0   9.99
9   284736660               Ms. PAC-MAN   70023168.0   3.99
10  284791396    Solitaire by MobilityWare   49618944.0   4.99

    rating_count_tot  user_rating  prime_genre  sup_devices  ipadSc_urls  lang\
0            21292.0            4        Games           38            5  10.0
5             8253.0            4        Games           47            5   1.0
8             1117.0          4.5    Utilities           37            5   1.0
9             7885.0            4        Games           38            0  10.0
10           76720.0          4.5        Games           38            4  11.0

       size_mb  paid  price_new        rating_new
0   96.119141     1        <10   [5000, 100000)
5    9.999955     1         <2   [5000, 100000)
8   46.968750     1        <10    [1000, 5000)
9   66.779297     1        <10   [5000, 100000)
10  47.320312     1        <10   [5000, 100000)
```

price 一列包含一些值为 0 的数据，也就是免费的 App，这些数据是没有意义的。可以结合 paid 列进行筛选，筛选出该列等于 1 的数据，也就是付费的 App，之后根据这些数据绘制一个箱形图，具体代码如下所示。

```
# 绘制箱形图
sns.boxplot(x='price', y='prime_genre', data=app5[app['paid']==1])
```

运行代码，效果如图 8-22 所示。

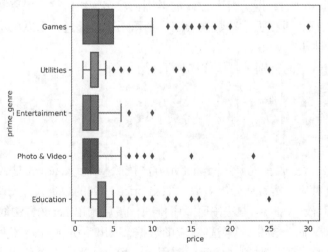

【扫描看图】

图8-22　类别和价格的箱形图

在图 8-22 中，绘图区域中总共显示了 5 个横放的矩形箱体，$x$ 轴表示价格，$y$ 轴表示类别。观察图 8-22 的矩形箱体可知，分类 Games 对应的价格大部分约位于 0～5 之间，分类 Utilities 对应的价格大部分约位于 2～3 之间，分类 Entertainment 对应的价格大部分约位于 1～3 之间，分类 Photo&Video 对应的价格大部分约位于 1～3 之间，分类 Education 对应的价格大部分约位于 3～4 之间。

**3. 画图分析不同类别下免费 App 和付费 App 的用户评分**

要想了解不同类别下免费 App 和付费 App 的用户评分，可以先根据 prime_genre 将数据按照类别进行分组，得到所有类别 App 的数据。因为 App 的类别比较多，所以这里保留数量排在前 5 名的 5 个类别的数据，再根据这些数据绘制一个柱形图，通过柱形图展示免费 App 和付费 App 的用户评分，具体代码如下所示。

```
# 绘制柱形图
sns.barplot(x='prime_genre', y='user_rating', hue='paid', data=app5)
```

运行代码，效果如图 8-23 所示。

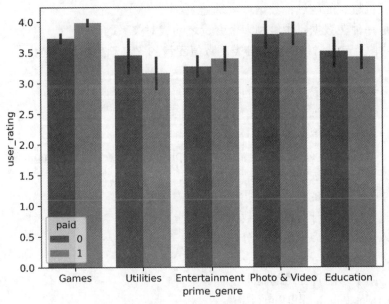

【扫描看图】

图8-23　评分的柱形图

在图 8-23 中，绘图区域中总共显示了 5 组柱形，其中蓝色柱形表示免费 App，橙色柱形表示付费 App，$x$ 轴表示类别，$y$ 轴表示用户评分。观察图 8-23 的柱形可知，Games 分类下免费 App 的评分平均值大约为 3.7 分，付费 App 的评分平均值大约为 4.0 分。

## 8.6　本章小结

本章主要讲解了 Seaborn 库的知识，首先带领大家认识了 Seaborn 库及其内置的数据集，然后讲解了如何使用 Seaborn 的函数绘制分布图和分类图，接着讲解了如何定制图表的主题。通过学习本章的内容，读者可以掌握 Seaborn 库的基本使用方法，能够通过该库绘制统计图表。

## 8.7  习题

**一、填空题**

1. Seaborn 是开源的数据可视化库，它在_____的基础上进行了扩展和优化。

2. 二维密度图使用模糊的_____来表示数据的密度。

3. _____图是在箱形图基础上进行增强的图表，结合了箱形图和核密度图的优势。

4. _____是指由样本统计量所构造的总体参数的估计区间。

5. 在点图中，圆点的位置越_____，说明相应分类变量水平的数值变量中心趋势估计值越大。

**二、判断题**

1. 使用直方图或核密度图可以展示单变量的分布情况。（    ）

2. 核密度图中的核密度估计曲线越高，则说明数据点越少。（    ）

3. 二维直方图颜色越深的区域，数据点数量越多。（    ）

4. 成对关系图是一种在数据集中绘制多个变量之间成对关系的图表。（    ）

5. 点图中圆点的位置越低，说明相应分类的数值变量的中心趋势估计值越大。（    ）

**三、选择题**

1. 下列函数中，用于绘制成对关系图的是（    ）。

A. displot()　　　　　B. jointplot()　　　C. pairplot()　　　　D. violinplot()

2. 下列函数中，用于绘制箱形图的是（    ）。

A. stripplot()　　　　B. boxplot()　　　　C. violinplot()　　　D. swarmplot()

3. 下列关于小提琴图的说法中，描述错误的是（    ）。

A. 小提琴图提供了箱形图的基本统计指标

B. 小提琴图通过核密度估计曲线展示数据的密度分布情况

C. 小提琴图可以用于比较多组数据的分布情况

D. 小提琴图会展示数据的异常值

4. 下列选项中，用于绘制直方图的是（    ）。

A. sns.displot(tips_data['total_bill'], bins=10)

B. sns.displot(tips_data['total_bill'], kind='kde')

C. sns.displot(tips_data['total_bill'], kind='kde', rug=True)

D. sns.displot(tips_data['total_bill'], kind='ecdf')

5. 下列函数中，用于定制图表主题的是（    ）。

A. set_theme()　　　　B. set_pattle()　　　C. load_dataset()　　　D. boxplot()

**四、简答题**

简述 Seaborn 相比 Matplotlib 主要有哪些优势。

**五、编程题**

使用 Seaborn 库绘制一个箱形图，具体要求如下。

（1）设置图表主题，风格为 ticks，颜色调色板为 pastel；

（2）加载 Seaborn 库内置的数据集 tips；

（3）*x*轴代表 day，*y*轴代表 total_bill；

（4）每个星期对应两组图形，分别表示抽烟者和不抽烟者，颜色分别为 m 和 g。

最终绘制完成的箱形图如图 8-24 所示。

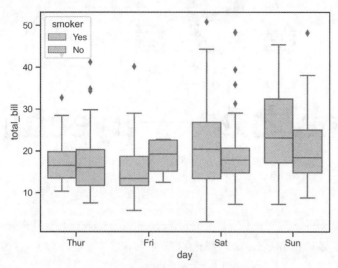

图8-24　最终绘制完成的箱形图

# 第 9 章

# 可视化后起之秀——pyecharts

**学习目标**

★ 熟悉 pyecharts，能够说出 pyecharts 的概念以及特点。

★ 了解 ECharts，能够说出 ECharts 中图表的常用组件。

★ 了解 pyecharts 的数据集，能够根据需要获取数据集。

★ 掌握 pyecharts 的使用，能够使用 pyecharts 绘制常用图表和组合图表。

★ 掌握图表主题的定制方式，能够根据需要定制图表主题。

★ 熟悉通过 pyecharts 整合 Web 框架的方式，能够在 Django 项目中绘制图表。

尽管 Matplotlib 和 Seaborn 都是 Python 中常用的数据可视化库，但它们在一些方面存在不足。例如 Matplotlib 在交互性方面的支持较为有限，无法提供高度交互的图表体验。而 Seaborn 主要侧重于统计图表的绘制，对于其他类型的图表的支持相对较少。为了解决这些问题，并提供更便捷、美观和高度可定制的数据可视化解决方案，pyecharts 应运而生，使用 pyecharts 可以轻松绘制效果惊艳的 ECharts 提供的图表。本章将对 pyecharts 库的相关知识进行详细介绍。

## 9.1 pyecharts 概述

### 9.1.1 认识 pyecharts

自百度前端团队研发的 ECharts 发布到 GitHub 网站以来，ECharts 一直备受业界的关注并获得广泛好评，成为目前成熟且流行的数据可视化工具，被应用到诸多数据可视化的开发领域。Python 作为数据分析领域非常受欢迎的语言，也加入 ECharts 的使用行列，并由百度团队研发出方便 Python 开发者使用的数据可视化库，由此便诞生了 pyecharts 库。

pyecharts 在 Echarts 的基础上进行了封装和适配，提供了更加简单和方便的 API，可以让用户直接编写 Python 代码来使用 ECharts 的功能，从而快速生成各种各样的交互式的图表。pyecharts 具有以下几个特点。

（1）简洁的 API 设计，使用流畅，且支持链式调用。

（2）囊括了 30 多种常见图表，应有尽有。

（3）支持主流 Notebook 环境，例如 Jupyter Notebook 和 JupyterLab。

（4）可轻松集成 Flask、Django 等主流 Web 框架。

（5）高度灵活的配置项，可助开发者轻松搭配出精美的图表。

（6）详细的文档和示例，助开发者更快地上手项目。

（7）拥有 400 多个地图文件以及原生的百度地图，为地理数据可视化提供强有力支持。

在使用 pyecharts 进行开发之前，开发者需要先在计算机中安装 pyecharts。pyecharts 官方总共支持 v0.5.x、v1、v2 这 3 个大版本，其中 v0.5.x 是较早的版本，且已经停止维护；v2 是一个较新的版本，它支持 Python 3.6 到 Python 3.11 的开发环境。截至 2024 年 1 月，pyecharts 的最新版本为 2.0.4。

下面将演示如何在 Anaconda 中安装 pyecharts 2.0.4。打开 Anaconda Prompt 窗口，在提示符的后面输入如下命令。

```
pip install pyecharts==2.0.4
```

需要说明的是，在安装 pyecharts 库时可能会因为网络问题而无法顺利从官方库下载，若遇到这种情况，则可以尝试使用国内的镜像源来加快下载速度，比如使用清华大学的镜像源，示例命令如下。

```
pip install -i https://pypi.tuna.tsinghua.edu.cn/simple pyecharts==2.0.4
```

以上命令执行后，若 Anaconda Prompt 窗口中出现如下信息，表明 pyecharts 及其依赖库全部安装完成。

```
……
Installing collected packages: simplejson, prettytable, pyecharts
Successfully installed prettytable-3.9.0 pyecharts-2.0.4 simplejson-3.19.2
```

安装完成后，在命令提示符后面输入命令 python，进入当前的 Python 开发环境，之后输入如下导入模块的语句。

```
from pyecharts.charts import Bar
```

执行以上语句后，若 Anaconda Prompt 窗口没有出现任何错误信息，说明 pyecharts 安装成功。

### 9.1.2　认识 ECharts

ECharts 是一个基于 JavaScript 的开源数据可视化图表库，它底层依赖二维绘图引擎 ZRender，支持 Canvas、SVG、VML 等多种渲染方法，因此可以在计算机和移动设备上流畅运行，并且兼容绝大部分的浏览器，包括 IE、Chrome、Firefox、Safari 等。

ECharts 提供了一系列直观生动、可交互、可个性化定制的图表，包括常见的折线图、柱形图、散点图、饼图，用于地理数据可视化的统计地图、热力图，用于关系数据可视化的树状图、旭日图，以及用于商业智能的漏斗图、仪表盘等。此外，ECharts 还支持组合图表，允许用户任意混搭多种图表类型，以创建更加丰富和复杂的图表展示效果。

为了增强图表的展示效果，ECharts 提供了丰富的组件来搭配图表，以增强用户对图表中数据的理解和交互体验。接下来，以用 ECharts 创建的气泡图为例介绍一些常用的组件，具体如图 9-1 所示。

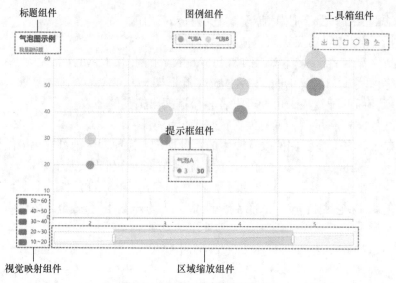

图9-1　ECharts图表常用的组件

在图 9-1 的气泡图中总共包括 6 个组件，分别为标题组件、图例组件、工具箱组件、提示框组件、区域缩放组件、视觉映射组件，关于这几个组件的介绍如下。

（1）标题组件：用于显示图表的主标题和副标题，默认位于图表的左上角。例如，该气泡图的主标题为"气泡图示例"，副标题为"我是副标题"。

（2）图例组件：用于显示图表中不同系列的标识和名称，默认位于图表的顶部位置，用户可通过单击标识显示或隐藏其对应的图形。例如，单击气泡图中"气泡 A"的标识将隐藏全部深色的圆形。

（3）工具箱组件：提供了一系列工具按钮，可以对图表进行操作和交互。例如，气泡图中的工具按钮从左到右依次是保存为图片、区域缩放、区域缩放还原、还原、数据视图、切换为折线图。用户可以根据需要选择和使用工具按钮。

（4）提示框组件：用于在鼠标指针悬停在图形上时显示提示信息。例如，鼠标指针悬停在一个气泡上时出现提示框，其中包含了该气泡的详细信息，包括坐标和数据内容。

（5）区域缩放组件：允许用户通过拖动或选择指定区域来对图表进行缩放和数据区域的选择，便于细致地观察数据的局部情况。例如，向左拖动滑块至边缘可以看到绘图区域中增加了两个圆形。

（6）视觉映射组件：用于将数据的不同属性映射到图形的大小、颜色等视觉要素上，用户可通过单击分组的方式选择数值范围，从而显示或隐藏此数值范围对应的图形。例如，在气泡图的视觉映射组件中单击分组 20~30 后，隐藏了数值位于 20~30 之间的圆形。

除了这些组件，ECharts 还提供了很多其他可供用户交互的组件，大家可到 ECharts 官网进行深入学习，此处不再赘述。

### 9.1.3　pyecharts 数据集

为了方便用户快速了解绘图功能，pyecharts 的 faker 模块中提供了一些测试数据，可以让用户在没有真实数据的情况下根据测试数据绘制图表，从而进行测试或演示。在 faker 模块中，pyecharts 定义了一个 Faker 类，通过 Faker 类的属性可以获取一些测试数据。Faker

类的常用属性及其对应的测试数据如表 9-1 所示。

表 9-1　Faker 类的常用属性及其对应的测试数据

| 属性 | 测试数据 |
|---|---|
| clothes | ['衬衫', '毛衣', '领带', '裤子', '风衣', '高跟鞋', '袜子'] |
| fruits | ['草莓', '芒果', '葡萄', '雪梨', '西瓜', '柠檬', '车厘子'] |
| animal | ['河马', '蟒蛇', '老虎', '大象', '兔子', '熊猫', '狮子'] |
| dogs | ['哈士奇', '萨摩耶', '泰迪', '金毛', '牧羊犬', '吉娃娃', '柯基'] |
| week | ['周一', '周二', '周三', '周四', '周五', '周六', '周日'] |
| provinces | ['广东省', '北京市', '上海市', '江西省', '湖南省', '浙江省', '江苏省'] |
| guangdong_city | ['汕头市', '汕尾市', '揭阳市', '阳江市', '肇庆市', '广州市', '惠州市'] |

例如，通过 Faker 类访问 fruits 属性获取其对应的测试数据，具体代码如下。

```
from pyecharts.faker import Faker
print(Faker.fruits)
```

运行代码，结果如下所示。

```
['草莓', '芒果', '葡萄', '雪梨', '西瓜', '柠檬', '车厘子']
```

除此之外，Faker 类还提供了两个比较实用的方法：choose()和 values()。其中，choose()方法用于从表 9-1 的测试数据中随机获取一组测试数据；values()方法用于生成一个包含 7 个随机整数 $n$（$20 \leqslant n \leqslant 150$）的列表。示例代码如下。

```
print(Faker.choose())    # 随机获取一组测试数据
print(Faker.values())    # 生成包含 7 个随机整数的列表
```

运行代码，结果如下所示。

```
['周一', '周二', '周三', '周四', '周五', '周六', '周日']
[76, 123, 70, 37, 130, 53, 139]
```

## 9.2　pyecharts 初体验

pyecharts 官网提供了简单的 API 和众多示例，用于帮助开发人员快速绘制图表。接下来，本节先带领大家绘制一个柱形图，体验使用 pyecharts 绘制图表的过程，再对绘制过程中用到的功能进行详细讲解。

### 9.2.1　绘制第一个图表

尽管 pyecharts 支持众多图表类型，但使用 pyecharts 绘制图表的基本过程大致相同，可以分为以下几步。

（1）导入所需的模块或类。

（2）创建图表类的对象。

（3）添加数据和设置配置项。

（4）渲染图表。

下面按照上面的基本步骤，使用 pyecharts 绘制一个柱形图，具体代码如下。

```
1  # 导入所需的模块或类
2  from pyecharts.charts import Bar
3  from pyecharts.faker import Faker
```

```
4   from pyecharts import options as opts
5   # 创建图表类的对象
6   bar = Bar(init_opts=opts.InitOpts(width="600px", height="300px"))
7   # 添加数据和设置配置项
8   # 添加数据
9   bar.add_xaxis(Faker.clothes)
10  bar.add_yaxis("商家A", [5, 20, 36, 10, 75, 90, 50])
11  # 设置全局配置项
12  bar.set_global_opts(title_opts=opts.TitleOpts(title="柱形图示例"),
13                      yaxis_opts=opts.AxisOpts(name="销售额(万元)",
14                      name_location="center", name_gap=30))
15  # 设置系列配置项
16  bar.set_series_opts(label_opts=opts.LabelOpts(position="top"))
17  # 渲染图表
18  bar.render_notebook()
```

上述代码中，第2~4行代码从 pyecharts.charts 模块中导入表示柱形图的类 Bar，导入 options 模块，并将 options 模块重命名为 opts；第6行代码创建一个 Bar 类的对象，并指定了图表画布的宽度和高度。

第9~10行代码调用 add_xaxis()和 add_yaxis()方法为柱形图的 x 轴和 y 轴添加数据；第12~14行代码调用 set_global_opts()方法设置全局配置项，用于为柱形图添加标题、y 轴的标签。

第16行代码调用 set_series_opts()方法设置系列配置项，用于将注释文本放到柱形的顶部；第18行代码调用 render_notebook()方法在 Jupyter Notebook 中渲染图表并直接显示。

运行代码，效果如图9-2所示。

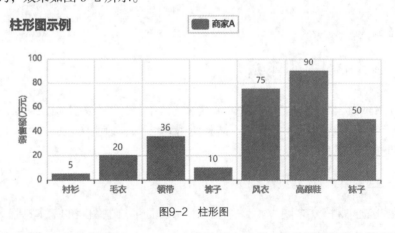

图9-2  柱形图

与 Matplotlib 相比，我们通过 pyecharts 使用更少的代码便绘制了带有标题、图例、注释文本且具有交互性的柱形图。

pyecharts 增加了链式调用的功能。链式调用是指简化同一对象多次访问属性或调用方法的编码方式，以避免多次重复使用同一个对象变量，使代码变得简洁和易读。例如，将上面的示例代码改成链式调用的写法，修改后的代码如下。

```
# 导入所需的模块或类
from pyecharts.charts import Bar
from pyecharts.faker import Faker
from pyecharts import options as opts
```

```
bar = (
    # 创建图表类的对象
    Bar(init_opts=opts.InitOpts(width="600px", height="300px"))
    # 添加数据和设置配置项
    # 添加数据
    .add_xaxis(Faker.clothes)
    .add_yaxis("商家 A", [5, 20, 36, 10, 75, 90, 50])
    # 设置全局配置项
    .set_global_opts(title_opts=opts.TitleOpts(title="柱形图示例"),
                     yaxis_opts=opts.AxisOpts(name="销售额(万元)",
                     name_location="center", name_gap=30))
    # 设置系列配置项
    .set_series_opts(label_opts=opts.LabelOpts(position="top"))
)
# 渲染图表
bar.render_notebook()
```

## 9.2.2  认识图表类

pyecharts 支持绘制 30 余种丰富的图表，针对每种图表均提供了相应的类，并将这些图表类封装到 pyecharts.charts 模块中，例如 9.2.1 小节的示例中表示柱形图的 Bar 类。pyecharts.charts 模块的常用图表类如表 9-2 所示。

表 9-2  pyecharts.charts 模块的常用图表类

| 类 | 说明 |
| --- | --- |
| Line | 折线图 |
| Bar | 柱形图或条形图 |
| Pie | 饼图 |
| Scatter | 散点图 |
| EffectScatter | 带有涟漪特效动画的散点图 |
| Boxplot | 箱形图 |
| Radar | 雷达图 |
| Bar3D | 三维柱形图 |
| Funnel | 漏斗图 |
| Sankey | 桑基图 |

表 9-2 中列举的所有类均继承自 Base 基类，它们都可以使用与类同名的构造方法创建对象。例如，Bar 类的构造方法的语法格式如下。

```
Bar(init_opts=opts.InitOpts())
```

以上方法的 init_opts 参数表示初始化配置项，该参数需要接收一个 InitOpts 类的对象，通过构建的 InitOpts 类的对象为图表指定一些通用的属性，例如背景颜色、图表画布的宽度和高度等。

以 9.2.1 小节的示例中创建的 Bar 类对象为例，通过初始化配置项指定画布宽度和高度，具体代码如下所示。

```
Bar(init_opts=opts.InitOpts(width="600px", height="300px"))
```

### 9.2.3  认识配置项

pyecharts.options 模块中提供了各种用于定制图表和图表组件的配置项，按照不同的定制内容，配置项可以分为全局配置项和系列配置项，关于它们的介绍如下。

#### 1. 全局配置项

全局配置项用于设置整个图表的全局属性，包括标题、图例、提示框、坐标轴等。全局配置项对整个图表起作用，可用于统一设置图表的样式和布局。常用的全局配置项如表 9-3 所示。

表 9-3　常用的全局配置项

| 全局配置项 | 类 | 说明 |
|---|---|---|
| 初始化配置项 | InitOpts | 用于设置图表的初始化选项，包括指定图表的宽度、高度和主题等 |
| Echarts 画图动画配置项 | AnimationOpts | 用于设置图表的动画效果，包括设置动画类型、延迟时间和动画时长等 |
| 工具箱配置项 | ToolboxOpts | 用于配置图表的工具箱组件，包括启用或禁用工具箱、设置不同工具的功能和样式等 |
| 标题配置项 | TitleOpts | 用于配置图表的标题组件，包括标题内容、位置、样式等 |
| 区域缩放配置项 | DataZoomOpts | 用于配置图表的区域缩放组件，可以通过滚动鼠标滚轮缩放区域，以查看更详细的数据信息 |
| 图例配置项 | LegendOpts | 用于配置图表的图例组件，包括图例的选项、位置、样式等 |
| 视觉映射配置项 | VisualMapOpts | 用于配置图表的视觉映射组件，可以通过不同的颜色、大小等视觉属性来表示数据的不同取值范围 |
| 提示框配置项 | TooltipOpts | 用于配置图表的提示框，包括启用或禁用提示框、设置提示框的显示内容和样式等 |
| 坐标轴配置项 | AxisOpts | 用于设置坐标轴的样式，包括轴线的样式、刻度线的样式、标签的样式等 |

表 9-3 中每个全局配置项都对应一个类，通过与类同名的构造方法可以创建实例，生成一个全局配置项。例如 9.2.1 小节的示例中创建的 InitOpts 类的对象，生成一个初始化配置项，用于设置图表的初始化选项。每个类的构造方法的参数各有不同，由于篇幅有限，大家可以自行到 pyecharts 官方文档进行查阅，此处不再详述。

通常情况下，如果需要为图表设置全局配置项（InitOpts 除外），则需要将全局配置项传入 set_global_opts()方法。set_global_opts()方法的语法格式如下。

```
set_global_opts(self, title_opts=<pyecharts.options.global_options.
    TitleOpts object at 0x0000022A2DFA54D0>,
    legend_opts=<pyecharts.options.global_options.LegendOpts
    object at 0x0000022A2F5E4050>, tooltip_opts=None, toolbox_opts=None,
    xaxis_opts=None, yaxis_opts=None, visualmap_opts=None,
    datazoom_opts=None, ..., axispointer_opts=None)
```

上述方法中常用参数的含义如下。

① title_opts：表示标题组件的配置项。
② legend_opts：表示图例组件的配置项。
③ tooltip_opts：表示提示框组件的配置项。
④ toolbox_opts：表示工具箱组件的配置项。

⑤ xaxis_opts、yaxis_opts：表示 *x* 轴、*y* 轴的配置项。

⑥ visualmap_opts：表示视觉映射组件的配置项。

⑦ datazoom_opts：表示区域缩放组件的配置项。

⑧ axispointer_opts：表示坐标轴指示器组件的配置项。

例如，9.2.1 小节的示例中使用 set_global_opts()方法设置标题配置项和坐标轴配置项，具体代码如下。

```
bar.set_global_opts(title_opts=opts.TitleOpts(title="柱形图示例"),
                    yaxis_opts=opts.AxisOpts(name="销售额(万元)",
                    name_location="center", name_gap=30))
```

### 2. 系列配置项

系列配置项用于设置图表中各个数据系列的属性，包括数据系列名称、数据、样式等。系列配置项对每个系列起作用，可用于个性化设置不同系列的样式和数据。常用的系列配置项如表 9-4 所示。

表 9-4　常用的系列配置项

| 系列配置项 | 类 | 说明 |
|---|---|---|
| ItemStyleOpts | 图元样式配置项 | 用于设置图表元素的样式，包括颜色、边框、透明度等 |
| TextStyleOpts | 文本样式配置项 | 用于设置文本的样式，包括字体、大小、颜色、对齐方式等 |
| LabelOpts | 标签配置项 | 用于设置标签的样式，包括标签的位置、颜色、字体大小等 |
| LineStyleOpts | 线样式配置项 | 用于设置线条的样式，包括线的类型、颜色、宽度等 |
| SplitLineOpts | 分割线配置项 | 用于设置分割线的样式，包括线的类型、颜色、宽度等 |
| MarkPointOpts | 标记点配置项 | 用于设置标记点的样式，可以在图表上绘制标记点，用于强调某些特殊的数据点 |
| MarkLineOpts | 标记线配置项 | 用于设置标记线的样式，可以在图表上绘制标记线，用于表示某个阈值或指标 |
| MarkAreaOpts | 标记区域配置项 | 用于设置标记区域的样式，可以在图表上绘制标记区域，用于表示某个数据区间 |
| EffectOpts | 涟漪特效配置项 | 用于设置特效的样式，可以给图表添加一些特效效果，如涟漪效果、线条流动效果等 |

表 9-3 中每个系列配置项都对应一个类，通过与类同名的构造方法可以创建实例，生成一个系列配置项。例如 9.2.1 小节的示例中通过 LabelOpts 类的构造方法创建实例，生成一个标签配置项，用于将标签放置在柱形的顶部位置，具体代码如下。

```
opts.LabelOpts(position="top")
```

若要设置系列配置项，则需要将系列配置项传入 add()、add_××()或者 set_series_opts()方法中。例如，9.2.1 小节的示例中使用 set_series_opts()方法设置的标签配置项，具体代码如下。

```
bar.set_series_opts(label_opts=opts.LabelOpts(position="top"))
```

值得一提的是，pyecharts 中还可以通过创建字典的方式创建全局配置项和系列配置项，字典的键与全局配置项和系列配置项的类的构造方法里面的参数名相同。例如，将上述创建 LabelOpts 类对象的代码换成字典的写法，具体代码如下。

```
dict(position="top")          # 写法一
{"position": "top"}           # 写法二
```

### 9.2.4  渲染图表

渲染图表是指将图表数据和配置项应用到图表对象上，以便将其可视化并进行显示或保存的过程。在 pyecharts 中，图表基类 Base 主要提供了两个渲染图表的方法：render() 和 render_notebook()。关于它们的介绍如下。

#### 1. render()方法

render()方法用于将图表渲染为 HTML 文件，默认为位于程序根目录的 render.html 文件。render()方法的语法格式如下。

```
render(self, path='render.html', template_name='simple_chart.html',
        env=None, **kwargs,)
```

上述方法中的参数 path 表示生成文件的路径，默认值为'render.html'；template_name 表示模板的路径。render()方法会返回 HTML 文件的路径字符串。

#### 2. render_notebook()方法

render_notebook()方法用于将图表渲染到 Jupyter Notebook 工具中，它无须接收任何参数。例如，9.2.1 小节的示例中渲染图表到 Jupyter Notebook 工具的代码如下。

```
bar.render_notebook()
```

## 9.3  绘制常用图表

### 9.3.1  绘制折线图

在 pyecharts 中，绘制折线图的基本步骤如下。

（1）导入 options 模块和 Line 类。

（2）创建 Line 类的对象。

（3）添加数据和设置配置项。

（4）渲染图表。

Line 类用于创建折线图对象，它提供了 add_xaxis()方法用于为折线图对象添加 $x$ 轴的数据，提供了 add_yaxis()方法用于为折线图对象添加 $y$ 轴的数据以及配置项，add_yaxis()方法的语法格式如下。

```
add_yaxis(self, series_name, y_axis, *, is_connect_nones=False,
          xaxis_index=None, yaxis_index=None, color=None,
          is_symbol_show=True, symbol=None, symbol_size=4, stack=None,
          is_smooth=False, ..., encode=None)
```

上述方法中常用参数的含义如下。

① series_name：表示系列的名称，显示在提示框和图例中。

② y_axis：表示系列数据。

③ color：表示系列的注释文本的颜色。

④ is_symbol_show：表示是否显示数据标记，默认值为 True，即显示数据标记。

⑤ symbol：表示数据标记的图形，取值可以为'circle'（圆形）、'rect'（矩形）、'roundRect'（圆角矩形）、'triangle'（三角形）、'diamond'（菱形）、'pin'（大头针）、'arrow'（箭头）、'none'（无）。

⑥ symbol_size：表示数据标记的大小，既可以接收单一数值，也可以接收形如[width, height]的列表。

⑦ is_smooth：表示是否使用平滑曲线。

接下来以一组两个商家的销售额数据为例，按照前面的基本步骤绘制一个折线图，用于展示商家 A 和商家 B 各类饮品的销售额，具体代码如下。

```
1   # 导入 options 模块和 Line 类
2   import pyecharts.options as opts
3   from pyecharts.faker import Faker
4   from pyecharts.charts import Line
5   line_demo = (
6       # 创建 Line 类的对象
7       Line()
8       # 添加数据
9       .add_xaxis(Faker.clothes)
10      .add_yaxis("商家 A", [102, 132, 105, 52, 90, 111, 95],
11                  symbol="diamond", symbol_size=15)
12      .add_yaxis("商家 B", [86, 108, 128, 66, 136, 122, 105],
13                  symbol="triangle", symbol_size=15)
14      # 设置配置项
15      .set_global_opts(title_opts=opts.TitleOpts(title="折线图示例"),
16                  yaxis_opts=opts.AxisOpts(name="销售额(万元)",
17                  name_location="center", name_gap=30))
18  )
19  # 渲染图表
20  line_demo.render_notebook()
```

【扫描看图】

上述代码中，第 7 行代码调用 Line 类的构造方法创建 Line 类的对象；第 9 行代码调用 add_xaxis()方法添加 x 轴的数据，此处添加的数据是内置的测试数据 clothes；第 10~13 行代码调用 add_yaxis()方法添加 y 轴的数据，该方法中参数 symbol 用于指定数据标记的图形，参数 symbol_size 用于指定数据标记的大小。

运行代码，效果如图 9-3 所示。

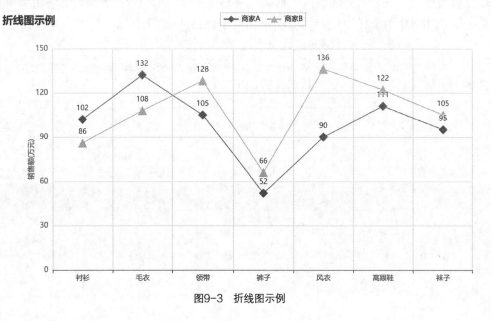

图9-3　折线图示例

在图 9-3 中，画布中总共有两条带标记的线，其中带三角形标记的线是商家 B，带菱形标记的线是商家 A。从图 9-3 可以看出，商家 B 风衣的销售额是最多的，裤子的销售额是最少的；商家 A 毛衣的销售额是最多的，裤子的销售额是最少的。

### 9.3.2　绘制饼图或圆环图

在 pyecharts 中，绘制饼图或圆环图的基本步骤如下。

（1）导入 options 模块和 Pie 类。

（2）创建 Pie 类的对象。

（3）添加数据和设置配置项。

（4）渲染图表。

Pie 类用于创建饼图或圆环图对象，它提供了 add()方法为饼图或圆环图对象添加数据以及配置项，add()方法的语法格式如下。

```
add(self, series_name, data_pair, *, color=None, color_by='data',
    is_legend_hover_link=True, selected_mode=False, selected_offset=10,
    radius=None, center=None, rosetype=None, is_clockwise=True,
    start_angle=90, ..., encode=None)
```

上述方法中常用参数的含义如下。

① series_name：表示系列的名称，显示于提示框和图例中。

② data_pair：表示系列数据项，数据项的格式为[(key1, value1), (key2, value2), ...]，其中 key1 和 key2 表示数据的标识或名称。

③ selected_offset：表示选中扇区的偏移距离，默认为 10 像素。

④ radius：表示饼图或圆环图的半径，默认值为 None，即自动根据容器的高度与宽度中较小的一项计算半径。该参数还可以接收一个包含两个元素的列表，其中列表的第一项为圆环图的内半径，第二项为圆环图的外半径。

⑤ center：表示饼图或圆环图的中心坐标，接收一个包含两个元素的列表，元素的值可以是整数或百分比。若值为整数，则第一项是横坐标，第二项是纵坐标；若值为百分比，则第一项是相对于容器的宽度，第二项是相对于容器的高度。

⑥ is_clockwise：表示饼图的扇区是否按顺时针排布。

接下来以一组手机的销量数据为例，按照前面的基本步骤绘制一个饼图，用于展示不同品牌手机销售额的占比情况，示例代码如下。

```
1  import pyecharts.options as opts
2  from pyecharts.charts import Pie
3  pie_demo = (
4      # 创建 Pie 类的对象
5      Pie()
6      # 添加数据
7      .add("", [("小米", 150), ("华为", 200), ("荣耀", 100), ("魅族", 60),
8          ("vivo", 145), ("OPPO", 160)])
9      # 设置配置项
10     .set_global_opts(title_opts=opts.TitleOpts(title="饼图示例"))
11 )
12 pie_demo.render_notebook()
```

上述代码中，第 5 行代码调用 Pie 类的构造方法创建 Pie 类的对象。第 7~8 行代码调用 add()方法添加数据，该方法中第 2 个参数为一个包含 6 个元组的列表，元组的第 1 个元素是数据的名称，这些名称会显示在图例中。

【扫描看图】

运行程序，效果如图 9-4 所示。

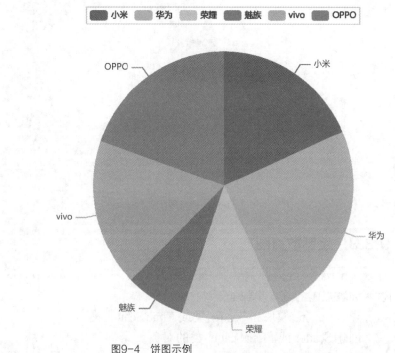

图9-4　饼图示例

除此之外，还可以在调用 add()方法时将内半径和外半径传入 radius 参数，从而绘制一个圆环图。在上述示例中增加设置内半径和外半径的代码，修改后的代码如下。

```
1   import pyecharts.options as opts
2   from pyecharts.charts import Pie
3   pie_demo = (
4       # 创建 Pie 类的对象
5       Pie()
6       # 添加数据
7       .add("", [("小米", 150), ("华为", 200), ("荣耀", 100), ("魅族", 60),
8           ("vivo", 145), ("OPPO", 160)], radius=[90, 160])
9       # 设置配置项
10      .set_global_opts(title_opts=opts.TitleOpts(title="圆环图示例"))
11  )
12  pie_demo.render_notebook()
```

上述代码中，第 7~8 行代码调用 add()方法为圆环图添加数据，该方法中参数 radius 的值为[90,160]，说明圆环图的内半径为 90 像素，外半径为 160 像素。

再次运行代码，效果如图 9-5 所示。

圆环图示例

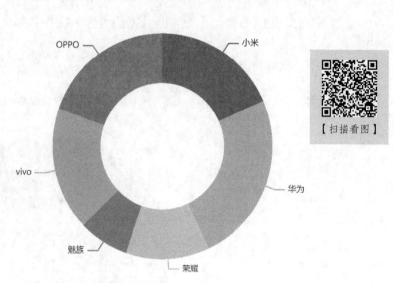

图9-5　圆环图示例

### 9.3.3　绘制散点图

在 pyecharts 中，主要包括两种类型的散点图，分别是基本散点图和涟漪特效散点图，绘制这两种散点图的基本步骤如下。

（1）导入 options 模块和 Scatter 类或 EffectScatter 类。

（2）创建 Scatter 或 EffectScatter 类的对象。

（3）添加数据和设置配置项。

（4）渲染图表。

Scatter 类用于创建散点图对象，EffectScatter 类用于创建涟漪特效散点图，也就是说在散点图中，每个数据点周围会呈现出一种扩散的效果，就像水中投入石子所产生的涟漪一样。这两个类提供了 add_yaxis()方法为散点图或涟漪特效散点图添加数据以及配置项，下面分别对这两个类的 add_yaxis()方法进行介绍。

#### 1. Scatter 类的 add_yaxis()方法

add_yaxis()方法的语法格式如下。

```
add_yaxis(self, series_name, y_axis, *, xaxis_index=None,
    yaxis_index=None, color=None, symbol=None, symbol_size=10,
    symbol_rotate=None, label_opts= None, ..., encode=None)
```

上述方法中常用参数的含义如下。

① series_name：表示系列的名称，显示于提示框和图例中。

② y_axis：表示系列数据，接收一个列表或者元组。

③ color：表示系列标签的颜色，默认值为 None，即根据默认设置为系列的数据点自动生成颜色。

④ symbol：表示数据标记的图形。

⑤ symbol_size：表示数据标记的大小，既可以接收诸如 10 这样单一的数字，也可以

接收诸如[宽，高]这样分开表示宽度和高度的列表。

### 2. EffectScatter 类的 add_yaxis()方法

add_yaxis()方法的语法格式如下。

```
add_yaxis(self, series_name, y_axis, *, xaxis_index=None,
          yaxis_index=None, color=None, symbol=None, symbol_size=10,
          symbol_rotate=None, label_opts=None, effect_opts=None,
          tooltip_opts=None, itemstyle_opts=None)
```

上述方法中，参数 effect_opts 表示涟漪特效配置项，接收一个 EffectOpts 类的对象。

接下来以一组随机数为例，按照前面的基本步骤绘制一个散点图，示例代码如下。

```
1  import numpy as np
2  import pyecharts.options as opts
3  from pyecharts.charts import Scatter
4  scatter_demo = (
5      # 创建 Scatter 类的对象
6      Scatter()
7      # 添加数据
8      .add_xaxis(np.arange(1, 21).tolist())
9      .add_yaxis("", np.random.randint(10, 40, 20).tolist())
10     # 设置全局配置项
11     .set_global_opts(title_opts=opts.TitleOpts(title="散点图示例"),
12         yaxis_opts=opts.AxisOpts(name="y轴", name_location="center",
13         name_gap=30), xaxis_opts=opts.AxisOpts(name="x轴",
14         name_location="center", name_gap=30))
15  )
16  scatter_demo.render_notebook()
```

上述代码中，第 3 行代码导入 Scatter 类，第 6 行代码调用构造方法创建了一个 Scatter 类的对象，第 8～9 行代码调用 add_xaxis()和 add_yaxis()方法分别添加 x 轴和 y 轴的数据，第 11～14 行代码调用 set_global_opts()方法设置标题配置项和坐标轴配置项，用于为散点图添加标题和坐标轴标签，第 16 行代码调用 render_notebook()方法将散点图渲染到 Jupyter Notebook 工具中。

【扫描看图】

运行代码，效果如图 9-6 所示。

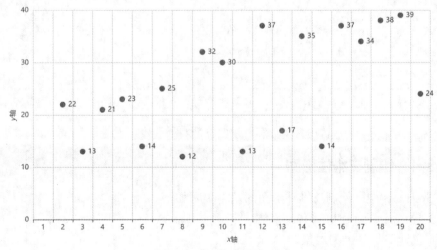

图9-6　散点图示例

接下来以一组随机数为例，按照前面的基本步骤绘制一个带涟漪特效的散点图，示例代码如下。

```
1   import numpy as np
2   import pyecharts.options as opts
3   from pyecharts.charts import EffectScatter
4   effect_scatter = (
5       # 创建 EffectScatter 类的对象
6       EffectScatter()
7       # 添加数据
8       .add_xaxis(np.arange(1, 21).tolist())
9       .add_yaxis("", np.random.randint(10, 40, 20).tolist(), symbol="pin")
10      # 设置全局配置项
11      .set_global_opts(title_opts=opts.TitleOpts(title="涟漪特效散点图示例"),
12          yaxis_opts=opts.AxisOpts(name="y轴",name_location="center",
13          name_gap=30), xaxis_opts=opts.AxisOpts(name="x轴",
14          name_location="center", name_gap=30))
15  )
16  effect_scatter.render_notebook()
```

上述代码中，第6行代码调用构造方法创建了一个 EffectScatter 类的对象，第8~9行代码调用 add_xaxis()和 add_yaxis()方法分别添加 $x$ 轴和 $y$ 轴的数据，并将标记的图形设置为大头针。

运行代码后，散点图中的标记一直重复类似涟漪的动画特效，效果如图9-7所示。

【扫描看图】

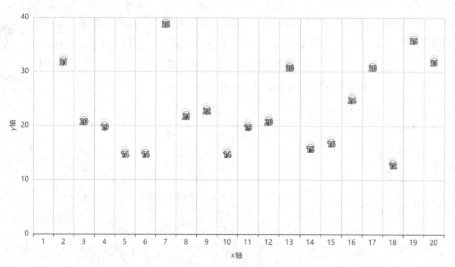

图9-7　涟漪特效散点图示例

### 9.3.4　绘制三维柱形图

在 pyecharts 中，绘制三维柱形图的基本步骤如下。

（1）导入 options 模块和 Bar3D 类。

（2）创建 Bar3D 类的对象。

（3）添加数据和设置配置项。

（4）渲染图表。

Bar3D 类用于创建三维柱形图对象，它提供了 add()方法为三维柱形图对象添加数据以及配置项，add()方法的语法格式如下。

```
add(self, series_name, data, shading=None, itemstyle_opts=None,
    label_opts=None, grid_3d_index=0, xaxis3d_opts=None,
    yaxis3d_opts=None, zaxis3d_opts=None, grid3d_opts=None,
    ..., parametric_equation=None)
```

上述方法中常用参数的含义如下。

① series_name：表示系列的名称，显示在提示框和图例中。

② data：表示系列的数据。

③ shading：表示 3D 柱形图中三维图形的着色效果，取值可以为'color'、'lambert'、'realistic'，其中'color'表示只显示颜色，不受光照等其他因素的影响；'lambert'表示通过经典的'lambert'着色表现光照带来的明暗变化；'realistic'表示真实感渲染。

④ xaxis3d_opts：表示三维笛卡尔坐标系中 $x$ 轴的配置项。

⑤ yaxis3d_opts：表示三维笛卡尔坐标系中 $y$ 轴的配置项。

⑥ zaxis3d_opts：表示三维笛卡尔坐标系中 $z$ 轴的配置项。

接下来以一组随机数为例，按照前面的基本步骤绘制一个三维柱形图，示例代码如下。

```
1   import numpy as np
2   from pyecharts import options as opts
3   from pyecharts.charts import Bar3D
4   data = [(i, j, np.random.randint(0, 20)) for i in range(7)
5              for j in range(5)]
6   bar_3d = (
7       # 创建 Bar3D 类的对象
8       Bar3D()
9       # 添加数据
10      .add("", [[d[1], d[0], d[2]] for d in data],
11      xaxis3d_opts=opts.Axis3DOpts(["A组", "B组", "C组", "D组", "E组"]),
12      yaxis3d_opts=opts.Axis3DOpts(["周一", "周二", "周三", "周四",
13                                    "周五", "周六", "周日"]))
14      # 设置全局配置项
15      .set_global_opts(visualmap_opts=opts.VisualMapOpts(max_=30),
16                  title_opts=opts.TitleOpts(title="三维柱形图示例"))
17  )
18  bar_3d.render_notebook()
```

上述代码中，第 8 行代码调用构造方法创建了一个 Bar3D 类的对象，第 10~13 行代码调用 add()方法添加数据，并自动根据实际数据的类型为 $x$ 轴和 $y$ 轴选择合适的刻度标签和显示格式，第 15~16 行代码调用 set_global_opts()方法设置视觉映射配置项和标题配置项，为三维柱形图添加视觉映射组件和标题。

运行代码，效果如图 9-8 所示。

在图 9-8 的三维柱形图中，画布左下角的位置增加了视觉映射组件，用户可以拖曳视觉映射组件的滑块控制柱子的数量。

**三维柱形图示例**

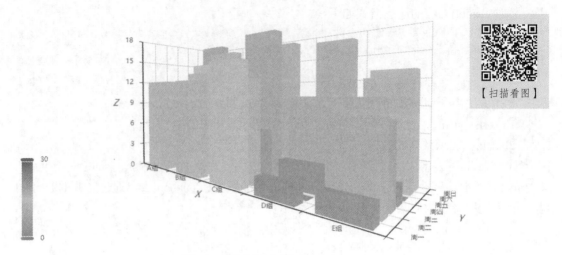

图9-8　三维柱形图示例

### 9.3.5　绘制桑基图

在 pyecharts 中，绘制桑基图的基本步骤如下。

（1）导入 options 模块和 Sankey 类。

（2）创建 Sankey 类的对象。

（3）添加数据和设置配置项。

（4）渲染图表。

Sankey 类用于创建桑基图对象，它提供了 add() 方法为桑基图对象添加数据以及配置项，add() 方法的语法格式如下。

```
add(self, series_name, nodes, links, *, pos_left='5%',
    pos_top='5%', pos_right='20%', pos_bottom='5%', node_width=20,
    node_gap=8, node_align='justify', layout_iterations=32,
    orient='horizontal', linestyle_opt=<pyecharts.options.series_options.
    LineStyleOpts object at 0x0000024F1B28EB10>,...)
```

上述方法中常用参数的含义如下。

① series_name：表示系列的名称，显示在提示框和图例中。

② nodes：用于设置节点序列，格式是[{"name": 节点的名称 1}, {"name": 节点的名称 2}, ...]。

③ links：用于设置边序列，格式是[{"source": 来源节点 , "target": 目标节点 , "value": 流量 }, ...]。

④ node_width：表示桑基图中每个节点的宽度。

⑤ node_gap：表示桑基图中每一列任意两个节点的间隔。

⑥ node_align：表示桑基图中节点的对齐方式，默认值为'justify'，即节点两端对齐。

⑦ linestyle_opt：表示线条样式配置项，它的值是 LineStyleOpts 类的对象。

接下来以一组商铺的客户数据为例，演示如何按照上面的步骤绘制一个桑基图，从而展示某商铺新老客户群体的商品喜好，示例代码如下。

```
1   from pyecharts import options as opts
2   from pyecharts.charts import Sankey
3   nodes = [{"name":"消费者"}, {"name":"老客户"}, {"name":"新客户"},
4           {"name":"运动鞋"}, {"name":"衬衫"}, {"name":"连衣裙"},
5           {"name":"高跟鞋"}]
6   links = [{"source":"消费者", "target":"老客户", "value":30},
7           {"source":"消费者", "target":"新客户", "value":20},
8           {"source":"老客户", "target":"运动鞋", "value":10},
9           {"source":"老客户", "target":"衬衫", "value":20},
10          {"source":"新客户", "target":"连衣裙", "value":10},
11          {"source":"新客户", "target":"高跟鞋", "value":10}]
12  sankey_demo = (
13      # 创建 Sankey 类的对象
14      Sankey()
15      # 添加数据
16      .add("", nodes=nodes, links=links,
17          linestyle_opt=opts.LineStyleOpts(opacity=0.2, curve=0.5,
18          color="source"), label_opts=opts.LabelOpts(position="right"))
19      # 设置全局配置项
20      .set_global_opts(title_opts=opts.TitleOpts(title="桑基图示例"))
21  )
22  sankey_demo.render_notebook()
```

上述代码中，第 14 行代码调用构造方法创建了一个 Sankey 类的对象。第 16~18 行代码调用 add()方法添加数据，该方法中参数 linestyle_opt 的值是一个 LineStyleOpts 类的对象，用于设置边的样式，包括边的透明度为 0.2，边的弯曲度为 0.5，颜色与来源节点相同；参数 label_opts 的值是一个 LabelOpts 类的对象，用于设置标签文本的样式，即节点的标签文本位于节点右侧。

【扫描看图】

运行代码，效果如图 9-9 所示。

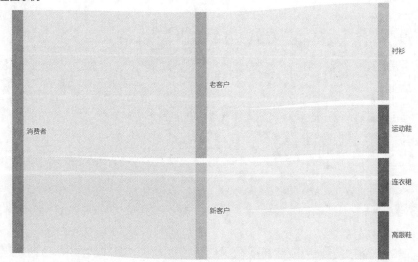

图9-9　桑基图示例

## 9.4 绘制组合图表

除了前面绘制的单图表，pyecharts 还支持绘制组合图表，即将多个不同类型的图表组合在一起显示，以展现数据之间的关系和趋势。组合图表按照不同组合方式可以分为并行多图、顺序多图、选项卡多图和时间线轮播多图。接下来，本节将对组合图表的相关知识进行详细介绍。

### 9.4.1 并行多图

并行多图是指在一个画布上同时展示多个图表，且图表并行排列显示。在 pyecharts.charts 模块中，Grid 用于创建并行多图，它可以将多个图表对象放置在一个网格中，每个图表占据网格中的一个单元。通过调整网格的行数、列数以及每个图表所占的单元格位置，可以实现多个图表的并行排列。

Grid 类中提供了一个add()方法，使用add()方法可以为组合图表添加图表对象和配置项。add()方法的语法格式如下。

```
add(self, chart, grid_opts, *, grid_index=0, is_control_axis_index=False)
```

上述方法中常用参数的含义如下。

① chart：表示图表对象，该参数接收 Chart 类或者其子类的对象。

② grid_opts：表示直角坐标系网格配置项，该参数接收 GridOpts 类的对象。

③ grid_index：表示直角坐标系的网格索引，默认值为 0。

④ is_control_axis_index：表示是否手动控制坐标轴索引，默认值为 False。

如果要绘制并行多图形式的组合图表，那么首先需要创建多个图表对象，然后创建 Grid 类的对象，通过该对象的 add()方法添加图表对象和配置项，最后渲染图表。接下来绘制一个组合图表，图表的上半部分为柱形图，下半部分为折线图，具体步骤如下。

（1）导入绘图需要用到的模块和图表类，分别创建一个柱形图对象和折线图对象，具体代码如下所示。

```
1  import pyecharts.options as opts
2  from pyecharts.charts import Bar, Line, Grid
3  x_data = ["小米", "荣耀", "华为", "中兴", "魅族", 'vivo', 'OPPO']
4  y_a = [107, 36, 102, 91, 51, 113, 45]
5  y_b = [104, 60, 33, 138, 105, 111, 91]
6  bar = (
7      Bar()
8      .add_xaxis(x_data)
9      .add_yaxis("商家A", y_a)
10     .add_yaxis("商家B", y_b)
11     .set_global_opts(title_opts=opts.TitleOpts(title="组合图表-柱形图"),
12          yaxis_opts=opts.AxisOpts(name="销售额(万元)",
13          name_location="center", name_gap=30))
14 )
15 line = (Line()
16     .add_xaxis(x_data)
17     .add_yaxis("商家A", y_a, label_opts=opts.LabelOpts(position='bottom'))
18     .add_yaxis("商家B", y_b)
19     .set_global_opts(title_opts=opts.TitleOpts(title="组合图表-折线图",
20          pos_top="48%"), legend_opts=opts.LegendOpts(pos_top="48%"),
```

```
21            yaxis_opts=opts.AxisOpts(name="销售额(万元)",
22            name_location="center", name_gap=30))
23  )
```

上述代码中，第 17 行代码调用 add_yaxis()方法为折线图对象的 $y$ 轴添加一组数据，并将数值作为注释文本标注在折线底部。第 19 ~ 22 行代码调用 set_global_opts()方法设置标题配置项、图例配置项和坐标轴配置项，其中标题配置项用于设置标题的内容和位置，将折线图的标题放置在距离容器顶部为容器高度的 48%处；图例配置项用于设置图例的位置，将折线图的图例放置在距离容器顶部为容器高度的 48%处，使图例和标题对齐。

（2）创建 Grid 类的对象，通过该对象的 add()方法添加图表对象和配置项，具体代码如下所示。

```
1  grid = (
2     # 创建 Grid 类的对象，生成并行多图形式的组合图表
3     Grid()
4     # 添加图表对象和配置项
5     .add(bar, grid_opts=opts.GridOpts(pos_bottom="60%"))
6     .add(line, grid_opts=opts.GridOpts(pos_top="60%"))
7  )
```

上述代码中，第 3 行代码调用 Grid()方法创建 Grid 类的对象，第 5 行代码调用 add()方法添加柱形图对象，并将柱形图对象放置在距离底部为容器高度的 60%处，第 6 行代码采用同样的方式添加折线图对象，并将折线图对象放置在距离顶部为容器高度的 60%处。

（3）在 Jupyter Notebook 中渲染组合图表并直接显示，具体代码如下所示。

```
grid.render_notebook()
```

【扫描看图】

运行代码，效果如图 9-10 所示。

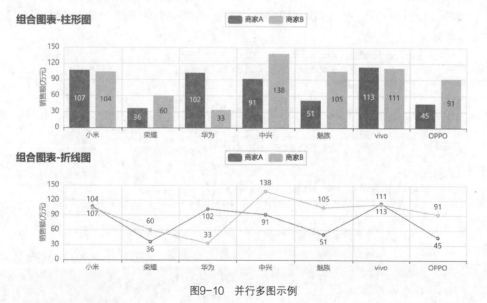

图9-10　并行多图示例

### 9.4.2　顺序多图

顺序多图是指在一个页面中按照一定的顺序添加多个子图表，并以指定的方式进行排列和展示。在 pyecharts.charts 模块中，Page 类用于创建顺序多图，它会将多个图表对象添加到

一个页面中，并以默认的布局方式排列展示。Page 类中提供了一个 add()方法，使用 add()方法可以为组合图表添加图表对象。下面分别对 Page 类的构造方法和 add()方法进行介绍。

### 1. Page 类的构造方法

Page 类的构造方法的语法格式如下所示。

```
Page(page_title='Awesome-pyecharts', js_host='', interval=1,
     is_remove_br=False, page_border_color='',
     layout=<pyecharts.options.charts_options.PageLayoutOpts
     object at 0x0000026C74BB1790>)
```

上述方法中常用参数的含义如下。

① page_title：表示 HTML 页面的标题，默认值为'Awesome-pyecharts'。

② js_host：用于指定 JavaScript 文件的主机地址，默认值为空字符串，即使用默认的主机地址。

③ interval：表示每个图例之间的间隔，默认值为 1，单位为像素。

④ layout：表示布局配置项，该参数接收一个 PageLayoutOpts 类的对象。

### 2. add()方法

add()方法的语法格式如下。

```
add(self, *charts)
```

上述方法中，参数*charts 表示任意的图表对象，它可以接收一个或多个图表对象，多个图表对象会按顺序添加到页面中。

如果要绘制顺序多图形式的组合图表，那么首先需要创建多个图表对象，然后创建 Page 类的对象，通过该对象的 add()方法添加图表对象，最后渲染图表。接下来绘制一个顺序多图形式的组合图表，页面上的第一个图表（图 9-11）为柱形图，第二个图表（图 9-12）为折线图，具体步骤如下。

（1）导入绘图需要用到的模块和图表类，分别创建一个柱形图对象和折线图对象，具体代码如下所示。

```
from pyecharts import options as opts
from pyecharts.charts import Bar, Line, Page
x_data = ["小米", "荣耀", "华为", "中兴", "魅族", "vivo", "OPPO"]
y_a = [107, 36, 102, 91, 51, 113, 45]
y_b = [104, 60, 33, 138, 105, 111, 91]
bar = (
    Bar()
    .add_xaxis(x_data)
    .add_yaxis("商家A", y_a)
    .add_yaxis("商家B", y_b)
    .set_global_opts(title_opts=opts.TitleOpts(title="组合图表-柱形图"),
                     yaxis_opts=opts.AxisOpts(name="销售额(万元)",
                     name_location="center", name_gap=30))
)
line = (
    Line()
    .add_xaxis(x_data)
    .add_yaxis("商家A", y_a)
    .add_yaxis("商家B", y_b)
    .set_global_opts(title_opts=opts.TitleOpts(title="组合图表-折线图"),
                     yaxis_opts=opts.AxisOpts(name="销售额(万元)",
                     name_location="center", name_gap=30))
)
```

（2）创建 Page 类的对象，通过该对象的 add()方法添加图表对象，具体代码如下所示。

```
# 创建 Page 类的对象
page = Page(page_title="顺序多图", interval=2)
# 添加图表对象
page.add(bar, line)
```

上述代码中，首先通过构造方法创建了一个 Page 类的对象，指定 HTML 页面的标题为"顺序多图"，每个图表的间隔为 2。

（3）将组合图表直接渲染到当前目录下的 render.html 文件中，具体代码如下所示。

```
page.render()
```

运行代码，单元格下方输出了 render.html 文件的绝对路径，在浏览器中打开该文件后的效果如图 9-11 所示。

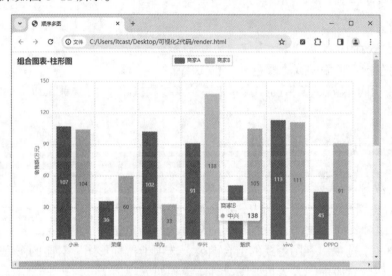

【扫描看图】

图9-11　顺序多图-柱形图

在 9-11 中，页面的标题为"顺序多图"，向下拖动浏览器右侧的滚动条，可以在页面下方看到折线图，具体如图 9-12 所示。

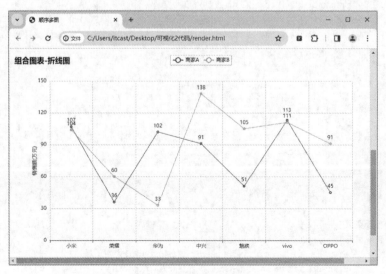

【扫描看图】

图9-12　顺序多图-折线图

### 9.4.3 选项卡多图

选项卡多图是指在页面中创建多个图表，并以选项卡的形式进行展示，用户可以通过切换选项卡来查看不同的图表。在 pyecharts.charts 模块中，Tab 类用于创建选项卡多图，它提供了两个比较重要的方法，Tab 类的构造方法和 add() 方法，其中 Tab 类的构造方法用于配置页面参数，比如标题、背景色等；add() 方法用于向选项卡添加图表并支持自定义单个标签页的样式，关于这两个方法的具体介绍如下。

#### 1. Tab 类的构造方法

Tab 类的构造方法的语法格式如下所示。

```
Tab(page_title='Awesome-pyecharts', js_host='', bg_color='',
    tab_css_opts=<pyecharts.options.charts_options.TabChartGlobalOpts
    object at 0x0000026C74BB2150>)
```

上述方法中常用参数的含义如下。

① bg_color：用于指定页面的背景颜色。

② tab_css_opts：用于设置选项卡的样式和布局，该参数接收一个 TabChartGlobalOpts 类的对象。

#### 2. add()方法

add() 方法的语法格式如下。

```
add(self, chart, tab_name)
```

上述方法中，参数 chart 表示要添加的图表对象，参数 tab_name 表示选项卡的名称。

如果要绘制选项卡多图形式的组合图表，那么首先需要创建多个图表对象，然后创建 Tab 类的对象，通过该对象的 add() 方法添加图表对象并为其指定选项卡的名称，最后渲染图表。接下来，绘制一个选项卡多图形式的组合图表，选项卡"柱形图"对应的图表为柱形图，选项卡"折线图"对应的图表为折线图，具体步骤如下。

（1）导入绘图需要用到的模块和图表类，分别创建一个柱形图对象和一个折线图对象，具体代码如下所示。

```
from pyecharts import options as opts
from pyecharts.charts import Bar, Line, Tab
x_data = ["小米", "荣耀", "华为", "中兴", "魅族", "vivo", "OPPO"]
y_a = [107, 36, 102, 91, 51, 113, 45]
y_b = [104, 60, 33, 138, 105, 111, 91]
bar = (
    Bar()
    .add_xaxis(x_data)
    .add_yaxis("商家A", y_a)
    .add_yaxis("商家B", y_b)
    .set_global_opts(yaxis_opts=opts.AxisOpts(name="销售额(万元)",
                     name_location="center", name_gap=30))
)
line = (
    Line()
    .add_xaxis(x_data)
    .add_yaxis("商家A", y_a)
    .add_yaxis("商家B", y_b)
    .set_global_opts(yaxis_opts=opts.AxisOpts(name="销售额(万元)",
                     name_location="center", name_gap=30))
)
```

（2）创建 Tab 类的对象，通过该对象的 add()方法添加图表对象，具体代码如下所示。

```
# 创建 Tab 类的对象
tab = Tab()
# 添加图表对象
tab.add(bar, "柱形图")
tab.add(line, "折线图")
```

上述代码中，首先通过构造方法创建了一个 Tab 类的对象，然后调用两次 add()方法为该对象添加两个图表对象，并指定选项卡的名称。

（3）在 Jupyter Notebook 中渲染组合图表并直接显示，具体代码如下所示。

```
tab.render_notebook()
```

运行代码，效果如图 9-13 所示。

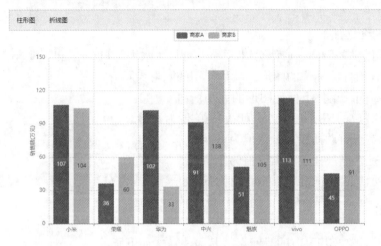

【扫描看图】

图9-13　选项卡多图-柱形图

在 9-13 中，画布中默认显示了柱形图，此时单击左上角的选项卡标签"折线图"后，可以看到画布上的图表切换为折线图，具体如图 9-14 所示。

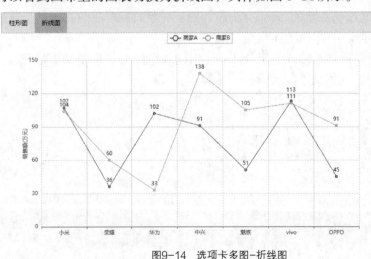

【扫描看图】

图9-14　选项卡多图-折线图

### 9.4.4　时间线轮播多图

时间线轮播多图是指在页面中创建多个图表，并以时间线组件的形式进行展示，用户可以通过单击时间线组件上的节点来切换不同时间点的图表。在 pyecharts.charts 模块中，Timeline 类用于创建时间线轮播多图，它提供了两个比较重要的方法，包括 add_schema() 方法和 add() 方法，关于这两个方法的介绍如下。

**1. add_schema() 方法**

add_schema() 方法用于为图表添加指定样式的时间线组件，设置时间线的播放速度、自动播放/循环播放等。add_schema() 方法的语法格式如下。

```
add_schema(self, axis_type='category', current_index=0,
    orient='horizontal', symbol=None, symbol_size=None,
    play_interval=None, control_position='left', is_auto_play=False,
    is_loop_play=True, is_rewind_play=False, is_timeline_show=True,
    is_inverse=False, pos_left=None, pos_right=None, pos_top=None,
    pos_bottom='-5px', width=None, height=None, ...)
```

上述方法中常用参数的含义如下。

① orient：表示时间线组件的朝向，取值可以为'horizontal'（水平）和'vertical'（垂直）。

② symbol：表示时间线组件上标记的图形，默认使用的图形为圆形。

③ symbol_size：表示时间线组件上标记图形的大小。

④ play_interval：表示播放的速度（跳动的间隔），单位为毫秒。

⑤ is_auto_play：表示是否自动播放，默认值为 False。

⑥ is_loop_play：表示是否循环播放，默认值为 True。

⑦ is_rewind_play：表示是否反向播放，默认值为 False。

⑧ is_timeline_show：表示是否显示时间线组件，默认值为 True。

**2. add() 方法**

add() 方法用于添加图表对象及其对应的时间点，其语法格式如下所示。

```
add(self, chart, time_point)
```

上述方法中参数 chart 表示需要添加的图表对象，time_point 表示图表所对应的时间点。

如果要绘制时间线轮播多图形式的组合图表，那么首先需要创建多个图表对象，然后创建 Timeline 类的对象，通过该对象的 add() 方法添加图表对象及其对应的时间点，通过 add_schema() 方法添加指定样式的时间线组件，最后渲染图表。

接下来绘制一个时间线轮播多图形式的组合图表，时间线组件上总共有 5 个时间点，每个时间点对应一个柱形图，具体代码如下所示。

```
1   from pyecharts.faker import Faker
2   from pyecharts import options as opts
3   from pyecharts.charts import Bar, Timeline
4   # 创建 Timeline 类的对象，生成时间线轮播多图
5   tl = Timeline()
6   for year in range(2020, 2025):
7       bar = (
8           Bar()
9           .add_xaxis(Faker.clothes)
10          .add_yaxis("", Faker.values())
11          .set_global_opts(yaxis_opts=opts.AxisOpts(name="销售额(万元)",
12                          name_location="center", name_gap=30))
13      )
14      # 添加时间线组件
15      tl.add_schema(symbol="diamond", symbol_size=15, is_auto_play=True)
16      # 添加图表对象及时间点
```

```
17     tl.add(bar, "{}年".format(year))
18 tl.render_notebook()
```

上述代码中，第 5 行代码调用 Timeline()方法创建 Timeline 类的对象。第 15 行代码调用 add_schema()方法添加时间线组件，时间线组件上的标记图形是菱形，标记大小是 15 像素，且会沿着时间线定时切换图表。第 17 行代码调用 add()方法添加柱形图对象，并为柱形图指定时间点为年份。

【扫描看图】

运行代码，效果如图 9-15 所示。

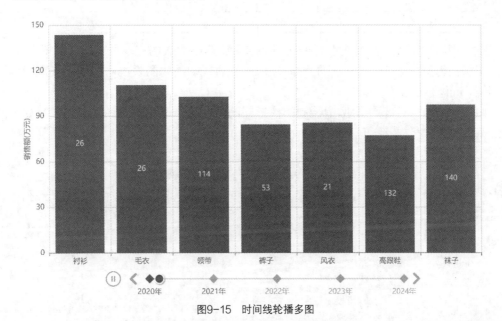

图9-15　时间线轮播多图

在图 9-15 中，画布底部显示了时间线组件，当前为时间节点为 2020 年对应的柱形图，隔几秒后会自动切换到 2021 年对应的柱形图。这时单击某个时间节点可以切换到对应的图表，单击时间线组件左侧的播放按钮会停止自动轮播每个图表。

## 9.5　定制图表主题

pyecharts 内置了 10 多种不同风格的图表主题，包括 LIGHT、DARK、CHALK 等，并将这些图表主题封装在 ThemeType 类的属性中。ThemeType 类的常用属性及其说明如表 9-5 所示。

表 9-5　ThemeType 类的常用属性及其说明

| 属性 | 说明 |
| --- | --- |
| LIGHT | 浅色主题，适合显示明亮的图表 |
| DARK | 深色主题，适合显示暗色背景的图表 |
| WHITE | 白色主题，简洁明快的样式 |
| CHALK | 粉笔风格的主题，看起来像是在黑板上绘制的图表 |
| ESSOS | 中性色调的主题，适合展示数据和信息 |
| INFOGRAPHIC | 信息图表主题，颜色饱和且具有现代感 |

| 属性 | 说明 |
| --- | --- |
| MACARONS | 色彩丰富的主题，具有甜美的颜色搭配 |
| PURPLE_PASSION | 紫色主题，充满了神秘和浪漫感 |
| ROMA | 古典风格的主题，具有中性色调和丰富的图表元素 |
| ROMANTIC | 浪漫主题，带有温柔的色调和柔和的效果 |
| SHINE | 闪耀主题，用饱和的颜色和阴影效果增加图表的亮度 |
| VINTAGE | 复古主题，色调柔和，带有怀旧感 |

图表默认使用的主题风格是 WHITE。如果希望修改图表的主题风格，可以将表 9-5 中列举的属性传递给 InitOpts() 方法的 theme 参数，之后在初始化图表类对象时将 InitOpts 类的对象传给 init_opts 参数。

例如，将 9.4.1 小节的示例中绘制的柱形图的主题风格改为 ROMA，具体代码如下。

```
from pyecharts import options as opts
from pyecharts.charts import Bar
from pyecharts.globals import ThemeType
x_data = ["小米", "荣耀", "华为", "中兴", "魅族", 'vivo', 'OPPO']
y_a = [107, 36, 102, 91, 51, 113, 45]
y_b = [104, 60, 33, 138, 105, 111, 91]
bar = (
    # 创建 Bar 类的对象，修改图表的主题
    Bar(init_opts=opts.InitOpts(theme=ThemeType.ROMA))
    .add_xaxis(x_data)
    .add_yaxis("商家 A", y_a)
    .add_yaxis("商家 B", y_b)
    .set_global_opts(title_opts=opts.TitleOpts(title="柱形图-ROMA 主题"),
                     yaxis_opts=opts.AxisOpts(name="销售额(万元)",
                     name_location="center", name_gap=30))
)
bar.render_notebook()
```

运行代码，效果如图 9-16 所示。

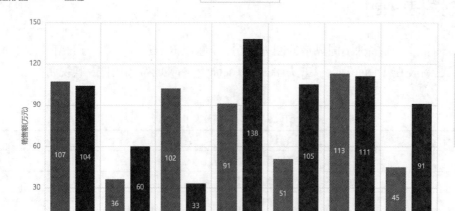

图9-16　柱形图-ROMA主题

## 9.6　整合 Web 框架

pyecharts 可以轻松地整合 Web 框架，包括主流的 Django 和 Flask 框架等，实现在 Web 项目中绘制图表的功能。不同的框架和使用场景需要使用不同的整合方法。下面以整合 Django 框架为例，为大家演示如何在 Django 项目中使用 pyecharts 绘制图表，具体步骤如下。

### 1. 新建 Django 项目
（1）打开命令行工具，在命令提示符的后面输入如下命令。
```
django-admin startproject pyecharts_django_demo
```
以上命令执行后，会在根目录中创建一个名称为 pyecharts_django_demo 的 Django 项目。
（2）在命令行中输入如下命令创建一个应用程序。
```
python manage.py startapp demo
```
（3）打开 pyecharts_django_demo/settings.py 文件，在该文件中注册应用程序 demo，注册完的代码如下所示。
```
INSTALLED_APPS = ['django.contrib.admin', 'django.contrib.auth',
'django.contrib.contenttypes', 'django.contrib.sessions',
'django.contrib.messages', 'django.contrib.staticfiles',
'demo']
```
（4）由于创建的 demo 应用中不包含 urls.py 文件，需要手动创建。在 demo 应用的 urls.py 文件中添加路由，具体代码如下。
```
from django.conf.urls import url
from . import views
urlpatterns = [url(r'^$', views.index, name='index')]
```
（5）在 pyecharts_django_demo/urls.py 文件中增加'demo.urls'，具体代码如下。
```
pyecharts_django_demo/urls.py
from django.conf.urls import include, url
from django.contrib import admin
urlpatterns = [
   url(r'^admin/', admin.site.urls),
   url(r'demo/', include('demo.urls'))
]
```
### 2. 复制 pyecharts 模板
在 demo 目录下新建 templates 文件夹，此时 demo 的目录如下所示。
```
__init__.py __pycache__ admin.py apps.py migrations
models.py templates tests.py urls.py views.py
```
将位于 pyecharts.render.templates 目录下 pyecharts 模板中的 macro 和 simple_chart.html 文件复制到新建的 templates 文件夹中。
### 3. 绘制图表
打开 demo/views.py 文件，在该文件中增加绘制图表的代码，具体代码如下。
```
from jinja2 import Environment, FileSystemLoader
from pyecharts.globals import CurrentConfig
from django.http import HttpResponse
CurrentConfig.GLOBAL_ENV = Environment(
                      loader=FileSystemLoader("./demo/templates"))
from pyecharts import options as opts
```

```
from pyecharts.charts import Bar
def index(request):
c = (
    Bar()
    .add_xaxis(["衬衫", "羊毛衫", "雪纺衫", "裤子", "高跟鞋", "袜子"])
    .add_yaxis("商家 A", [5, 20, 36, 10, 75, 90])
    .add_yaxis("商家 B", [15, 25, 16, 55, 48, 8])
    .set_global_opts(title_opts=opts.TitleOpts(title="柱形图示例",
        subtitle="我是副标题"), yaxis_opts=opts.AxisOpts(
        name="销售额(万元)", name_location="center", name_gap=30))
)
return HttpResponse(c.render_embed())
```

### 4. 运行项目

在命令行中输入如下命令。

```
python manage.py runserver
```

在浏览器中打开 http://127.0.0.1:8000/demo 即可访问服务，此时的页面如图 9-17 所示。

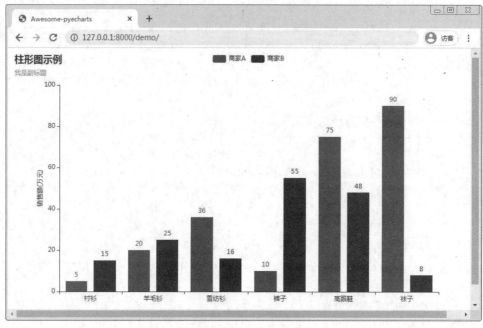

图9-17　柱形图示例

## 9.7　实战演练：虎扑社区分析

虎扑是一个有趣的社区，每天有众多虎扑用户在虎扑社区上分享自己对篮球、足球、游戏电竞、运动装备、影视、汽车、数码、情感等的见解。已知某网站为了研究虎扑社区的用户及行为，收集了虎扑社区近 3 个月发布的 1000 多个帖子，并针对这些数据展开画图分析，设定了以下两个分析目标。

（1）画图分析虎扑社区各板块发帖数。

（2）画图分析虎扑社区整体和 NBA 板块 24 小时的发帖量。

下面逐个完成这两个分析目标,具体内容如下。

**1. 画图分析虎扑社区各板块发帖数**

虎扑社区主要包括 NBA、CBA、国际足球、步行街、游戏电竞等多个板块,各板块的用户发帖量如表 9-6 所示。

表 9-6　各板块的用户发帖量

| 板块 | 发帖数量 |
|------|---------|
| NBA | 232345 |
| CBA | 16976 |
| 国际足球 | 44381 |
| 中国足球 | 124 |
| 步行街 | 512266 |
| 游戏电竞 | 129065 |
| 自建板块 | 3805 |
| 运动装备 | 35124 |
| 综合体育 | 4454 |
| 虎扑社团 | 646 |
| 站务管理 | 34467 |

下面根据表 9-6 的数据,使用 pyecharts 绘制一个圆环图,通过圆环图反映近 3 个月虎扑社区中各个板块的发帖数量,具体代码如下。

```python
import pyecharts.options as opts
from pyecharts.globals import ThemeType
from pyecharts.charts import Pie, Line, Page
pie_hupu = (
    # 创建 Pie 类的对象
    Pie()
    # 添加数据
    .add("", [('NBA', 232345), ('CBA', 16976), ('国际足球', 44381),
              ('中国足球', 124), ('步行街', 512266), ('游戏电竞', 129065),
              ('自建板块', 3805), ('运动装备', 35124), ('综合体育', 4454),
              ('虎扑社团', 646), ('站务管理', 34467)],
             center=["50%", "50%"], radius=[100, 160])
    # 设置全局配置项
    .set_global_opts(title_opts=opts.TitleOpts(title="虎扑社区各板块发帖数"),
                    legend_opts=opts.LegendOpts(pos_left=10,
                    pos_top=80, orient='vertical'))
)
```

为了能够看到饼图的效果,先创建一个顺序多图,再添加圆环图对象后进行渲染,具体代码如下。

```python
# 创建 Page 类的对象
page = Page()
# 添加图表对象
page.add(pie_hupu)
# 渲染图表
page.render_notebook()
```

运行代码,效果如图 9-18 所示。

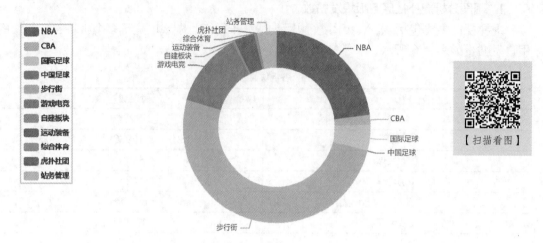

图9-18　顺序多图-圆环图

从图 9-18 中可以看出，步行街板块对应的图形面积较大，说明该板块发帖数的占比较大；中国足球、虎扑社团这两个板块对应的图形面积较小，说明这两个板块发帖数的占比相对较小。

**2. 画图分析虎扑社区整体和 NBA 板块 24 小时的发帖量**

虎扑社区中 NBA 板块的发帖数量一直居高不下，NBA 是大多数用户比较喜欢谈论的话题。某网站每隔 2 小时分别统计一次虎扑社区和 NBA 板块的发帖量，具体如表 9-7 所示。

表 9-7　各板块的用户发帖量

| 时间 | NBA 板块发帖数量 | 虎扑发帖数量 |
| --- | --- | --- |
| 0:00 | 259 | 1221 |
| 2:00 | 114 | 370 |
| 4:00 | 134 | 359 |
| 6:00 | 397 | 845 |
| 8:00 | 840 | 2270 |
| 10:00 | 1577 | 3582 |
| 12:00 | 1413 | 2947 |
| 14:00 | 713 | 2215 |
| 16:00 | 647 | 2106 |
| 18:00 | 448 | 1843 |
| 20:00 | 462 | 2045 |
| 22:00 | 514 | 2178 |

下面根据表 9-7 的数据，使用 pyecharts 绘制一个折线图，通过折线图反映 24 小时内虎扑社区的总发帖量与 NBA 板块发帖量的变化情况，具体代码如下。

```
line_hupu = (
    # 创建 Line 类的对象，修改图表主题
    Line(init_opts=opts.InitOpts(theme=ThemeType.ROMA))
    .add_xaxis(['{} : 00'.format(num) for num in range(24) if num%2==0])
    .add_yaxis('NBA', [259, 114, 134, 397, 840, 1577, 1413, 713,
```

```
            647, 448, 462, 514], symbol='diamond', symbol_size=15)
    .add_yaxis('虎扑', [1221, 370, 359, 845, 2270, 3582, 2947, 2215,
        2106, 1843, 2045, 2178], symbol='triangle', symbol_size=15)
    .set_global_opts(title_opts=opts.TitleOpts(
        title="虎扑社区和 NBA 板块 24 小时发帖数"),
        yaxis_opts=opts.AxisOpts(name="发帖数(个)",
        name_location="center", name_gap=40))
)
```

修改添加图表对象的代码，增加折线图对象，修改后的代码如下所示。

```
# 添加图表对象
page.add(pie_hupu, line_hupu)
```

运行代码，效果如图 9-19 所示。

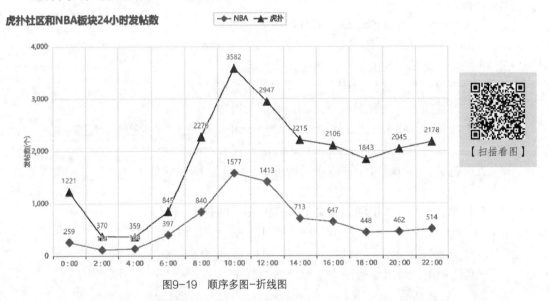

图9-19　顺序多图-折线图

从图 9-19 中可以看出，10:00 对应的虎扑社区和 NBA 板块发帖数量最多，说明 10:00 左右是用户较为活跃的时间段。

## 9.8　本章小结

本章主要介绍了优秀的数据可视化库 pyecharts，包括 pyecharts 概述、pyecharts 初体验、绘制常用图表、绘制组合图表、定制图表主题、整合 Web 框架，并围绕着这些知识点开发了一个实例——虎扑社区分析。通过学习本章的内容，读者可以体会 pyecharts 的神奇之处，学会使用 pyecharts 绘制简单的 ECharts 图表。

## 9.9　习题

**一、填空题**

1. pyecharts 可以让用户直接编写 Python 代码来使用_____的功能绘制图表。
2. 链式调用是一种简化_____多次访问属性或调用方法的编码方式。

3. pyecharts 中使用_____方法用于将图表渲染到 Jupyter Notebook 工具中。

4. pyecharts.charts 模块中的_____类用于创建选项卡多图形式的组合图表。

5. pyecharts 将图表主题封装为_____类的属性。

**二、判断题**

1. 链式调用可以避免多次重复使用同一个对象变量。（　　）

2. pyecharts 可以通过 set_global_opts()方法设置系列配置项。（　　）

3. pyecharts 不允许用户使用自定义的主题风格。（　　）

4. pyecharts 可用于整合 Web 框架。（　　）

5. Timeline 类用于创建时间线轮播多图，它允许用户单击时间节点切换图表。（　　）

**三、选择题**

1. 下列选项中，可以创建桑基图对象的是（　　）。

A. Scatter　　　　　　B. Map　　　　　　C. Funnel　　　　　　D. Sankey

2. 下列关于配置项的说法中，描述正确的是（　　）。

A. 全局配置项是一些针对图表特定元素属性的配置项

B. 系列配置项是一些针对图表通用属性的配置项

C. pyecharts 可以将 InitOpts 实例传入 set_global_opts()方法设置初始化配置项

D. pyecharts 可以使用 add()或 add_xx()方法设置系列配置项

3. 下列选项中，可以采用左右布局的形式显示多个图表的是（　　）。

A. 并行多图　　　　　B. 顺序多图　　　　　C. 选项卡多图　　　　　D. 时间线轮播多图

4. 下列方法中，可以将图表渲染为 HTML 文件的是（　　）。

A. render()　　　　　　　　　　　B. render_notebook()

C. render_embed()　　　　　　　　D. load_javascript()

5. 下列选项中，可以修改图表主题风格的是（　　）。

A.
```
Bar(init_opts=opts.InitOpts(theme=ThemeType.ROMA))
```
B.
```
Bar(init_opts=opts.InitOpts(theme=ROMA))
```
C.
```
Bar(theme=ROMA)
```
D.
```
Bar(theme=ThemeType.ROMA)
```

**四、简答题**

1. 请简述 pyecharts 的特点。

2. 请简述使用 pyecharts 绘制图表的基本流程。

**五、编程题**

已知虎扑社区上用户注册的时间及人数，如表 9-8 所示。

表 9-8　虎扑社区用户注册时间及人数

| 注册时间（年） | 人数 |
| --- | --- |
| 2009 | 3095 |
| 2010 | 4245 |

| 注册时间（年） | 人数 |
| --- | --- |
| 2011 | 6673 |
| 2012 | 10701 |
| 2013 | 13642 |
| 2014 | 31368 |
| 2015 | 40949 |
| 2016 | 41776 |
| 2017 | 56213 |
| 2018 | 64143 |

根据表 9-8 的数据使用 pyecharts 绘制柱形图，具体要求如下。

（1）图中有一组柱形，柱形的高度代表该年注册人数。

（2）$x$ 轴标签为注册时间（年），$y$ 轴标签为注册人数（个）。

（3）柱形图的标题为"虎扑社区用户注册时间分布"。

（4）柱形图的主题风格为 ROMANTIC。